高等学校教材

飞机装配工艺设计

梁青霄　著

西北工业大学出版社

西　安

【内容简介】 本书以飞机装配工艺学为基础，结合工程实践，充分论述了飞机装配工艺设计的方法和内容。全书分为十二章。第一章综合篇，从工程实践角度提出了飞机装配工艺设计的方法和内容，创造性地提出了飞机装配工艺工程师的职责和能力模型；第二章基础篇，从工程实践对飞机装配工艺学的理论知识加以论述；第三章至第十章分别从设计、质量、安全、标准、精益、产线、生产、成本等维度详细介绍了飞机装配工艺设计的方法；第十一章数字化装配篇，简要介绍了飞机数字化装配工艺设计的相关内容；第十二章发展篇，对飞机装配技术的发展进行了展望，提出了智能工艺设计的相关概念和主要内容。

本书可作为高等学校飞行器制造工程专业的教材，也可为飞机装配工艺工程师提供业务参考、指导，同时还可面向工艺过程方面为飞机设计工程师提供参考。

图书在版编目(CIP)数据

飞机装配工艺设计 / 梁青霄著. — 西安 ：西北工业大学出版社，2022.11
ISBN 978-7-5612-8280-9

Ⅰ. ①飞… Ⅱ. ①梁… Ⅲ. ①飞机-装配(机械)-工艺学 Ⅳ. ①V262.4

中国版本图书馆 CIP 数据核字(2022)第 220903 号

FEIJI ZHUANGPEI GONGYI SHEJI
飞 机 装 配 工 艺 设 计
梁青霄 著

责任编辑：胡莉巾 **策划编辑**：胡莉巾
责任校对：王玉玲 **装帧设计**：李 飞
出版发行：西北工业大学出版社
通信地址：西安市友谊西路 127 号 邮编：710072
电 话：(029)88491757，88493844
网 址：www.nwpup.com
印 刷 者：陕西奇彩印务有限责任公司
开 本：787 mm×1 092 mm 1/16
印 张：16.75 插页：1
字 数：440 千字
版 次：2022 年 11 月第 1 版 2022 年 11 月第 1 次印刷
书 号：ISBN 978-7-5612-8280-9
定 价：58.00 元

如有印装问题请与出版社联系调换

前 言

产品制造是产品全生命周期的一个重要环节，是产品设计实现的过程。在这个过程中，重点需要解决的问题是工艺问题。从狭义上讲，工艺就是产品生产制造的流程和方法；从广义上讲，工艺就是产品生产制造的“人、机、料、法、环、测”等要素的规划设计和应用。

同产品设计一样，工艺设计也是一个创造的过程，可以说，工艺设计是产品设计的延续。产品设计必须基于工艺可制造性，工艺设计必须保证稳定、高效地将产品设计转变为产品现实。

飞机作为复杂的航空产品，无论在设计上还是在制造上的要求都极高。复杂的设计决定了制造过程的复杂性，也决定了装配工艺设计的复杂性。飞机装配工艺工程师必须掌握工艺设计的相关业务知识、技能和方法。

本书以飞机装配工艺学为理论基础，基于飞机装配工艺设计及应用实践，将工业工程的方法在工艺设计中进行充分的应用，总结和论述了飞机装配工艺设计的流程和方法，从工艺设计的业务综合、产品的质量保障、生产过程的安全管理、制造过程的成本管控等方面分类可以看出，将精益管理、标准管理等理念融入工艺设计，具有较强的实践性和实用性。

在撰写本书过程中，得到了笔者所在单位的领导、同事的鼎力相助，书中大量的工程实例是团队攻关的成果，并在多个型号产品的研制中得到了充分的应用验证，笔者仅起到“搬运工”的作用，在此表示由衷的敬意和衷心的感谢。

由于水平有限，书中难免存在疏漏及欠妥之处，恳请广大读者批评指正。

著 者

2022 年 6 月

目　　录

第一章 综 合 篇

工艺与产品的设计有着密切联系，同时工艺又对产品的生产起着指导作用，工艺是设计和制造之间的桥梁，也是制造技术的灵魂、核心和关键，是制造过程中最活跃的因素。

第一节 工 艺 概 述

人与动物的本质区别是人具有创造性的思维和可以制造工具的灵巧的双手，所以人类具有个体的思想性和群体的修正能力。个体的思想性是前提，指个体具有独立的思维判断和创造的能力；群体的修正性是在尊重个体修正性的前提下多个个体交流的结果，体现多数人的意志和利益。因此，自人类诞生以来，这种个体的思想性和群体的修正性不断促进人类及社会的发展。

人区别于动物的本质之一是人会制造工具，在人类社会发展的进程中，人类的创造性充分体现在工具的制造上，可以说，人类发展的过程就是不断制造和发展工具的过程。人类制造工具经历了石器时代、铁器时代、青铜时代、农耕时代、手工业时代以及现代工业时代，实现了人类的进化和社会的发展。从这个侧面来说，制造发展是人类文明发展的前提和基础。在原始社会，原始人类为了生存和发展，制造了石器，用于狩猎；此后出现了陶器、铁器、青铜器等简单的器皿用于生活；进入了战争年代，人类制造了刀、枪、剑、戟等兵器；在漫长的农耕时代，人类又制造了犁、锄、磨、碾、水车等农耕器具，艰难地征服着自然。

在石器时代，工具产品十分简单，原始人类通过对石头的简单打磨，就能形成所需的石斧、石锤等工具。在铁器、青铜器出现以后，工具的制作过程相对复杂了一些，需要多人合作和多步骤才能完成。在农耕时代，农民把自己生产的农副产品作为原料进行加工，或者制造某些劳动器具和日用器皿。但不论如何，这些工具的制造过程都是简单的制造过程，主要围绕生活必需和战争存亡展开，制造资源、生产规模和技术水平都比较低。以手工业为例，随着第二次社会大分工，手工业从农业中分离出来，形成了独立的个体工业，由此诞生了手工作坊。手工作坊一般以家庭为单位，分散经营，依靠手工劳动，从事小规模的生产。由于产品的复杂程度不高，产品的制造大多依靠个人的创造性，产品的设计、制造一体化，工艺是一个弱化过程。比如，一个铁匠既能设计出锄头，又能锻造出锄头，而锻造的工艺方法存储于铁匠本人的头脑中，制作的技巧掌握在铁匠本人的手中，通过师带徒或父子相传而得以传承。与工业化生产相比较，手工业不需要复杂的方法和程序，制造过程以手工为主，不需要借用或不大规模借用其他辅助装备。由此，在手工业时代，更多依靠的是手工业者的手艺，精湛的手艺得以世代相传和进化，诞生诸多精美的手工艺品和文化传承大师——这是人类文明的重要组成部分。

随着人类社会的进一步发展，社会分工进一步细化，制造技术的范围、规模在不断扩大，技术水平也在不断提升，产品向文化、艺术、工业发展，出现了纸张、笔墨、活版、石雕、珠宝、钱币、金银饰品以及复杂的工业品。到了资本主义社会、社会主义社会，出现了大工业生产，人类物质生活和社会文明有了很大提高，人们对精神和物质有了更高的追求，科学技术也得到了更快更新的发展，传统的手工业制造的产品无论在质量、数量上，还是在品种上，都逐渐不能满足人类的需求。18 世纪末，瓦特发明了蒸汽机，用机器的动力代替了手工作业，标志着现代工业的诞生，人类由此进入了工业时代。工业化是人类文明发展的曙光，打破了延续数千年的沉寂与昏暗，为世界带来了无限光明。

两百多年来，工业文明经历了多次变迁。以蒸汽机为标志的第一次工业革命，实现了从手工到机械化的发展；以内燃机为标志的第二次工业革命，实现了从机械化到电气化的发展；以计算机和互联网为标志的第三次工业革命，实现了从电气化到自动化的发展。当前，工业化正处于以“互联网＋”为标志的第四次工业革命之中，将要实现从自动化向智能化的转型(见图 1－1)。

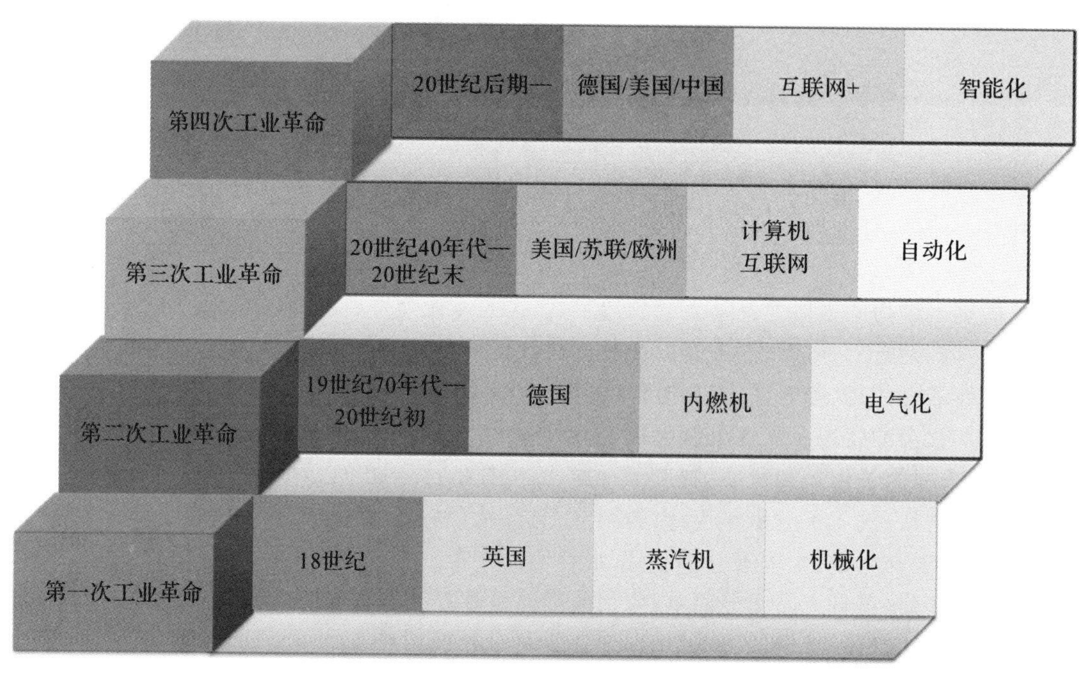

图 1－1　工业化进程

无论是最简单的旧石器还是复杂的青铜器，无论是手工作坊制作的手工业器具还是规模化生产的工业产品，制造都离不开人，离不开以人为主体的制造的过程和方法，这种制造的过程和方法就是工艺研究的内容。因此，研究工艺就是研究产品制造的过程和方法。

第二节　工艺工程师

一、工艺

工厂一天忙忙碌碌，实际上是做一件事情的两个方面，即干什么和怎么干。干什么是产品问题,怎么干是工艺问题。产品是死的,是物,是干的结果;工艺是活的,是人的活动,是艺术。工艺在制造业中处于主导地位,对生产准备、制造技术、质量保证、经济效益等方面起着决定性作用。

工艺研究的内容是制造的过程和方法,具体来说,就是指劳动者利用各类生产工具对各种原材料、半成品进行加工或处理,最终使之成为成品的过程和方法。这一概念的关键词是过程和方法:从过程上来讲,核心就是流程,也就是先干什么,后干什么;从方法上来讲,核心就是怎么干。当然,任何一个概念都有其内涵和外延。工艺的内涵是加工产品的过程和方法,其外延就是所有加工不同产品的不同的过程和方法的集合。

因此,工艺过程就是产品设计实现的过程,工艺方法就是产品实现的方法。工艺过程也是一个设计的过程,即设计相应的流程和方法。因此,工艺设计是产品设计的延伸,是联系产品设计和产品制造的桥梁和纽带,是产品开发的一个重要的环节。

从图 1-2 中可以看出工艺设计在产品研发流程所处的环节,同时图 1-2 也反映了工艺在产品研发中的地位和作用。

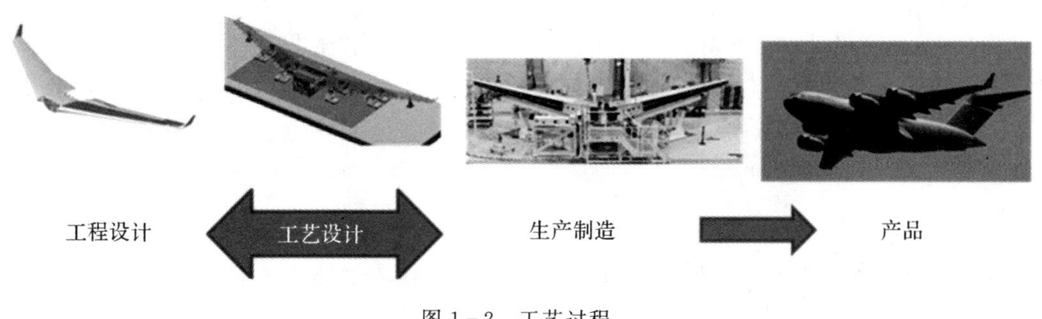

图 1-2 工艺过程

二、工艺工程师

工艺工程师是工程师的一个种类。工程师是从事工程系统操作、设计、管理、评估等工作,熟练掌握一定的工程技术、方法,能带领相关人员从事工程实践活动,并能创造出成果的专门人才。从字面上理解,工艺工程师就是从事工艺工作的工程技术人员,负责提升企业产品的工艺水平,提升产品质量。

(一)工艺工程师的特质

合格的工艺工程师必须十分熟悉产品的设计、制作工艺、包装、运输及产品的配套使用功能,在本行业属于通才,了解所有的工序工艺,是产品研发环节的“万金油”。因此,工艺工程师需要掌握本工艺所需的各类专业知识。

对于飞机装配来说,工艺工程师在本质上是多种角色的综合体,一专多能,“一专”就是指在飞机研发中起到至关重要的作用。按照工艺工程师承担的职责,可认为工艺工程师同时扮演着下列角色。

1. 产品工程师

作为工艺工程师,首先要了解产品设计环节的相关要求,掌握产品设计的基本方法,了解产品设计的基本过程，熟悉产品设计的目的，这样才能对产品设计有充分的理解，才能够融入产品设计过程，为设计-工艺一体化奠定基础。

2. IE工程师

工艺是过程和方法，工艺设计是设计这样的过程和方法。过程和方法是科学的，而设计这个过程和方法则是工业的。因此，工艺设计本质上属于IE（工业工程）的范畴，对于工艺工程师来说，掌握基本的IE知识并能将其运用到工程实践是必要的。

3. 安全工程师

生产必须安全，安全保障生产。安全生产的方针是“安全第一、预防为主、综合治理”，其中“预防为主”是工艺设计必须要重点关注的一个方面。作为工艺人员，规划设计的工艺方案必须考虑安全，将安全理念贯穿到整个工艺设计的过程中。在工艺设计过程中，要充分辨识风险点，开展风险分析，工艺工程师必须要掌握风险管理方面的专业知识。

4. 质量工程师

质量是企业的生命，产品质量关系到产品的存亡与发展。从质量理念上来说，产品质量是设计出来的，这个设计包括产品设计和工艺设计。产品设计和工艺设计的质量水平决定产品的质量水平。作为工艺工程师，在工艺设计的过程中需要考虑如何保障产品制造过程的质量，在发生质量问题后，工艺人员需要具备相关的质量分析能力，分析原因并制定纠正措施予以改进，提升工艺方法的稳健性。

5. 培训工程师

工艺工程师服务的对象是操作人员，其一项重要的任务就是对操作工人进行业务培训，特别是在新产品研发阶段，需要由工艺工程师就产品研发的工艺方案及相关技术要求对操作人员进行培训，以使操作人员掌握新产品研制的相关要求。同时，在研制过程中，工艺工程师需要做好相关的技术指导，解决各类技术质量问题工作。

6. 操作工程师

实践是检验真理的唯一标准。工艺工程师制定的工艺方案必须具有可操作性、可指导性和正确性。但要如何做到这一点呢？工艺工程师应该能懂得基本的操作技能，能掌握基本操作工具的特性和应用方法，能从操作工人的角度出发设计工艺方法。优秀的工艺工程师既要能排兵布阵，也要能冲锋陷阵，否则就是“纸上谈兵”。

7. 运营工程师

工艺工程师的重要作用主要体现在产品研制阶段。“养兵千日，用兵一时。”在产品研制阶段，作为制造团队中最了解和熟悉设计需求的人员，工艺工程师是制造团队的灵魂，需要从运营项目的角度组织研制生产，合理制订研制计划，配置团队成员，预防研制风险，把控研制节奏，推进研制进程，等等。

8. 艺术家

工艺工程师的产品是工艺设计的结果。产品如同艺术品，工艺工程师需要具有艺术家的修养和气质，精益求精，追求极致，用优秀的工艺设计去指导和服务生产，以此生产优质的产品。

上述工艺工程师的本质如图 1-3 所示。

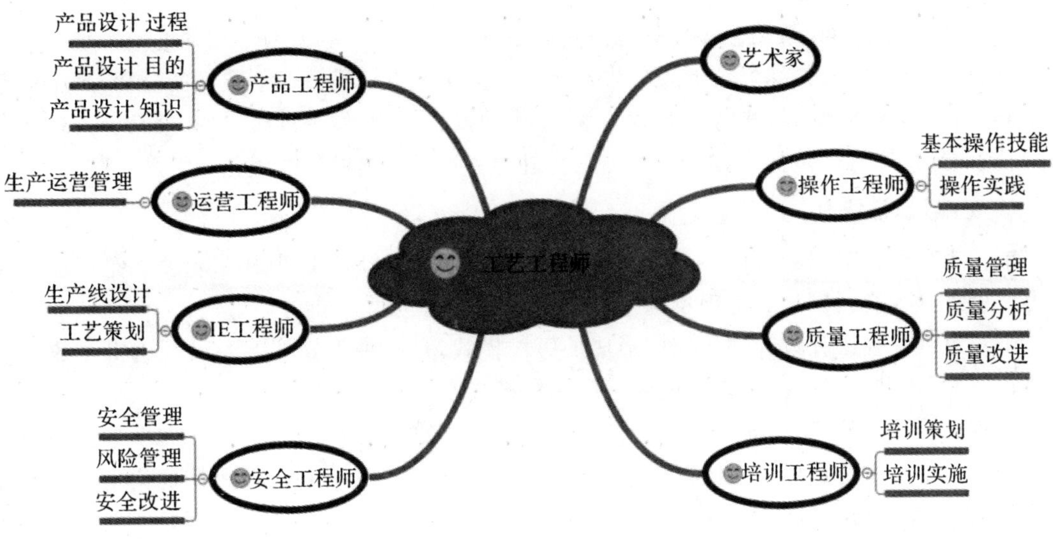

图 1-3 工艺工程师的本质

(二)工艺工程师的品质

成为一名合格的工艺工程师,需要具备以下品质。

1. 脑勤,勤于思考

工艺设计与产品设计类似,也是一个从无到有的创造性劳动过程,工艺工程师需要具有丰富的业务知识,通过深入的思考和分析,将设计方案转换为可用于生产指导的工艺方案。这个过程是一个系统思维的过程,是一个工艺模型建立的过程。作为工艺工程师,勤于思考,就是要通过思考来确定工艺设计的内容。

2. 眼勤,善于观察

敏锐的观察力是工艺工程师的必备素质,这个观察力表现在两个方面:一方面是能够敏锐地发现问题,另一方面是能够敏锐地发现可学习、借鉴的地方。敏锐地发现问题,就有改进的基础和动力;敏锐地发现可学习、借鉴的地方,就有可持续发展的源泉。对工艺工程师来说,勤于观察就是去发现自己设计的工艺方案的可行性,去发现自己设计的工艺方案可改进的方面,去发现生产现场更优的工艺方案,去发现生产现场违反工艺纪律的状况。

3. 手勤,勤于动手

实践是检验真理的唯一标准。工艺设计的可行性是需要实际生产过程去检验和验证的。作为一名工艺工程师,应该具有一定的操作能力,能够亲身去体验操作的过程,熟悉各类工具的使用及设备的操作。有了这种亲身体验,才能使工艺设计的结果更加接地气,更具有可操作性,更经得起实践的检验。

4. 腿勤,多跑现场

工艺设计是为了有效地指导生产,而且工艺设计是一个持续优化的过程。认识来源于实践，认识可再指导实践。工艺工程师需要多跑现场，多到生产一线去，去实地指导生产，去实地了解自己设计的工艺方案的可实施性。

脑勤、眼勤、手勤和腿勤是一套具有内在联系的体系化特质。人与动物的本质区别之一是人具有思维能力，能从错综复杂的现象中理清头绪。工艺设计是一个创造性的过程，勤于思考是基础，通过多到生产一线进行指导和了解，敏锐地发现问题，发现可改进的方面，努力提升自己的动手能力，亲身体验操作，提升切实感受，进一步指导工艺设计的优化。

(三)工程思维能力

工艺工程师作为工程师的一种，也应该具有工程师的一般素质，其中最重要的是工程思维能力。思维是人类区别于其他动物的固有属性，是人类社会发展的基石。

工程思维是在工程设计和研究中形成的思维模式，是一种筹划性、体系性、逻辑性的思维模式，是运用各种知识解决工程实践问题的思维模式。

工程思维是以价值目标为导向、以价值目的为灵魂的思维模式，工程思维和工程活动不但必然追求一定的价值目标，而且希望这个价值目标能够尽可能地改进、改善和优化。工程思维关注的是人，工程要造福人类。

工程思维的具体表现形式为系统化思考、结构化解析、形象化表达。

1)系统是指由一组相互作用、相互关联或相互依赖的部分形成的复杂而又统一、具有特殊目的的整体。系统具有整体性、结构性、动态性、联系性、开放性和滞延性的特点。系统化思考就是要求全面考虑问题，从不同层面考虑问题，从不同角度考虑问题。形象地说，“不识庐山真面目”就是缺乏系统思维的表现。

2)结构化解析是对需要解决的问题进行全方位分析，深挖问题内部的结构组成，分析各组成之间的逻辑关系，继而找出解决问题的思路和方法，依靠的是结构化思维方式。结构化思维的特点是“结论先行，以上率下，分组归类，逻辑递进”，其思维模型就是“金字塔”思维模型。金字塔的顶端就是结论(需要解决的问题)，金字塔的下一个层级就是结论(解决的问题方法)的结构，这些结构涵盖结论(需要解决的问题)的各个方面，各个方面之间具有内在的逻辑联系。根据结论(需要解决的问题)的实际情况，结构还可以继续向下一层级分解，直至结论得到支持，问题得到解决。结构化思维有两个方面：一是既定结构的应用，二是新的结构的建立。既定结构的应用，就是运用已有的结构模式来解决问题。在日常工作中常用的PDCA、5W2H、5Why等方法都是对既定结构的应用。运用这些成熟的结构模式，来高效解决问题，是一种“站在巨人的肩膀上”的学习方法；新的结构的建立，就是运用结构化思维的模式，对需要解决的问题进行解析，找到问题中的逻辑结构和结构之间的逻辑，从而找到问题的解决思路和解决方法。前者可以有效提升工作的效率和成效，后者更能提升解决问题的能力。

3)形象化表达是指将思维过程和结果通过形象化的方式展现出来，形象地传递思维信息。常见的有图形化表达方法。图形可以展现整体、发散、联想关系，常用来表述复杂的关系。绘制关系图是理清个人思绪最有效的方法，因为它迫使人深究各种复杂的因果关系链的来龙去脉，有助于向他人展示自己对一个复杂问题的思考。

综上，可以对工艺工程师进行模型化的总结，即工艺工程师具有一般工程思维能力，精通本专业业务，通识相关业务知识，具备脑勤、眼勤、手勤和腿勤的特质，属于本行业的全才(见图1-4)。

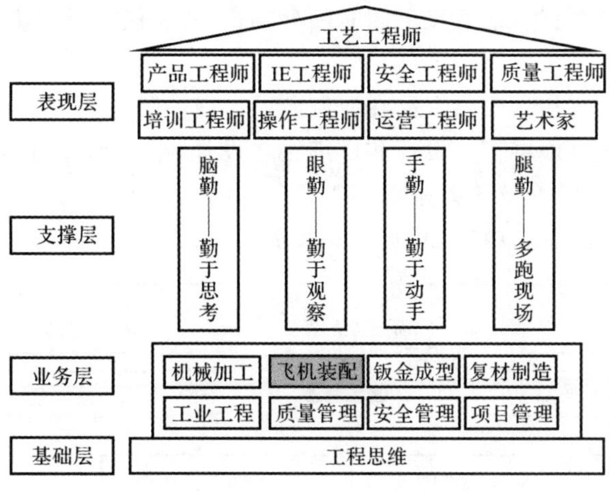

图 1-4 工艺工程师

第三节 工 艺 设 计

飞机装配工艺设计是飞机制造过程的一个重要环节，也是工艺工程师的主要工作内容。工艺设计结果对制造过程和制造成本具有直接的影响。因此，研究工艺设计，主要是研究工艺设计的内容和方法。

一、工艺设计概述

工艺设计是飞机制造过程的一个重要环节，工艺设计可以划分为三个阶段：预研阶段、研制阶段和工艺定型阶段。其中预研阶段主要是进行需求分析、技术研究和储备等工作，属于工艺设计的准备阶段；研制阶段是工艺设计的主要阶段，包括设计制造联合定义（并行工程）、顶层工艺规划及设计、详细工艺设计、现场技术支持和工艺转阶段及分析等工作；工艺定型阶段是在设计定型的基础上，进行工艺设计优化及稳健化的过程，为生产定型奠定基础。工艺设计阶段如图 1-5 所示。

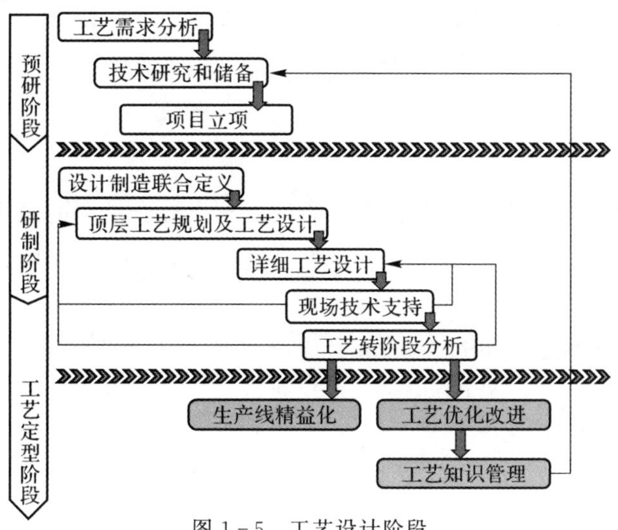

图 1-5 工艺设计阶段

工艺设计的各阶段没有严格意义上的时间分割点，各阶段在时间上存在交叉，前一阶段也是后一阶段的基础。

工艺设计的重点环节和主要内容是在研制阶段。在该阶段，基于设计制造的联合定义，大量工艺人员协同组织开展顶层工艺设计和详细工艺设计，继而形成可指导研制的工艺设计输出，形成从设计到制造的转换的工艺基础。

研制阶段工艺设计的主要内容如图 1－6 所示。

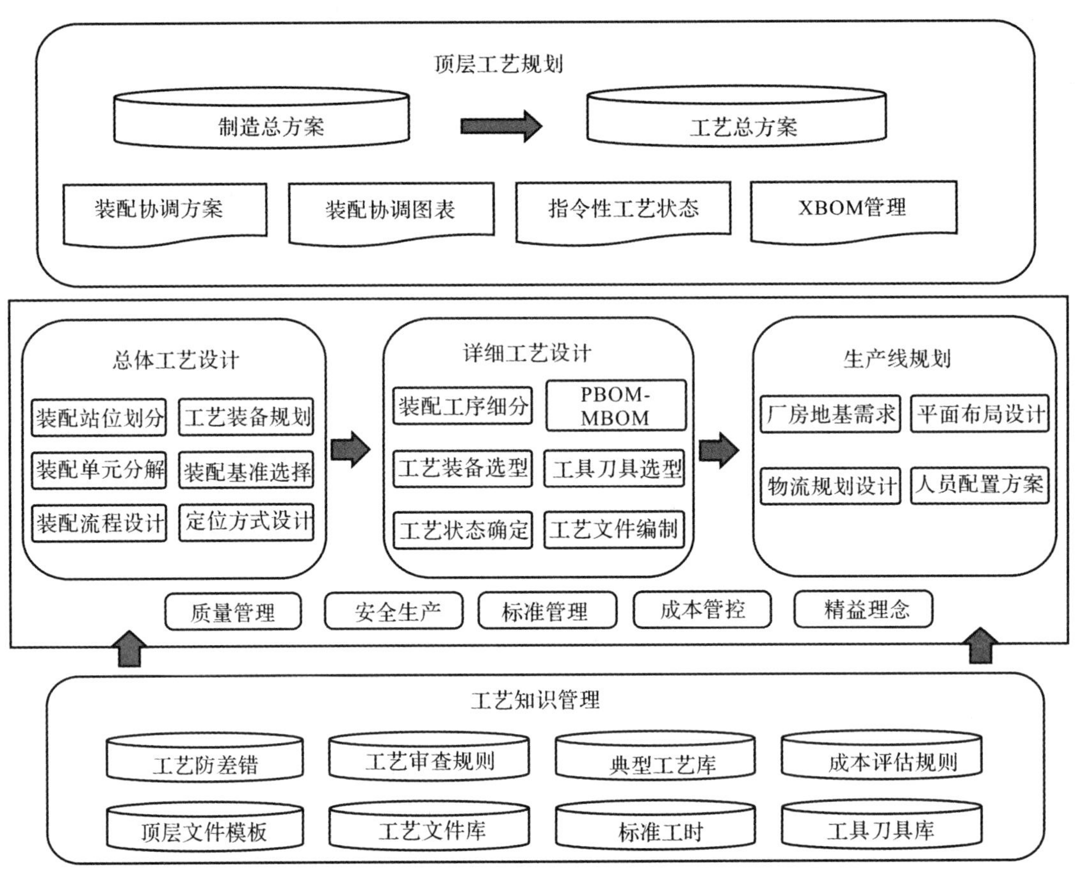

图 1－6　研制阶段工艺设计的主要内容

二、工艺设计原则

工艺设计的原则是工艺设计指导原则，是贯穿工艺设计全过程的总要求。工艺设计的核心内容是流程和方法。在实践中，工艺设计的原则可以总结为以下几个方面。

（一）工艺优化

工艺优化是一个不断迭代的过程，没有最优，只有更优。工艺优化就是针对流程和方法的优化。在工艺设计指导生产实践的过程中，发现问题点和改进点，基于提升效率、改进质量和降低成本的目的开展工艺优化。

（二）工艺精益化

工艺精益化是工艺优化的实现途径。运用相应的精益工具，以精益制造为核心，在工艺流程和工艺方法方面开展精益化改进，基于能力、流动性、作业效率等方面进行优化。

(三)工艺稳健化

工艺稳健化是对工艺设计的方法和流程能力指标的核定。通过过程潜在失效模式及影响分析(Process Failure Mode and Effects Analysis，P－FMEA)、控制计划、控制实施，对流程波动源、过程风险等进行识别分析与改进。

(四)工艺标准化

工艺标准化是对工艺设计的知识总结，属于知识管理的范畴。通过工艺标准化，总结和提炼工艺设计的公共知识，形成知识案例，成为后续工艺设计以及工艺优化改进的知识源泉。工艺标准化包含工艺路线标准化、工艺参数标准化、工艺装备标准化、工艺文件标准化等方面的内容。

工艺设计各原则之间具有一定的逻辑关系。工艺优化是基础，也是贯穿工艺设计始终的指导思想，工艺不止，优化不息；工艺精益化是工艺优化的实现路径和方法；工艺稳健化是提升工艺设计稳健能力的重要举措；工艺标准化是工艺优化成果的固化形式，保证工艺优化成果得到巩固和持续的应用，并依此持续进行优化、迭代和更新。

三、工艺设计方法

工艺设计是规划产品制造过程和方法的过程。在这个设计过程中，一般采用5W2H分析法(又叫七问分析法，见图1－7)。该方法是第二次世界大战中美国陆军兵器修理部首创的，简单、方便，易于理解、实用，富有启发意义，可广泛用于企业管理和技术活动。

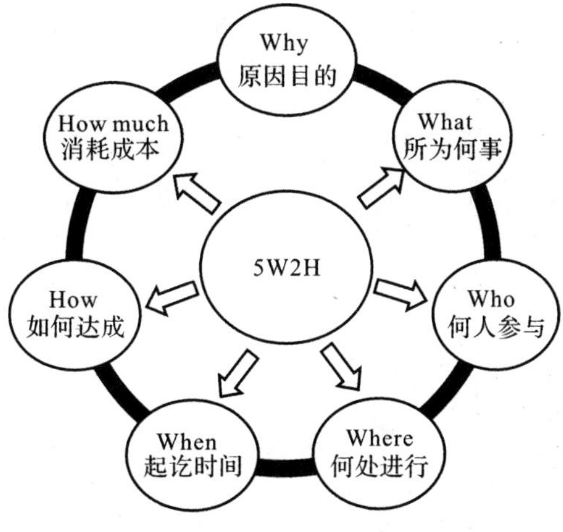

图1－7 5W2H分析法

(一)What

是什么？目的是什么？做什么工作？

工艺设计的目的是将产品设计变为现实。因此，在开展工艺设计时，首先需要对产品设计进行分析，要明确设计输入，包括设计方案的重点和要求、产品的性能、功能以及制造的规范等。了解这些，才能正确理解设计的输入，能够在头脑中勾勒出产品最终的形象，明确工艺设计的最终目标以及工艺设计的主要内容。这是工艺设计的基础阶段。

(二)Why

为什么要做？可不可以不做？有没有替代方案？

在明确设计输入后，要对设计输入进行分析，多问为什么。如：为什么要这样设计？这样的设计方案的工艺性如何？有没有更优的设计方案？能不能建议设计进行优化改进？这是工艺设计的导入阶段。

(三) Who

谁？由谁来做？

工艺设计的应用成效是通过人/装备来实现的。因此，在工艺设计的过程中，需要明确所设计的工艺方法需要由什么样的人（人员资质、技能等级、个体差异等）或者什么样的装备来实现。

(四) When

何时？什么时间做？什么时机做最适宜？

工艺设计中的一个重要方面就是流程设计，流程蕴含着时间的概念，包括先做什么，后做什么，什么时间做，甚至有的操作内容需要明确具体的时间要求（如白天、晚上、春季、夏季等），操作人员在什么时间操作效率最高等。此外，还要考虑制造的周期、制造计划的安排。

(五) Where

何处？在哪里做？

明确生产场地、生产线布局、物流规划、生产场地资源配置等，设计、构造一个合理的生产环境。

(六) How

怎么做？如何提高效率？如何实施？方法是什么？

这里指具体的工艺方法，综合效率、成本等因素制定合理的工艺方法。

(七) How much

多少？做到什么程度？数量如何？质量水平如何？费用产出比如何？

这里指对功能指标、生产数量、质量水平、成本费用等进行综合评估。

工艺设计的具体方法如图 1-8 所示。

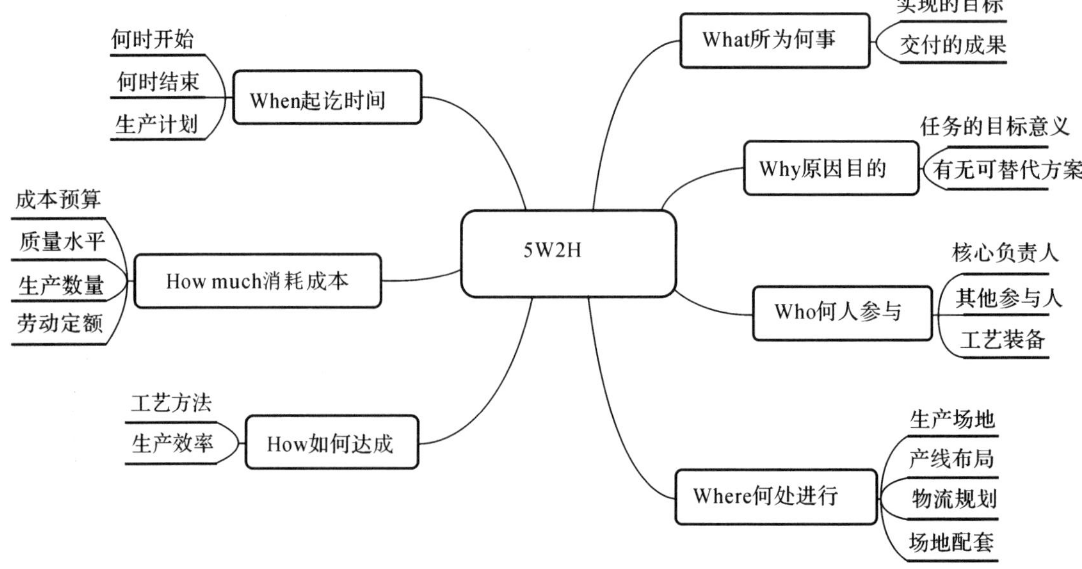

图 1-8　工艺设计的具体方法（5W2H）

在工艺方案设计过程中运用这种方法，要对这七个方面的问题进行充分评估，如果认为这七个问题都能有满意的答案，则表明所制定的工艺方案相对成熟，能满足产品的研发制造。其优点表现在以下几方面：

1)作为一种结构化的工具，有助于厘清分析问题的思路；

2)可以通过这种方法准确界定，清晰表述问题，提高工作效率；

3)在分析问题的过程中能够快速、有效地抓住问题的本质，进而构建完整的问题模型；

4)建档方便，易于理解、使用，富有启发意义；

5)有助于思路的条理化，杜绝盲目性，有助于全面思考问题，从而避免工艺设计中遗漏项目。

四、工艺设计内容

在了解上述工艺设计的原则和方法后，就可以开展工艺设计了。工艺设计所涵盖的具体内容包括围绕生产制造的人、机、料、法、环、测(5M1E)等方面要素的组合，这几方面的要素也是质量管理理论中影响产品质量的主要因素。

(一)人(Man)

"人"，指围绕产品制造的各类人员，包括技术人员、技能人员、管理人员、辅助人员等。

在工艺设计中设计"人"，就是要考虑设计的工艺方法所面向的应用对象以及围绕产品制造的相关人员。要匹配各类人员的数量、技能和资质，要明确各类人员的工作内容，要明确相关人员的职责。

(二)机(Machine)

"机"指产品制造所用的工装、设备、工具、刀具等工艺装备。

在工艺设计过程中，要规划设计制造过程所用的工装、设备、工具、刀具等工艺装备，并在流程的适当环节配套应用。

(三)料(Material)

"料"指产品制造所需的原料，包括零件、标准件、材料等。

制造过程就是零件、标准件的安装过程和消耗过程，在工艺设计中，需要合理规划零件、标准件安装的流程顺序和环节，合理规划材料的消耗环节。

(四)法(Method)

"法"指制造产品所用的方法。

制造方法是工艺设计的主要内容。广义的方法包括流程和方法。流程就是一系列输入的活动组合的过程，方法就是实现流程环节所蕴含的手段、措施，实现方法所需要的人、机、料、环、测的配置与组合。

(五)环(Environment)

"环"指产品制造过程所处的环境。

环境包括厂房、生产线布局、物流等硬件环境，也包括温湿度、空气清洁度等自然环境，同时还包括工作氛围、文化氛围等人文环境。对于这些环境，硬件环境需要设计，软件环境需要选择和遵循(当然有时候软件环境也需要设计)，人文环境需要营造。它们共同组成产品制造过程所处的环境。

(六)测(Measure)

“测”指验证产品品质的测量工具、测量方法等。

“测”要素包含测量工具和测量方法,从本质上来说属于“机”和“法”的范畴。但由于“测”要素主要针对产品品质(又称质量),所以单独列出。在“测”要素中,需要依据产品品质要求和工艺设计要求,规划、设计合理的验证产品品质的方法,选择适当的测量工具,依照规范及设计要求确定测量标准。

五、工艺设计管理

工艺设计应具有正确性、可行性和可操作性,并且正确性、可行性和可操作性是递进的关系。正确性是基础,可行性是保障,可操作性是目标。工艺设计是产品制造与产品设计的桥梁和纽带。在工艺设计过程中,应按照相关的要求,对工艺设计过程进行有效的管控,以确保设计输出符合设计输入,保障设计的效果。

(一)工艺设计遵循的要求

从管理层面来看,工艺设计应遵循以下要求。

1. 一致性原则

工艺设计应与设计要求、工艺要求保持一致。首先是工艺设计应与设计要求保持一致,不折不扣地贯彻工程设计的全部要求;其次是工艺设计与工艺要求保持一致,在工艺总方案的指导下开展设计,特别是在技术方案的选择、协调方式的选取、工艺状态的确定等方面,不能偏离总方案的总体要求。此外,应根据需要,在工艺设计中纳入相关技术规范、技术标准、管理标准等要求。

2. 质量保证原则

工艺设计应确定质量保证方法,将缺陷预防、质量控制等方法和理念贯彻到设计方案之中,保证工艺设计的稳健性。

3. 安全性原则

工艺设计应贯彻安全理念,将安全预防、安全控制等方法和手段贯彻到设计方案之中,为生产执行的人员和产品提供安全保障。

4. 标准化原则

工艺设计应贯彻标准化思想,自觉运用标准化成果,形成标准化设计成果。

5. 精益性原则

工艺设计应贯彻精益思想,运用精益工具,开展工艺流程精益化设计、工艺方案精益化优化等工作,在产线设计方面开展精益布局、物流精益设计等工作,提升工艺设计的精益性。

6. 成本控制原则

成本是企业利润的重要衡量指标。工艺设计应将成本控制作为重要前提,严格遵循设计成本,严格控制制造成本,实现人、机、料、法、环、测的最优投入-产出比。

(二)工艺设计过程控制

工艺设计过程控制就是使工艺设计过程处于受控状态。依据设计部门提供的产品图样、数字模型(数模)、技术条件、设计说明书等,以及工艺部门的工艺规范、工艺管理文件、工艺指令性文件、工艺标准化文件等,进行工艺方案的编制、校对、审核,并下达执行。

1)明确工艺路线,合理进行工艺分工,对相关文件进行工艺性审查,确保工艺设计输入的完整性和准确性;

2)确定人员职责,如工作内容、工作期限、工作接口,按业务流程和资质要求确定编制、校对、审核、批准各环节的相关人员,按职责要求合理分工,确保每项工艺设计均纳入过程管控;

3)制订控制计划,按计划开展工作,进行计划实施评估,及时纠偏,确保计划受控;

4)对潜在过程失效模式进行分析,对风险过程明确控制措施。

(三)工艺设计结果评估

对工艺设计的结果进行评估的有效方式就是工艺方案评审。可根据生产实际,制定分阶段工艺方案并组织评审。工艺评审应针对多个工艺方案,组织设计、工艺、生产、质量、用户等相关部门进行评审。重点评审以下方面:

1)对工艺布局进行评审,评审工艺布局是否优化合理,是否符合精益生产要求;

2)对产品工艺流程进行评审,评审流程的合理性、可行性、精益性;

3)对生产节拍进行评审,评审其是否能满足产能要求,是否具有可拓展的空间;

4)对产品质量稳定性、安全保障等方面进行评审,确认方案能保障产品质量和安全生产;

5)对工艺方法的评审,包括工艺过程是否合理,工艺方法是否可行,工艺参数是否合理,工艺装备是否齐套,检测方法是否有效,预防措施是否落实,相关要求是否贯彻,是否贯彻防差错要求等。

以上评审完成后,应对评审意见进行贯彻落实,对评审资料进行归档。

本章小结

本章对工艺的本质做了说明,工艺本质是连接设计与制造的桥梁和纽带,是产品全寿命周期的重要环节,工艺设计是产品设计的延伸,其行为主体是工艺工程师。合格的工艺工程师是行业多面手,应掌握除本业务之外的相关业务知识,并在工艺设计中综合应用。工艺设计的方法可参照 5W2H 方法,从人、机、料、法、环、测等方面开展综合设计,形成切实可行的设计成果,有效指导生产。

第二章 基 础 篇

开展飞机装配工艺研究，首先需要了解并掌握飞机装配工艺学的基础理论知识。在这方面，有大量的参考资料和学习教材。本书出于对飞机装配工艺设计的实践论述，在飞机装配工艺学理论知识方面不做详细的叙述，更多基于实践进行说明。

第一节 飞机装配工艺特点

飞机是一种有动力装置且重于空气的航空器，用于人员运输、物资运输、军事斗争等方面。

飞机产品由机体结构和功能系统组成。飞机结构一般包括机翼、机身、尾翼、起落架装置等。飞机系统一般包括动力燃油系统、飞控系统、环控系统、综合航电系统、机电系统等。形象地来说，飞机结构相当于人体的骨骼肌肉，飞机系统相当于人体的血管神经。

一、飞机结构的特点

飞机是一种复杂的机械产品，具有高空飞行、高速率、长航程等特点，其与地面使用的机械产品不同，既要求结构安全、可靠，又要求轻巧、灵活。所以，飞机产品在制造精度、重量控制等方面有极高的要求。区别于一般的机械产品，飞机具有以下结构特点。

(一)结构复杂、零件数量大

常见的机械产品多由多个零件组合而成。一辆载重汽车包括发动机在内大约有数千个零件，而一架飞机的零件可达到数万甚至数十万件(包括结构件、系统件及功能成品件)，以及数十万甚至上百万件的螺栓、铆钉等标准连接件。这些零件包括钣金件、机加件、复材件等，形状各异，尺寸介于几毫米至数十米之间。因此，飞机制造有广泛的协作体系，由众多的供应商支撑起一架飞机的制造。

(二)外形复杂、尺寸大

飞机外形是按照其功能经风洞试验确定的，其骨架和外蒙皮具有不规则的曲面形状。飞机按照其功用，尺寸规格不尽相同。大型运输机 C－5A 机翼翼展长度达到 68 m，机身全长达到 75 m，较小型飞机尺寸也可比拟轿车尺寸。因此，飞机零件尺寸可达数米乃至数十米，如 B－747 机翼上一块整体壁板可达 34 m。

(三)精度要求高、工艺刚性差

飞机作为一种精密的机械设备，制造精度要求非常高。一般亚声速大型飞机外形波纹度为 1～2 mm，超声速飞机外形波纹度达到 0.5 mm 以内，重要交点精度为 0.01 mm 数量级。

由于飞机由大量的零件组成，且绝大多数零件是非刚性的，因此飞机是一个非刚性的结构，在制造、使用过程中有较大的变形，要保持制造高精度，难度是非常大的。

(四)协调环节多、误差积累大

飞机由大量的零件组成，从设计到制造经历设计、工装、零件、装配等环节，各环节协调关系复杂，协调路径长、协调误差积累大，是飞机制造精度的主要影响因素。某飞机外翼翼盒协调关系如图 2-1 所示。

(五)连接件数量大，制孔质量要求高

飞机由大量的零件组合而成，各零件之间一般通过铆钉、螺栓等标准连接件连接，根据飞机的不同，这些标准连接件可达数万至数百万件之多，每一个标准连接件均是通过制孔安装，制孔质量直接影响飞机的疲劳寿命。所以，这些连接件的制孔质量要求非常高，在孔位置度、孔径、孔表面粗糙度、孔法向、锪窝深度等方面均有要求。一般说来，依据连接件与孔的配合精度，孔位置度公差为±0.5 mm，孔径公差为 0.01～0.10 mm，孔壁表面粗糙度为 *Ra* 1.6，孔法向公差为±0.5°，锪窝深度公差在－0.05～0.10 mm 之间。

(六)结构密封性要求

对于装载人员或特殊物品的飞机的机舱，以及飞机油箱（一般为机翼翼盒），有严格的耐压和密封性要求，在飞机制造过程需要保证结构的密封性。密封性主要通过干涉连接和密封连接等形式实现，并通过耐压性（气压、液压）试验、淋雨试验验证。

(七)防腐性要求

飞机作为重复使用的机械产品，其使用环境复杂多样，具有空、天、海等全天候运行的能力，飞机结构面临严重的腐蚀威胁，因此，飞机结构具有防腐蚀的要求。一般防腐蚀通过表面涂层和异质材料隔离（预防电位腐蚀）来实现，在飞机制造过程中需要防止这些涂层的损坏。

(八)导电性要求

飞机结构之间以及结构与设备、系统之间需要进行搭接，形成稳定的低电阻通路，从而防止它们之间产生电磁干扰并能抑制电火花产生，提供可靠的单线制回路，同时其也是防电击、静电防护、雷电防护以及保证各天线性能的必要措施。

二、飞机装配工艺特点

飞机的结构特点决定了飞机装配的工艺特点。在工艺设计上，既要充分发挥结构特点的优势，又要充分弥补和避免结构特点的劣势，因势利导，制定合理的工艺方案。总的说来，飞机的工艺特点主要表现在以下几方面。

(一)装配工艺协调性要求高

飞机是由大量的零件组合而成的，在飞机制造过程中需要经过一系列的尺寸链协调。因此零件制造的精度决定了飞机的协调精度。为保证飞机制造的协调精度，需要进行装配协调，具体做法就是装配容差协调，且这一协调性的要求非常高，不简单是对尺寸链的分解，更多的是对尺寸链进行优化、整合。

(二)工艺设计周期长

在飞机装配工艺设计过程中,需要进行顶层工艺设计和详细工艺设计。顶层工艺设计主要解决装配协调方面的问题,制定装配工艺总方案、装配协调方案、装配工艺路线划分等;详细工艺设计主要是制定详细的装配工艺方案,包括工艺装备规划和设计、工量具规划和选型、物料清单(X Bill of Material, XBOM)规划、工艺流程设计、工序设计、装配指令编制等内容。为保证工艺设计的效果,工艺设计一般与产品设计同步进行,直至转入生产制造乃至工艺定型阶段,跨越多个环节,周期较长。

(三)工艺预防性

飞机制造在实际生产过程中由多人协作完成工作,安全和质量是稳定生产的重要保障。按照安全质量管理原则,预防为主。所以,在工艺设计中,需要充分考虑对安全隐患和质量隐患的预防,要充分识别风险,制定防范措施,防患于未然。

(四)工艺复杂性

飞机产品属于复杂的工业产品,由上万乃至十数万项零、组件组合而成,零、组件之间的协调性要求十分高,对围绕生产所需的人、机、料、法、环、测等要素都需要进行规划设计,这样的工艺设计过程和结果都是十分复杂的。

(五)制造统领性

工艺设计是产品制造的源头,决定了产品的制造能力、生产组织方式、质量水平、制造成本构成等。所以,在工艺设计中,应以可制造性为目标,综合贯彻技术、管理、质量、安全、标准、精益、成本等理念,运用相关工具,开展统领生产制造的工艺设计。

第二节　飞机装配工艺设计基础

飞机装配是根据尺寸协调原则,选取特定的基准,按照一定的流程,将零件、组件或部件按照设计和技术要求进行定位,组合、连接形成更高一级的装配件或整机的过程(见图 2-2)。由于飞机装配中产品尺寸大、形状复杂、零件以及连接件数量多,在生产中,零部件的装配作业和部件对接装配一直是一个最费时、费力的重要环节。据统计,飞机装配成本在产品制造总成本中的比重可达 40%,装配工作量一般约占全机工作量的一半以上。

从飞机装配的概念中,可以引出飞机装配的关键词:协调、基准、流程、定位、连接。飞机装配工艺设计就是对这几方面进行规划设计,形成指导生产制造的工艺方案。

由于有关飞机装配工艺学的书籍对飞机装配工艺做了详尽的描述,本章不对装配工艺学相关内容赘述,仅从工艺实践的角度叙述基本概念及实践方法。

一、协调

作为复杂产品,飞机的零件及连接件数量众多,且大多数零件自身重量和刚度较小,而对组成的产品结构和外形又有严格的技术要求,所以,飞机产品在装配过程中需要大量体现产品形状与尺寸的专用工艺装备来保证结构的形状和尺寸,使其符合设计准确度和互换协调的要求。

协调是指两个或多个相互配合或对接装配单元(工艺装备)的尺寸和形状的一致性程度。

外翼翼盒装配互换协调图表

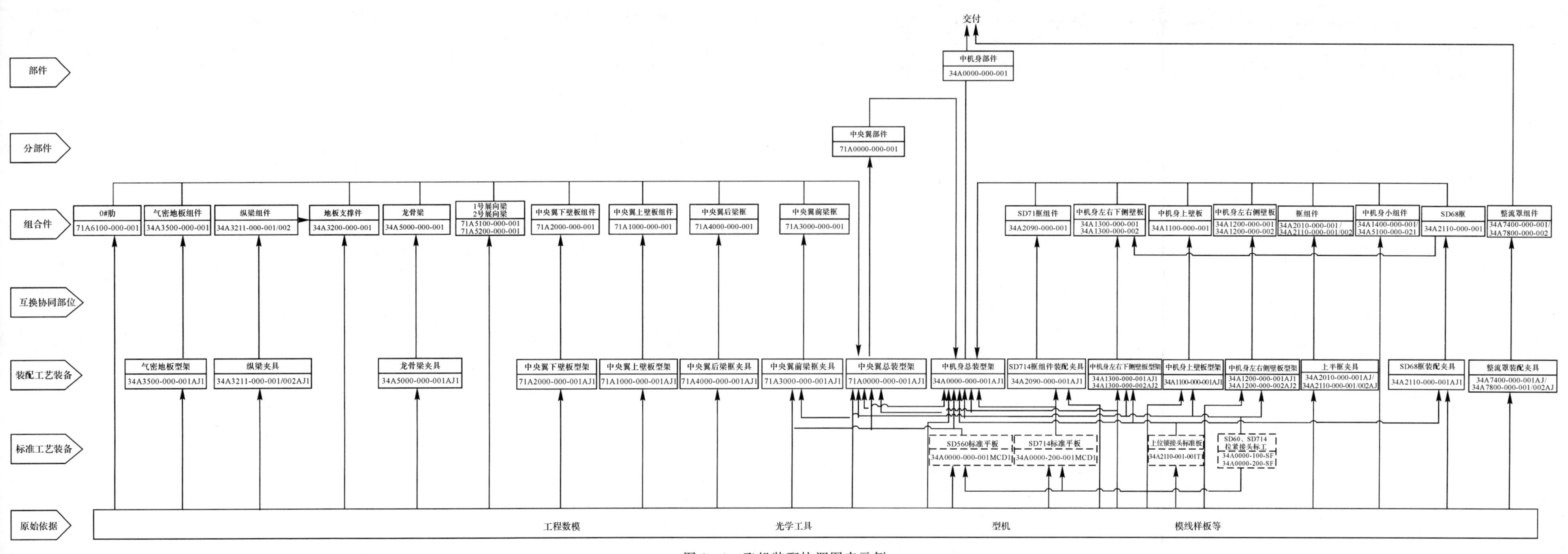

图 2-1　飞机装配协调图表示例

飞机制造的典型难点在于飞机零、部件大部分是由板材和型材件制成的薄壁构件，尺寸大、刚度小、形状复杂，装配准确度要求很高，各部件气动外形、外轮廓尺寸、形状之间相对位置等，主要都是通过装配获得并确定的。所以，飞机装配工艺首先要是解决零、部件装配过程中的互换协调问题。

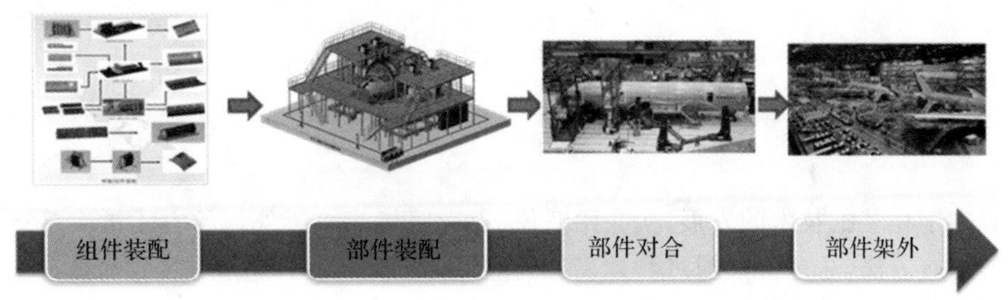

图 2-2　飞机装配工作

(一)准确度

飞机装配的协调性是决定飞机制造准确度的关键因素，直接影响飞机装配的互换性及飞机的使用性能。准确度伴随飞机设计、制造的全过程，由工程设计确定，工艺协调保障，制造过程实现。所以，从形成准确度的形成过程来看，准确度可划分为设计准确度、协调准确度和制造准确度三个阶段。

1. 设计准确度

设计准确度是指工程设计对相关准确度的工程要求，是基于飞机使用性能及相关试验确定的飞机形状和尺寸制造误差的包容范围。设计准确度是工程设计对制造误差的最大限度的包容，是保证飞机使用性能的最低要求。

2. 协调准确度

工艺设计过程中按照设计准确度要求，按照容差分配原则对制造误差进行协调分配，以确定两个相配合的零件、组件、部件，以及工艺装备与零、组件的实际形状和尺寸相符合的程度。协调准确度约束和控制制造过程的误差分配和积累，是制造准确度基础。

3. 制造准确度

制造准确度是指飞机制造工艺装备、零件、组件和部件的实际形状、尺寸与工程设计规定的公称尺寸相符合的程度。制造准确度是飞机准确度的最终表达。

装配准确度表现形式主要有以下几个方面。

1. 外形准确度

飞机外形准确度是指飞机气动外形表面与理论尺寸的一致性程度。在飞机装配中，影响外形准确度的主要因素是装配基准的选取。一般说来，采用以蒙皮外形为基准的方式，装配误差向骨架积累，形成的外形准确度较高；采用以骨架为基准的方式，装配误差向外形积累，形成的外形准确度相对较低。在装配实践中，检查外形的正向误差，一般采用等距样板，当要检查各截面间相对扭转和位移时，则必须用部件检验型架或在型架上安装检验卡板(即各截面的等距检验卡板)进行检验，这时检查出的外形误差是外形的综合误差(飞机气动外缘公差示例如

图 2－3 所示）。

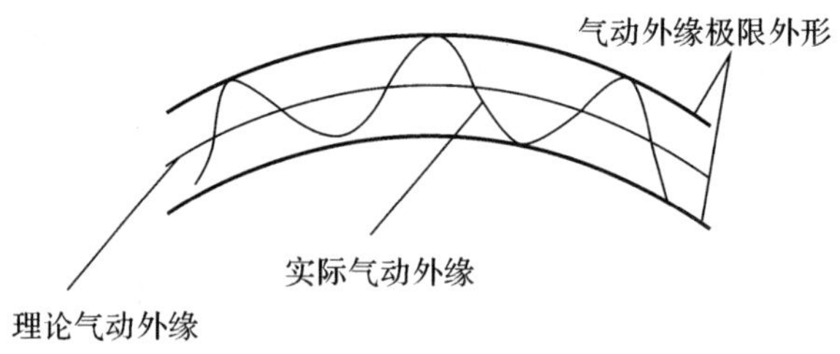

图 2－3　飞机气动外缘公差示例

随着数字化装配技术的发展，激光跟踪仪、激光照相等检测外形的方式被大量运用，相对于传统的检查方法，这些方法通过测量飞机外形，形成点云数据，通过数据拟合成实测模型，与理论模型进行比较，数据化表达飞机外形的准确度。

2. *表面波纹度*

表面波纹度是指机体外表面一定范围内的波高误差，是用来控制飞机各部件纵、横向气动外缘光滑程度的公差，采用实际外缘上一定范围内波深 b 与波长 L 之间的比值(b/L) 来度量，即波纹度 $\lambda = b/L$ ，如图 2－4 所示。

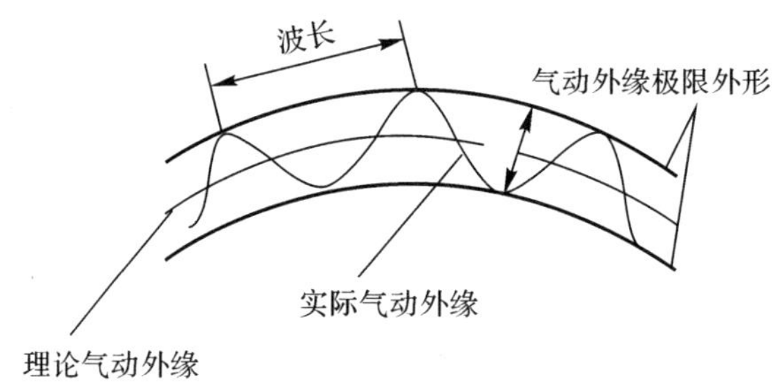

图 2－4　飞机表面波纹度示例

影响表面波纹度的主要因素是制孔连接的顺序和方法。在装配过程中，采用从中心向外制孔连接，能将蒙皮鼓动向四周延散，可以有效防止鼓动及波纹度的产生；在铆接时，采用正铆方法（即用顶铁顶住铆钉头，铆枪的撞击力直接打在钉杆上形成镦头）可以有效提升表面质量，减少波纹度的形成。

3. *表面平滑度*

表面平滑度是指蒙皮的对缝处间隙和阶差，以及铆钉、螺栓、焊点处等的局部凹凸缺陷形成的齐平度。

(1)对缝间隙和阶差

由于蒙皮对接、部件分块等原因在飞机外形连续曲面上产生的突然中断和错位形成的几何量，依据表现形式可分为对缝间隙和阶差。对缝是中断部位蒙皮边缘间形成的距离；边缘的错位形成阶差，按照垂直航向和平行航向两种情况分别规定。其中垂直航向阶差按照阶差延伸方向与气流流动方向的相对关系分为顺气流流动方向阶差（简称“顺差”，表示沿流动方向前高后低）和逆气流流动方向阶差（简称“逆差”，表示沿气流流动方向前低后高），如图 2－5 所示。

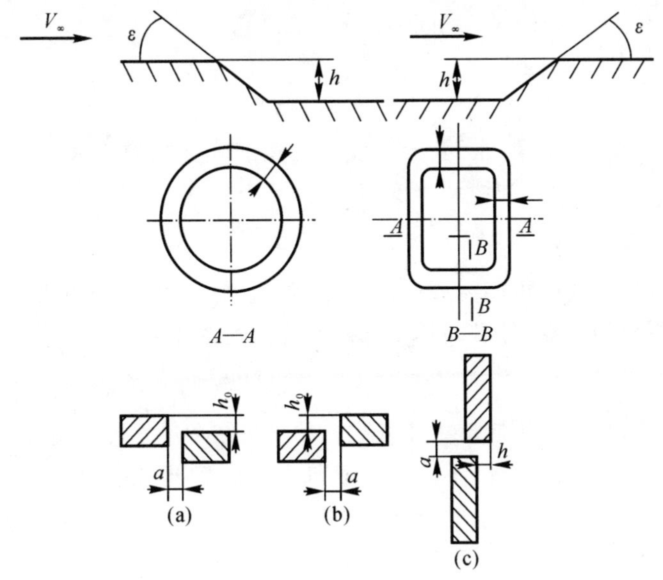

图 2-5 飞机表面对缝与阶差

(a)逆差； (b)顺差； (c)对缝间隙

引起对缝间隙和阶差超差的主要因素是误差积累。蒙皮边缘误差、定位误差等引起对缝间隙误差，零件的厚度误差、定位误差累积形成阶差。所以，降低对缝间隙和阶差误差的主要方法是提升零件制造准确度和协调准确度。

(2)钉头齐平度

为保证飞机气动外形的平顺光滑，形成气动外形的结构一般采用沉头形状的连接件，如沉头螺栓、沉头铆钉等。这些沉头螺栓和沉头铆钉凸出或凹进气动外形的量值称为钉头齐平度，如图 2-6 所示。

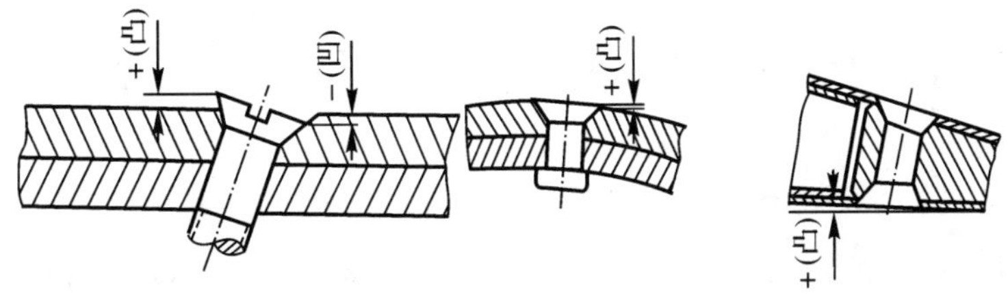

图 2-6 钉头齐平度

从图 2-6 中可以直观看出，影响齐平度的主要因素是制孔垂直度和锪窝深度。制孔垂直度影响连接件安装的垂直度，造成钉头倾斜而影响齐平度：锪窝较深会造成钉头凹陷，锪窝较浅会造成钉头凸出，造成齐平度超差。所以，控制制孔垂直度和控制锪窝深度误差是控制齐平度超差的有效手段。

4. 位置准确度

部件内部组合件和零件的位置准确度是对基准轴线的位置要求，如梁、框、长桁轴线，以及一些零件的边缘、面、交点等几何特征的准确度(这些可能同时是装配的基准)。可以将飞机置于世界坐标系，飞机上任意一点在坐标系内都有唯一确定的坐标值，位置准确度是描述飞机装配过程形成的实际位置与理论位置之间的差异的几何量。

影响位置准确度的主要因素是零件制造误差、定位误差。作为定位基准的零件边缘、面、交点等几何特征的准确度，受零件制造误差影响较大，若这些几何特征作为装配的基准，将会影响装配准确度；定位误差对梁、框、长桁轴线的位置准确度影响较大。提升位置准确度的有效做法是提升零件制造准确度和协调准确度。

(二)飞机装配互换与替换

飞机在使用、维护过程中可能需要更换部分零、组件。为保证所更换的零、组件能保障飞机原有的功能，所更换的零、组件必须具有互换或替换的特性。

1. 互换与互换性

互换即完全互换，是指飞机制造中相互配合的飞机结构单元(零、组件)在分别制造加工后进行装配时，除设计规定的调整外，不需要修配和补充加工，即能满足所有几何尺寸、形位参数和物理功能的要求。这种满足要求的特性即为互换性，包括生产互换和使用互换。

生产互换是指在生产过程中，飞机零件、组件、部件以及其他结构在装配时不需要经过挑选和修配，在装配后即能满足制造的技术要求。生产互换对于生产组织具有积极的意义。对于零、组件制造来说，可以组织批量生产，能有效利用生产资源。如在材料下料时可优化排样，以提升材料的利用率，模具、模胎一次取用可成型多架份零件，以缩短制造周期。对于部件装配来说，有利于协调资源，如装配中零、组件的串批架次使用等。

使用互换是指飞机在使用过程中，对受损零、组件和成品件等换新件时不经挑选、加工，可直接更换即能满足相关技术要求。使用互换对于飞机的维修维护、飞机使用效率和使用寿命的提升具有积极的意义。

2. 替换与替换性

替换是一种不完全的互换，指飞机制造中相互配合的飞机结构单元(零、组件)在分别制造加工后进行装配时，除设计规定的调整外，进行适当的修配和补充加工，即能满足所有几何尺寸、形位参数和物理功能的要求，保证机体的气动外形、结构、强度、重量(重心)等符合设计要求，这种满足要求的特性即为替换性。

3. 互换与替换的基本要求

互换与替换的唯一区别在于是否修配和补充加工，即是否完全满足互换的要求。在实际装配过程中，其过程基本是一致的(以下提出的互换包含互换与替换)。为提升互换的可靠性，《飞机零件互换与替换工作条例》(HB/Z 99.7—1987)规定了1∶1、1∶2、2∶1、2∶2、2∶4(需要左右件互换)等五种互换类型。

互换件一般为可拆卸组件，如口盖、舱门、起落架等，与其连接的机体称为基准件。互换部位连接形式多为交点或可拆卸螺栓连接。互换检查要素一般为交点同轴度、对缝间隙和阶差等。

(三)飞机装配协调方式

前已述及，协调准确度是制造准确度的基础，而协调方式是保障制造准确度的途径，通过不同的协调方式，制定零件制造、工装制造和装配各环节误差分配的规则，指导零件制造、工装制造和装配工艺方案的确定。

互换协调需要重点解决装配单元的外形和尺寸链关系的协调。因此，飞机制造过程区别于一般机械产品的主要特点是具有非常复杂而完善的互换协调理论和技术，用于保证最终的飞机产品中零、组件之间和大部段之间的装配协调互换和准确性的工艺协调方案及技术，并贯穿于制造过程的始终。

在飞机长长的制造工艺流程中存在种类繁多的工艺装备、零件制造及装配过程，必然会出现很多尺寸传递环节，误差也不可避免。因此影响飞机制造过程中互换与协调的决定性因素是尺寸传递各环节的装配协调技术，只有确保飞机结构件的协调和互换性，才能有效提升产品质量。采用何种措施才能保证飞机结构件的协调性和互换性，这在飞机制造中是至关重要的，也使得飞机制造技术区别于普通机械制造技术，而独具特点。

基于传统的二维设计和数字化的三维设计，飞机装配协调方式经历了模拟量协调和数字量协调两个阶段，分别适用于传统的刚性装配和数字化装配。

1. 模拟量协调

为保证飞机的外形及装配准确度，传统的飞机装配工艺一般采用的是模拟量协调的方式，即通过1∶1的真实尺寸来体现产品某些部位的几何形状和尺寸的图板或刚性实体[如模线(胶版图)、样板、标准样件等]控制零件制造、装配的各环节(工序)，以保证其协调性。这些图板或刚性实体作为一种模拟量标准用于制造、装配、检验和协调生产工装，是保证生产工装之间、产品零件和部件之间的尺寸和形状协调与互换的重要依据，并用来传递零、部件的形状和尺寸。模拟量一般可分为模线(理论模线、结构模线)、各类样板(切内样板、切外样板、反切内样板、反切外样板)、各类标准工艺装备(标准样件、标准量规、标准平板)等。这些模拟量必须具备足够的刚度，以保持其尺寸和形状的稳定性，并使其具有比生产工装更高的准确度。考虑到温度的影响，还需要一个恒温的空间来存放这些工艺装备。模拟量协调装配的协调路径如图2-7所示。

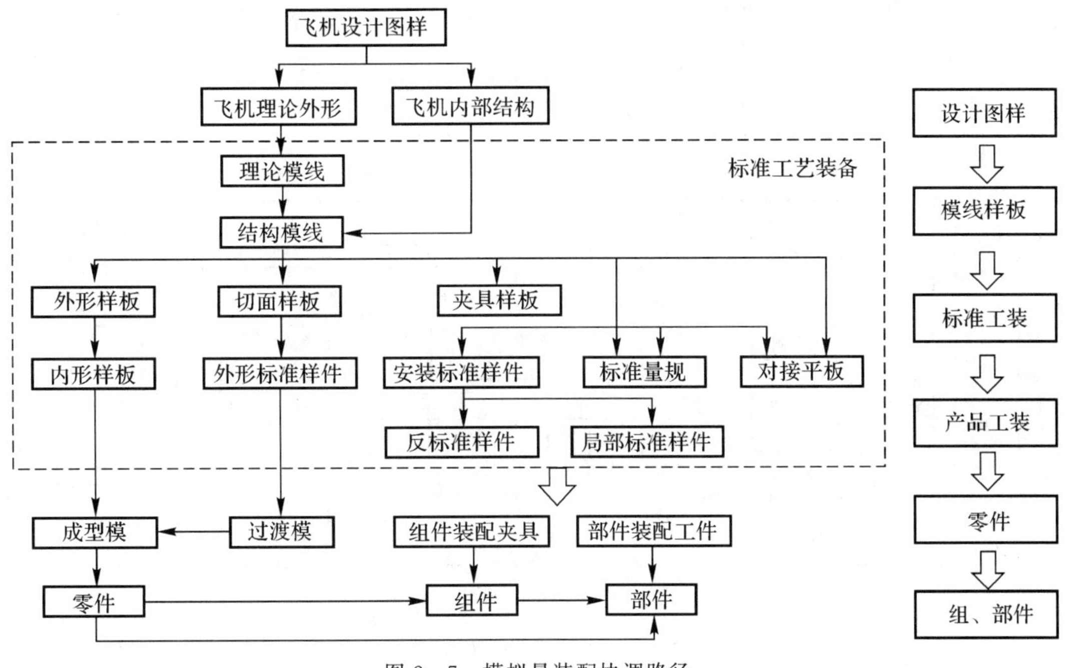

图2-7 模拟量装配协调路径

模拟量传递协调存在四方面的主要问题：一是专用工艺装备(模拟量)在工艺方案中具有

严谨的尺寸传递顺序，这决定了其制造也有先后之分，不利于开展并行制造；二是一环环的尺寸传递过程，都存在制造误差，误差的积累必然导致飞机产品制造准确度降低；三是样板模线、标准工艺装备(标工)、工艺装备都必须要制造出实体，其制造需要投入大量人力、物力，不但拉长了生产准备的周期，还增加了制造、维修、保养的费用；四是这些专用工艺装备需要能够控制温湿度的存储空间存放，以防止变形和损坏。模拟量尺寸传递的关键是实体标工，唯一性和稳定性是实体标工的显著优点，但是它有一个不容忽视的问题，即标工自身的设计、制造、检验都有很大的难度，特别是工程公差过紧时，标工是很难设计和制造的。

随着计算机辅助设计(Computer Auxiliary Design，CAD)、计算机辅助制造(Computer Auxiliary Manufacture，CAM)和数字化测量技术的快速发展，模拟量传递的方法本身也有了很大的转变，目前的模拟量传递通常依据工程数模上的几何参数和公差要求，经过容差分配，直接用于标准工艺装备的制造，而省掉模线样板的环节；标准工艺装备的装配也采用数字量尺寸传递的手段，省去了移形过渡环节，提升了并行制造的能力，减少了模拟量的种类。

2. 数字量协调

数字量协调的基础是飞机设计的数字化定义，即飞机设计的工程尺寸、图形、图样全部在三维数据上集中表达，形成 MBD(Mode Based Design，基于模型的定义)工程数据。在飞机零件制造、工装制造、装配的各环节，协调依据是统一的工程数据，采用数字标工模型控制产品协调准确度。在各级坐标系中，通过数字标工中的约束关系将产品协调部位尺寸与形状信息以数字量方式直接传递到产品或生产工艺装备的制造过程，保证生产用工艺装备之间、生产工艺装备与产品之间、产品部件和组件之间形状及尺寸的协调、互换。数字量协调装配的协调路径如图 2-8 所示。

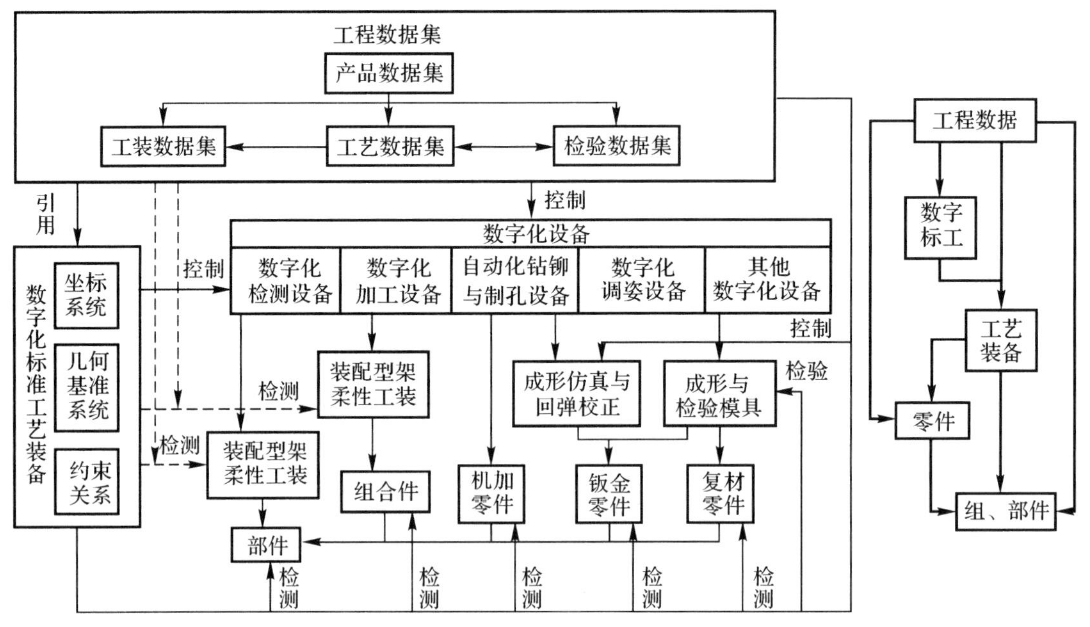

图 2-8 数字量传装配协调路径

从图 2-8 中可以看出，在数字化装配的模式下，飞机装配协调环节一般为设计数模—工装/零件—组、部件的过程。相对于传统的装配模式，协调环节少，协调路径短，且均以数模(数字量)作为协调依据，所有零件、工装均按照同一数模制造，不存在协调误差，相应误差积累较小，装配准确度较高。

数字量装配协调与容差分配技术在工艺规划阶段以飞机数字化设计数据为基础，在数字化环境下完成对飞机协调方案及容差方案的规划，保证装配可行性、装配精度与装配质量。

1)在规范化的产品和工装三维模型基础上，快速、有效地构建起支持数字化装配的装配协调基准；

2)以协调基准为基础，规划数字化装配环境下的装配协调路线；

3)针对不同装配对象的关键特性，分析装配过程变形趋势，并提出补偿方案；

4)结合装配准确度、装配变形及误差传递过程，分析和优化装配容差，实现装配容差的数字化分配。

随着数字化装配技术的发展，飞机装配协调方式由模拟量协调向数字化协调方式转变，在一定程度上提升了装配协调精度，不断发展的装配协调技术也提升了容差分析的水平。但无论怎样，在飞机制造的尺寸传递过程中，会有诸多因素影响到尺寸传递的准确度，如工艺容差分析、制造误差、机床设备自身误差、累积误差等，以及零件制造、部件装配过程的变形和温度变化的影响等，飞机在零、部件制造过程中固有的制造误差和装配系统的协调误差不可避免地存在，制约飞机装配精度的进一步提升。所以，装配协调技术还需要继续发展以适应飞机设计精度的提升。

二、基准

基准就是确定生产对象上几何关系所依据的点、线或面，是机械制造中一个应用十分广泛的概念。机械产品从设计时零件尺寸标注，制造时工件的定位，校验时尺寸的测量，一直到装配时零、部件的定位等，都需要用到基准的概念。

飞机零、部件基准与定位的选择是尺寸工程中的关键项目，是规划尺寸设计的前提。合理地选择设计基准并在产品生产阶段合理应用，可以保证制造质量的稳定和持续改进，从而能更好地满足飞机的研制需求。

现在介绍基准体系(Datum Reference Frame，DRF)。一个基准体系由3个相互垂直的交叉基准面来表示，合理选择控制6个自由度的基准特征可以建立基准体系。基准特征是有制造偏差的，基准体系是3个相互垂直的理论面，是没有偏差的，其他特征的位置度要求是在基准体系下的位置要求。选择不同的基准特征所建立的基准体系(见图2-9)是不同的，也就导致了对其他特征的控制结果不同，因此选择好基准特征后，要合理定义基准特征的顺序，并且在图纸中用形位公差语言精准地表示所选基准。

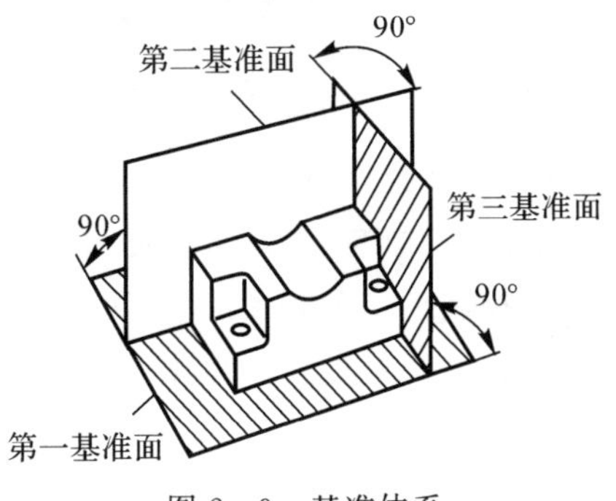

图2-9 基准体系

(一)基准的分类

基准是贯穿产品设计、零件制造和装配全过程的基本概念,是指导设计、制造的重要因素。从其形成的环节和功用分类,可以分为设计基准、工艺基准两大类。

1. 设计基准

设计基准反映设计要求,是设计模型和图样绘制的依据,用来标注设计尺寸的起点。在飞机设计中,常用的设计基准是构造点(产品的一些特征点/孔,如定位孔、交点孔)、构造线(长桁轴线、框/梁轴线、交点孔轴线)、构造面(水平构造面、垂直构造面)等。

2. 工艺基准

工艺基准是指产品在制造过程中所用到的基准,按照其用途可分为以下四种:

1)工序基准:工序图上用来确定本工序所加工表面加工后的尺寸、形状和位置的基准;

2)定位基准:在加工中用于定位的基准;

3)测量基准:测量时所采用的基准;

4)装配基准:装配过程中用于确定零、组件相互位置的基准。

(二)基准选取的原则

基准是尺寸工程中的一个重要概念,直接影响到尺寸的标注以及误差的累积。所以,基准的选择要基于相关的原则,尽可能减少对尺寸标注和误差累积的影响。在工程实践中,选择基准的原则有一致性、可继承性和可测量性原则。

1)一致性原则是指在产品设计、制造的各个环节,基准的选择尽可能是一致的,以减少因基准的转换而导致误差累积和尺寸偏差。

2)可继承性原则是指在产品设计、制造的各个环节,基准是可继承和传递的,是保证基准一致性的基本要求。

3)可测量性原则是基准在应用层面的要求,基准不仅可设计,更要可应用。所以,基准应该是实实在在存在的产品几何特征,具有可测量性。对于传统的几何测量方式,基准一般采用产品实实在在存在的边缘、面、孔、轴等,随着数字化测量技术的发展和应用,可通过激光跟踪仪、激光雷达等测量设备测出产品虚拟存在的基准,如长桁、框等轴线以及构造水平面、对称平面等虚拟基准。

基于基准的上述选取原则,在基准的设计和选取的过程中,需要工程设计和工艺设计紧密协作,应该考虑零、部件从制造到装配的全过程,从满足功能要求出发来合理选择基准,同时考虑加工和测量的因素,最终确定基准。

尽可能使所选取的基准既能在工程设计时作为设计基准,又能在实际装配时作为装配基准。这样既保证了设计与工艺基准的一致性及在设计制造过程中的基准传递,在统一的基准体系下可以直接测量出所对应关键特征的装配偏差,保证关键特征在空间状态下的相对位置,有利于进行尺寸分析、迭代等尺寸控制工作。在实践中,可以从工艺方面提出基准的需求,在工程设计过程中将工艺基准设计出来,如蒙皮定位耳片(见图 2-10)、框梁类零件定位的工艺孔等。

基准的选取同时也决定分离面的选取,进而确定装配单元的划分。

图 2-10 蒙皮定位耳片

(三)分离面

在飞机设计、制造过程中,将机体结构分割成为一个个部段,便于各个部段独立设计、制造和运输,各个部段之间的分界面就是分离面。按照分离面的功用,可分为设计分离面和工艺分离面。

1)设计分离面是指为了满足产品结构设计和使用的需要,在部件(或次级部间)之间、部件与可卸件之间形成分离而其采用可卸连接,这些可卸连接包含交点连接、端框连接等类型。这样形成的分离面称为设计分离面,如机身与机翼对接的分离面、机身部段间的连接、中央翼与外翼的连接(一般是端框连接)等。设计分离面一般将飞机机体部件按功能进行分段,形成相对独立功能的部件,如机翼、机身、起落架、平尾、垂尾、各功能系统等基本部件,还可进一步细分为中央翼、外翼、机头、中机身、后机身等次级部件,如图 2-11 所示。

图 2-11 设计分离面(交点)

2)工艺分离面是指为了满足生产制造的需要,在部件(或次级部)之间分割的分离面。要注意,即使飞机被划分成多个部件,这样的部件还是十分复杂的,由于部件是按照功能、实用等原则划分的,因此在部件装配时还将进一步划分形成更小的组件,这些部件(或次级部)以及组件之间的分离面装配时一般采用不可拆卸的连接,它们之间的分离面称为工艺分离面(见图 2-12)。

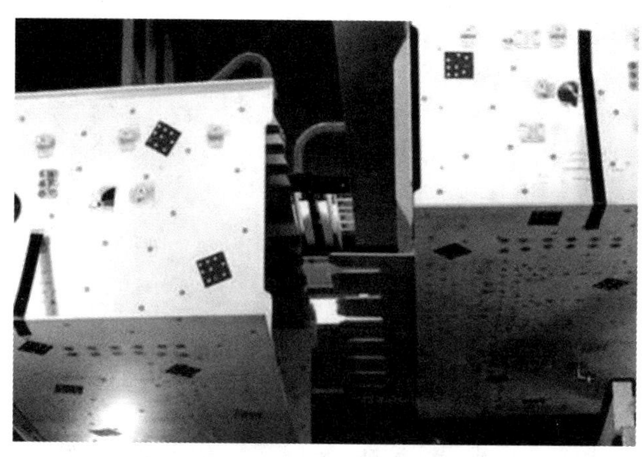

图 2-12 工艺分离面

同基准的选择一样，在设计制造过程中，为减少误差积累，尽可能使设计分离面和工艺分离面统一，从而使设计单元和工艺单元统一。而且，由于设计分离面为可拆卸连接，分离面一般为完整的结构，结构较为复杂，使产品重量增加。在现代飞机设计中，若非必须，一般都尽可能减少设计分离面，采用工艺分离面替代传统的设计分离面。如传统的飞机机身对接、中央翼与外翼对接的分离面一般采用设计分离面，分离面结构为端框结构，横向结构、纵向结构相互连接。现代飞机大多采用工艺分离面，对接面设置在框间，仅纵向结构相连，大大降低了对接部位的结构重量。

三、流程

流程是指一个或一系列连续、有规律的行动，这些行动以确定的方式发生或执行，导致特定结果的实现，简言之流程，就是一组将输入转化为输出的相互关联或相互作用的活动。对于工业制造来说，流程就是从原料到制成品各项工序安排的程序。

飞机装配流程就是按照一定的顺序使不同的装配单元形成组件或部件的过程，其核心是工艺流程，即待装配零件或装配单元的定位安装顺序。一般来说，飞机部件装配工艺流程包括站位工艺流程、站内工艺流程、单元级工艺流程。这个流程是需要经过设计优化的。该部分内容将在第三章设计篇和第七章精益篇详述。

四、定位

定位是飞机装配的核心环节。飞机部件是一个空间实体，其每一个组成部分——装配单元在这个空间实体内部都有一个唯一确定的姿态，即以飞机实体建立一个空间坐标系，其中每一个装配单元在这个空间坐标系内都具有唯一确定的坐标。所以，定位的目的就是确定装配单元的空间姿态。

将装配单元考虑为一个刚体，可将其分解为无数相关联的点，其中任何一点在空间坐标系内都具有由确定的坐标 (x,y,z) 和 (α,β,γ) 构成的六自由度的任意组合，通过调整这一组合中任意坐标值，这一点的姿态就会发生变化，从而带动相关联点的变化，因此刚体的姿态就发生了变化。定位就是基于这种原理。一般分为两个步骤：一是定位，即确定产品的姿态，一般说来，可通过 (x,y,z) 和 (α,β,γ) 来表示其姿态的变化，定位就是按设计规定的公差范围确定这些坐标值；二是夹紧，即产品姿态确定后，需要固定其姿态，使定位后的产品不再平移或旋转而使姿态发生变化。

在飞机装配中，传统的定位方式有四种：画线定位、装配孔定位、基准零件定位和工装定位。随着装配技术的发展，一些新的定位方式得到了运用，如测量定位、调姿定位等(在第十一章数字化装配篇中介绍)。

(一)画线定位

画线定位就是按画在基准零件上的线条确定待装配的零件的装配位置。这种定位方法操作较为简单，一般仅需要尺子和画线笔即可完成画线定位工作。但这种定位方式对待定位零件的硬约束不够，画线误差较大，所以精度较低，一般为 0.5～1 mm，适用于较小型零件且定位精度要求不高的情况。画线定位需要注意下列事项：

1)选用材质较软、易于擦拭的画笔作为画线工具，以防止笔尖划伤零件表面，如一般采用 2B 铅笔、水性笔作为画线工具；

2)选用画线笔的笔尖要尽量细，使画出线条尽量细，以减少误差；

3)画线用的尺子长短要根据定位区域空间大小选用，以防止空间较小，尺子不能正确摆放而造成画线错误，或者因尺子较小需要分阶段画线造成误差积累；

4)确定画线基准尤为重要，要选用实实在在存在的基准，如零件边缘、平直的面或者工装挡件等，不建议选用轴线等虚拟存在的基准，以防止基准不准造成定位尺寸错误；

5)严格按照设计图样、模型确定画线尺寸，沿着能够直接测量的尺寸标注路径画线，避免因尺寸转换造成的误差积累。

画线定位如图 2-13 所示。

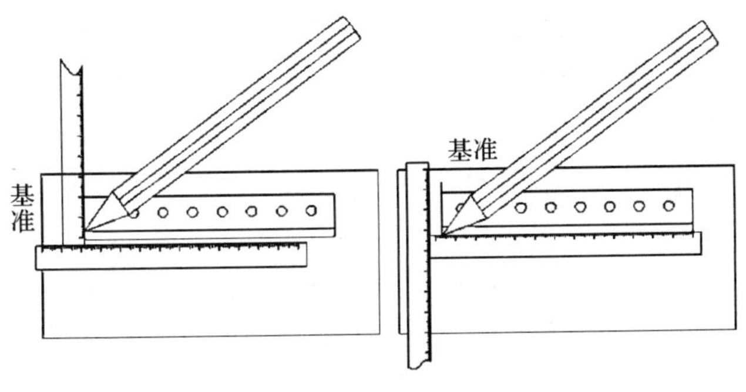

图 2-13 画线定位

(二) 装配孔定位

将相互连接的零、组件分别按照一定的协调(样板、钻模或数字协调集等)手段，在相互对应的位置上，协调钻制的确定零件之间相互位置的孔，称为装配孔，这些孔都是零件连接时紧固件所用的孔。

采用装配孔定位方式定位快速、简单、可靠，能减少或简化装配型架，开敞性好，比画线定位精度高，精度一般可达 0.2～0.5 mm。在生产中，在保证准确度的情况下，尽可能采用装配孔定位方法。对一些形状不是很复杂的组合件或板件，如平板、单曲度以及曲度变化不大的双曲度外形板件，都可以采用装配孔定位的方法进行装配。装配孔定位方式如图 2-14 所示。

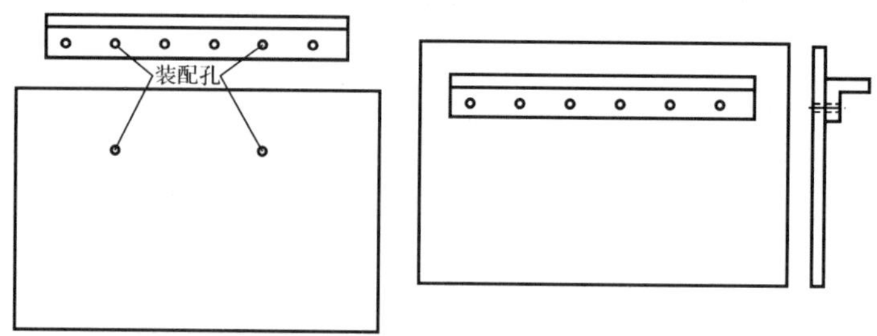

图 2-14　装配孔定位

装配孔一般在平面零件、单曲面零件或曲率较小的双曲率零件上取制。装配孔定位方式相较于画线定位方式精度和效率较高，多用于框、梁腹板等面类零件上安装的结构件的定位，但由于其精度受限，不适用于高精度零件定位。

装配孔选择需遵照下列原则：

1)一个零件上一般选用两个装配孔，尽量分布在零件的两端；但对于尺寸较大或刚性较小的零件，装配孔可取 3 个，在特殊情况下或多于 3 个，孔位应均匀分布；

2)受零件大小、连接孔数量等因素影响仅允许选用 1 个装配孔的，可结合画线方法确定零件位置；

3)装配孔距零件成形区，如下陷、加强槽、拐弯处等，应有一定的距离；

4)对称零件的装配孔应不对称地分布在对称轴线的两侧，用于定位防差错；

5)多弯边的零件的装配孔只在一个弯边上取制；

6)结构的补偿部位(如余量)不取装配孔；

7)外形复杂的双曲面零件不宜取装配孔。

(三)基准零件定位

基准零件定位是指对待装配的零、组件以已装配的零、组件作为基准进行定位的方式。这种定位方式简便、快捷、协调性好，其要求是作为基准的零件或组件定位连接可靠，具有一定的刚性。飞机装配中一些连接纵横向骨架的连接角片就采用这种定位方式。如机身梁、框连接角盒，就在梁和框的交叉处以梁和框作为基准进行定位，如图 2-15 所示。

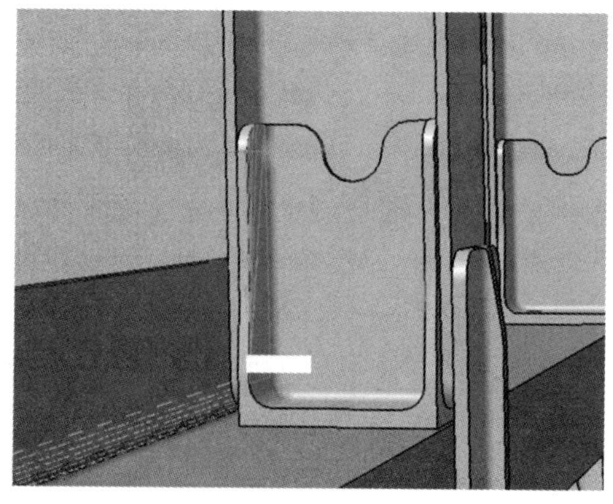

图 2-15　基准零件定位示例

(四)工装定位

由于飞机产品的结构不同于一般的机械产品,因此在传统的飞机制造过程中,针对不同的零、组件和部件,制造专用的工艺装备,用于对工件的加工成形、装配安装、测量检查,以及在工艺装备之间进行协调移形。工艺装备(工装)一般分为两大类:一类是标准工艺装备,主要用于装配协调移形,如标准量规、标准样件、标准平板等;另一类是生产工艺装备,又分为装配类工艺装备(装配型架、装配夹具、钻模、钻孔样板等)、检测类工艺装备(对合台、水平测量台、检验夹具、检验量规等)、加工类工艺装备(精加工平台等)。其中装配类工艺装备用于装配安装,是保证定位准确性的主要装备,同时,装配类工艺装备一般也可用于测量检查。需要说明的是,装配型架和装配夹具没有本质的区别,一般将较大型、较复杂的装配工装称为装配型架,将较小型、较简单的装配工装称为装配夹具。

工装定位是飞机装配中最基本、最常用的一种定位方式,采用工装装配也是飞机装配的特点之一。由于飞机的零件种类繁多、形状多样、刚性不足、装配过程复杂,对关键部位定位精度要求高,所以画线定位、装配孔定位和基准零件定位不能满足定位精度要求。工装定位就是利用工装(装配型架和夹具)来确定待定位安装零件空间位置的一种方法。工装定位除了能确定零件的位置外,还能起到校正零件形状和限制装配变形的作用。这种定位方式定位精度高,装配过程稳定性好,定位可靠,能保证产品的互换要求,但存在工装影响装配空间的情况。传统工装一般包含骨架、定位件、夹紧件、辅助装备四部分。骨架是工装的基体结构,作用是固定和支撑定位件、夹紧件等元件,保持这些元件在工装空间位置的稳定性;定位件用于保证产品在装配过程中具有唯一稳定的位置;夹紧件是将工件牢牢固定在定位件上的加力元件;辅助装备包括工作梯、工作台面、风水电气管线等装置。工装定位常见的定位方式有外形卡板压紧、挡件限位、销轴定位等,大多用在定位骨架、外形、交点等精度要求较高的部位。使用工装定位,应充分考虑并不限于以下环节:

1)工装的选用应基于工艺总方案,坚持最少化原则。

2)在工装规划设计时,要充分考虑骨架、定位件、辅助装备三部分的协调性。

3)要考虑零件的定位方式。

4)定位夹紧件应依据定位形式设置,选用简单、快捷、可靠的定位夹紧方式,布置有效,结构稳定,能保证装配的准确性和协调性。

5)装配过程中尽可能少拆卸相关结构,即便必须拆除,也尽可能选用快速拆卸安装的方式,并做好定置管理和防差错管理。

6)工装结构是构成操作环境的重要方面,应充分运用人因工程原理,保证具有良好的安全性(详见第五章安全篇)。

7)工装定位应考虑有效保障产品质量,具有有效的工艺防差错能力(详见第四章质量篇)。

8)工装定位设计规划应能具有良好的工效能力,结构简单、开敞;具有良好的工艺性,尽量使操作人员能以安全、舒适的姿态进行操作;劳动效率高,不易疲劳,避免引发质量、安全事故。

9)工装的定位设计应考虑产品在架内的放置方式。产品在架内的放置方式取决于产品的结构形式,以及能保障操作人员以最佳的姿势开展工作。一般来说,在飞机装配中,对于壁板类、翼盒类等高宽比较小的组、部件采用立式装配,如机身壁板、机翼壁板组件、翼盒部件(翼盒部件也有采用卧式装配的情况)等采用立式装配的方式,操作人员可采用站姿开展工作,但立式装配的产品在上、下架时可能需要翻转，存在安全隐患；机身部件、大部件对接等高宽比较大的组、部件一般采用卧式装配的方式，如机身各段部件、机身对接、机翼对接、翼身对接等。卧式装配的产品姿态与飞机的飞行姿态一致，根据产品的尺寸大小，操作人员可采用站姿、蹲姿等体态进行操作，产品上、下架时一般不需要翻转。

10）工装设计应考虑产品的上、下架的通路。对于小型零、组件，一般可通过操作人员手工搬运上、下架，对于较大型零、组、部件，一般采用地面运输（运输车）或空中运输（行吊）的方式上、下架。不论是手工上、下架，还是地面运输或空中运输上、下架，都应该充分考虑零、组件运动的通路，应有足够的安全空间。所以，在工装设置时，应将产品的上、下架的方式作为输入条件之一，以此通过工装结构形式规划出运动通路。

工装定位（见图2-16）是飞机装配定位的主要方式，工装规划设计是工艺设计的重要工作，相关的细节在第三章设计篇中说明。

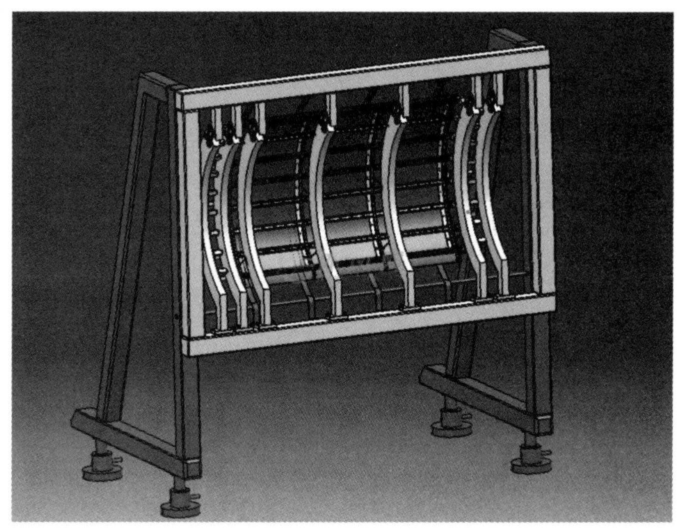

图2-16　工装定位

画线定位、基准零件定位、装配孔定位和工装定位等定位方式在装配过程中是综合运用的，根据设计要求、制造总方案、工艺总方案、工艺协调方案等制定装配工艺方案，合理选择定位方式。

五、连接

装配连接就是采用特定的方式使组合在一起的装配单元形成稳定实体的组件或部件。传统的连接方式包括铆接、螺接、焊接、胶接等。随着航空材料和飞机结构的发展更新，在飞机制造中也采用了一些新的连接方式，如电子束焊、搅拌摩擦焊等连接方式。一般说来，飞机装配中90%以上的连接是采用铆钉连接和螺栓连接，所以，铆钉孔和螺栓孔的制备是飞机装配的主要工作，下面重点叙述。

机械连接是一项系统工程，涉及多方面的专业，包括紧固件的选型（紧固件的标准、设计、制造和试验等）和紧固件的安装（工艺规范、安装工具、设备、测试等）。从装配工艺设计的角度来说，连接包括紧固件制孔工艺设计和安装工艺设计。所以，连接的核心问题是要解决刀具和工具的设计、选型问题(详见第三章设计篇)。

(一)紧固件制孔

制孔方法分为手动工具制孔和机械设备制孔两大类。手动工具如风动工具、电动工具等，设备制孔包括一般机械设备制孔(如车床、铣床、台钻等)、自动化设备制孔(如 LED、机器人制孔设备、轨道制孔设备)等。

1. 制孔流程

手动工具制孔一般需要分刀制孔，其制孔工艺流程一般由“确定孔位—制初孔—扩孔—铰孔—去毛刺—锪窝”等环节构成。

设备制孔可采用一体化刀具制孔，通过机械调整或数控程序确定孔位，“钻孔—扩孔—铰孔—去毛刺—锪窝”等环节通过一体化刀具一次性完成。

2. 制孔方法

飞机结构的疲劳破坏主要原因是表面(包含孔壁)产生疲劳裂纹，使整个结构破坏。所以，紧固件连接孔是飞机疲劳破坏的薄弱环节，制孔质量是影响飞机结构疲劳强度的重要因素。连接孔精度基本是以百分毫米(10^{-2} mm)的数量级来确定，所以，确定有效保障制孔质量的方法是制孔工艺设计的关注重点。

制孔质量指标及保障方式见表 2-1。

表 2-1 制孔质量指标及保障方式(手动制孔)

评价指标	保障方式	精度/mm
孔位	画线	±0.5
	样板	±0.2
	钻模	±0.1
	导孔	±0.5
孔径	制孔工具/刀具	
孔垂直度	垂直套、钻模	
孔圆度/圆柱度	制孔工具/刀具	
孔壁粗糙度	制孔工具/刀具	
锪窝深度	锪窝限位器	

(二)紧固件安装

铆钉、螺栓等紧固件的安装中，主要问题是安装工具的选用。当前，铆钉铆接安装主要采用锤铆和压铆的方式，螺栓安装大多采用手工安装。

1. 锤铆

锤铆是指靠铆接工具产生的冲击力多次作用于铆钉头/钉杆，从而形成镦头的一种铆接方式，一般采用风动铆枪和顶铁配合完成铆接工作，分为正铆和反铆两种方式。

1)正铆是指顶铁作用于钉头,铆枪作用于钉杆,通过铆枪的冲击力形成镦头的铆接方式。正铆一般用于外表面的铆接,在铆接埋头钉时蒙皮不受锤击,表面质量好,但需要较重的顶铁才能在铆接时顶住铆钉,操作者劳动强度大,铆接范围受限。

2)反铆是指顶铁作用于钉杆,铆枪作用于钉头,通过铆枪的冲击力形成镦头的铆接方式。反铆采用的顶铁较轻,操作者劳动强度较小,且部分锤击力直接作用在钉头周围的零件表面上,能够使工件贴合更紧密,但也可能造成工件的变形或损伤。

正铆和反铆如图 2-17 所示。

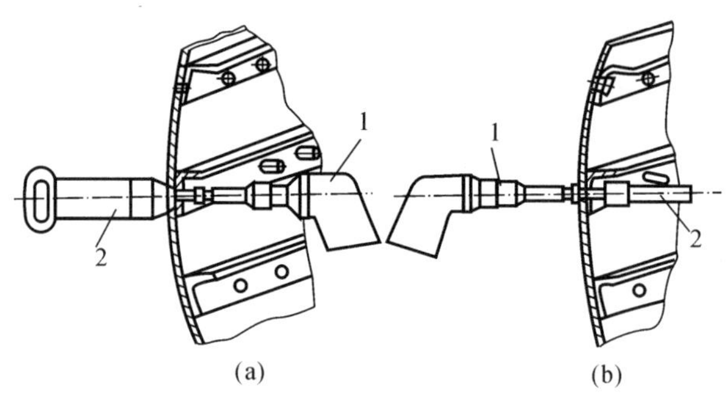

1—铆枪； 2—顶铁

图 2.17 正铆和反铆

(a)正铆； (b)反铆

锤铆工具主要是铆枪、窝头和顶铁。铆枪是锤铆时产生冲击力的动力源;窝头匹配钉头、镦头尺寸,使铆接后能形成满足要求的镦头;顶铁与铆枪匹配形成作用力与反作用力,使铆钉形成镦头。

2. 压铆

压铆是指采用静压力镦粗铆钉杆形成镦头的一种铆接方法,相较锤铆,压铆的铆接件表面质量好,变形小,连接强度高,铆接质量稳定,铆接过程中噪声小。压铆基于所采用的设备、工具不同可分为手动压铆、机械压铆和自动压铆三种方式。手动压铆是指采用手动压铆工具(风动工具)进行压铆,适用于结构空间不开敞、铆钉直径较小(一般直径为 3 mm 以下的铆钉)的结构连接(如系统支架、角片等);机械压铆是采用机械设备产生静压力进行铆接,配以简单的支撑装置,适用于铆钉直径较大、结构较简单的结构铆接(如梁、框等组件);自动钻铆是指采用自动钻铆设备,通过数控编程,一次性完成制孔和铆接,适用于大型、复杂的结构铆接(如机身壁板、机翼壁板等组件)。

3. 螺栓安装

飞机连接用螺栓常用的有自锁螺栓和高锁螺栓。自锁螺栓即普通螺栓,由螺栓和螺母组成,安装时螺栓从孔的一侧插入,在另一侧使用拧紧工具拧紧套环(螺母),拧紧力需要通过定力工具测试;高锁螺栓是利用螺栓的过盈量与螺母造成的干涉配合和较高的预紧力的组合作用来提高连接疲劳强度的一种螺栓,主要由带螺纹的芯杆(螺栓)和带螺纹的套环(螺母)组成。安装时螺栓从孔的一侧插入,在另一侧使用拧紧工具拧紧套环(螺母)。在达到一定拧紧力矩后,套环(螺母)从凹槽部位断裂。

自锁螺栓和高锁螺栓分别如图 2-18 和图 2-19 所示。

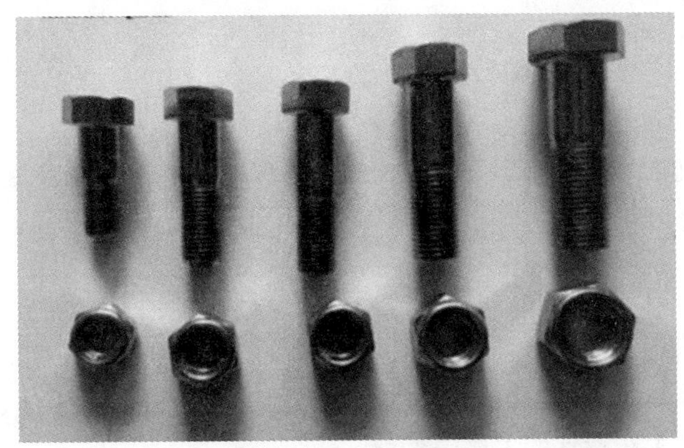

图 2-18 自锁螺栓

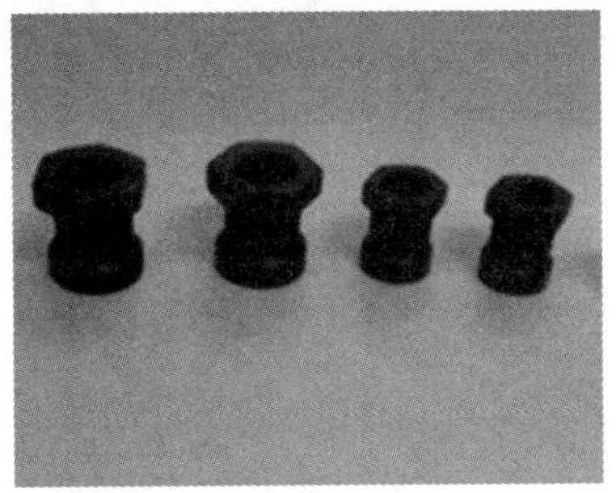

图 2-19 高锁螺栓

螺栓安装按照配合关系可分为间隙配合安装、过渡配合安装、过盈配合安装。对于间隙配合安装和过渡配合安装，一般需在螺栓头侧固定，拧紧螺母即可(受结构空间影响的情况下也可在螺栓侧拧紧)；过盈配合一般在螺帽侧拧紧，严禁在螺栓头侧拧紧。对于高锁螺栓的间隙配合安装，在螺帽侧通过拧紧工具与内六方扳手(插杆)配合拧紧，内六方扳手(插杆)起到固定螺栓的作用，如图 2-20 所示。

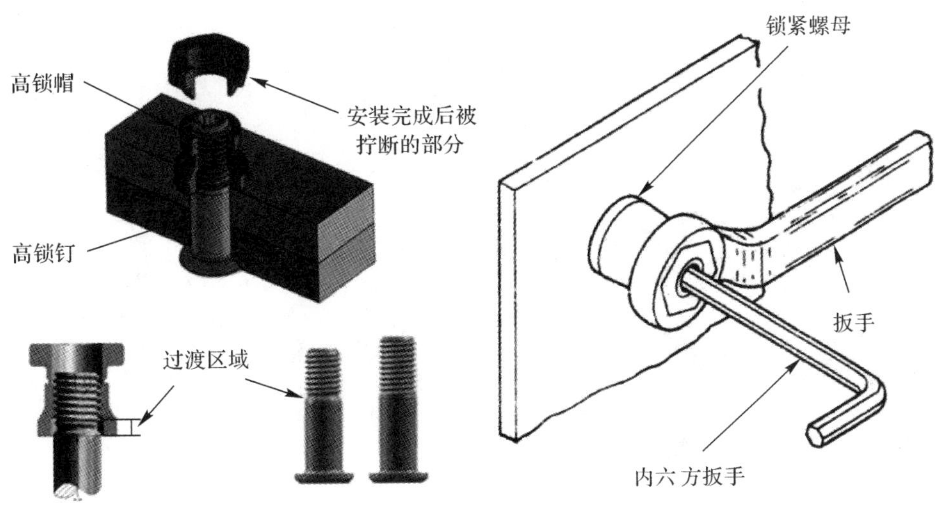

图 2-20 高锁螺栓的安装

本章小结

本章按飞机装配的概念介绍了飞机装配的基本理论，是飞机装配工艺学的基础，也是飞机装配工艺设计的基本理论基础。

飞机结构具有与一般机械结构不同的特点，所以飞机装配工艺也独具特点。飞机装配基于装配协调，装配协调保障装配的准确性，是飞机装配工艺设计的基础。飞机装配是一项复杂而系统的工作，有严格的装配流程，在流程设计中，应统筹装配的全部工作，设计合理、优化的流程。飞机装配的主要工作是定位和连接，需要用到大量的工艺装备和工具，所以工艺装备、工具的设计与选型是工艺设计的主要内容。

第三章 设 计 篇

工艺设计是工艺工作的主要内容，是工艺技术水平和能力的集成体现。工艺设计具有一般设计的特点，也是一种创造性的劳动，是对产品制造流程和方法的规划设计，工艺设计的质量在一定程度上决定了产品的制程质量。

在本书第一章综合篇中，我们论述了工艺设计的方法和内容，是对工艺设计工作的总体概述；在第二章基础篇中，基于飞机部件装配的特点论述了飞机部件装配工艺学的基本内容。本章是将这两方面结合起来，详细介绍基于飞机部件装配工艺学的工艺设计的流程和方法。

第一节 工艺设计模型

一、工艺设计模式

工艺设计是在基于工程设计的基础上进行的一项创造性的工作。在传统的飞机设计制造模式下，工艺设计一般与产品设计串行，即完成产品设计后才开始进行工艺设计，在工艺设计和生产制造过程中反馈产品设计存在的问题，促成产品设计的改进。这种方式导致工艺设计和产品设计衔接性不好，工艺性和可制造性在产品设计过程体现不充分，且工艺设计周期长。随着数字化技术的发展，MBD(基于模型的定义)的数字化设计蓬勃兴起，在这种设计制造模式下，设计与工艺在同一过程共享统一的数据资源，设计人员和制造人员可以充分并行开展工作，产品设计过程也是工艺设计的过程。在这个统一的过程中，设计人员和工艺人员可以充分、有效地进行沟通、交流，沟通的桥梁就是协同平台。协同平台就好像一条运行有序的信息高速公路，设计和制造相关人员都在这条高速公路上驰骋，并适时共享信息资源，在设计过程中体现工艺性和可制造性，在设计过程中贯彻工艺要求，工艺人员可向 MBD 数模中加入工艺补充定义，如装配孔、定位孔、导孔等工艺信息，对设计 MBD 数模的工艺进行补充定义和完善，以使设计 MBD 数模制造、装配信息更完整，而且有利于实现装配过程自动化。特别是在数字化制造的条件下，一些工艺输入，如工艺接头、支撑点位、测量点位、基准点位、工艺导孔等，都必须在设计数模中体现。

随着飞机产品越来越复杂，性能要求越来越高，研发周期越来越短，MBD 的设计制造一体化的局限性也越来越明显，典型的是工艺设计依然依赖于工程设计，没有做到完全的同步和融合。所以，工业研发数字化的重要发展方向转入到了 MBSE(基于模型的系统工程)。该方法是基于系统工程思想，将工程设计和工艺设计纳入统一体系进行管理，工程设计和工艺设计没有严格的界限划分，是高度融合的。

无论是 MBD 还是 MBSE，模型都是基础，也即工程设计是基础。工艺设计必须围绕工程设计开展，用工艺的语言将工程设计变为产品现实，这也是工艺设计的目的和意义。

二、工艺性审查

设计输入是工艺设计的主要输入。应重点关注和分析设计输入，这个分析方法就是对设计图纸、数模、技术条件、设计标准等进行工艺性审查。所谓工艺性就是在保证产品质量和功能的前提下，在产品制造过程中采用最合理、最经济的工艺方法，从而能达到高生产指标的设计特性的总和。工艺性审查是产品设计工作的重要组成部分，是改善飞机设计工艺性、保证设计方案顺利实施的重要环节。工艺性审查的目的是使产品设计具有良好的结构工艺性，使飞机制造获得最佳经济效果，即降低成本、缩短制造周期、节约原材料消耗、提高劳动生产率、改善工人的劳动条件等，是工艺和设计交流的集中体现，是贯彻“好产品是设计出来的”理念的重要过程，应高度重视。

在设计制造一体化的模式下，工艺性审查可认为是设计工作的一部分，贯穿设计全过程。在设计的不同阶段，审查的侧重点不同。在概念设计阶段，重点审查产品结构布局、标准件/材料选材、分离面划分、“三新”(新材料、新方法、新工艺)应用等，审查现有工艺能力与产品设计的匹配性；在研制阶段，重点审查结构工艺性、尺寸/容差的合理性、工程信息的正确性和完整性、设计防差错的应用、工艺信息的贯彻等；在工艺定型阶段，应在设计定型后，对通过试生产、试飞的产品暴露出来的问题进行设计修改、补充或重新发图，对新增或修订设计技术文件进行审查，该阶段的工艺性审查要注意对涉及标工、工装、工艺方法、冶金方法的重大更改能否实施。

三、工艺设计的阶段划分

工艺设计可以划分为三个阶段：预研阶段(概念设计阶段)、研制阶段(详细工艺设计阶段)和工艺定型阶段。各阶段工艺设计的侧重点不一样，设计的内容也各不相同。其中研制阶段工艺设计是工艺设计工作的重点和关键环节，是对预研阶段的工艺研究的具体落实，也是工艺定型阶段工艺设计的基础，起到承上启下的作用。

(一)预研阶段(概念设计阶段)

预研阶段主要是进行工艺需求分析、关键技术攻关和技术储备等工作，属于工艺设计的准备阶段。预研阶段要密切跟踪工程设计，对产品的总体性能、结构要求、关键技术指标等进行梳理，分析当前工艺技术水平能否将工程设计变为现实，也即当前的工艺技术水平能否生产出满足设计要求的产品。如果不能，则应梳理工艺难点和关键技术点，开展工艺技术攻关研究和验证，因此，该阶段重在进行工艺技术储备，取得工艺突破，为产品实现奠定基础。

(二)研制阶段

研制阶段是工艺设计的主要阶段，该阶段是对预研阶段开展工艺研究的应用阶段以及产品设计实现的准备阶段。在该阶段，工艺设计应与工程设计深度融合，充分运用 MBSE 的系统思想，按照顶层工艺规划、工艺方案设计、详细工艺设计的步骤开展工艺设计。

1. 顶层工艺规划

顶层工艺规划属于工艺策划阶段，是企业总工艺师系统对工艺设计的规范、原则、分工等方面进行约束和界定。在该阶段，主要是确定型号研制工艺总要求和构建飞机装配 PBOM

(工艺物料清单),从企业制造技术的现状和发展方面制定一系列指令性工艺文件,包括工艺总方案、工艺协调方案、工艺协调图表、指令性工艺状态等。

2. 工艺方案设计

工艺方案设计是介于顶层工艺规划和详细工艺设计的过渡阶段。该阶段的主要任务是制定工艺方案及生产线规划,制定装配工艺方案等管理性文件,为下一步详细工艺设计奠定基础,起到承上启下的作用。该阶段是工艺设计的难点。

3. 详细工艺设计

详细工艺设计是对工艺方案设计的展开。按照已划分的装配站位、装配单元和装配流程,进一步细分装配工序,确定 MBOM(制造物料清单),按照确定的定位方式,设计具体的定位形式,确定零、组件工艺状态,开展工艺装备选型、工具选型、刀具选型工作,编制装配指令。通过详细工艺设计,制定指导操作人员操作的生产性文件,如工艺指令、工艺规程、工艺状态等。

研制阶段工艺设计主要内容如图 3-1 所示。

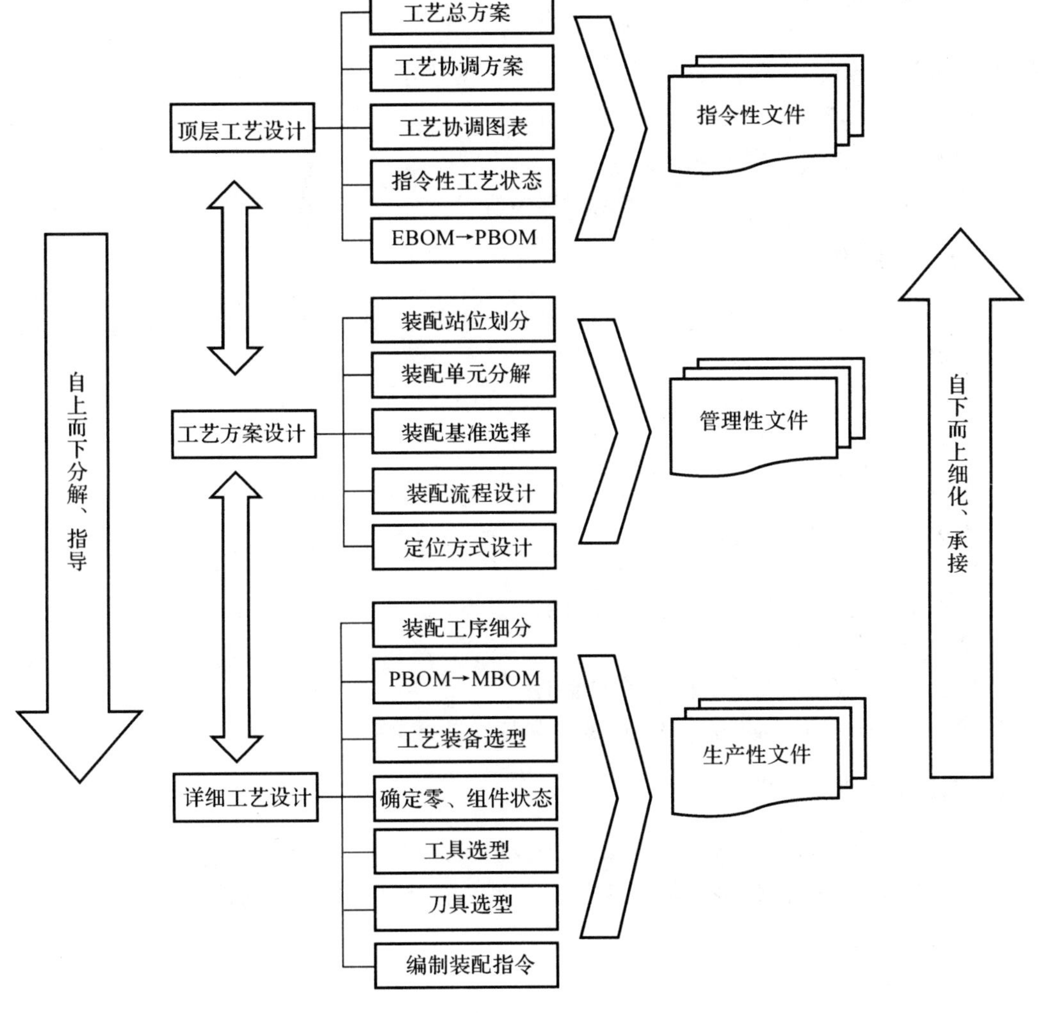

图 3-1 研制阶段工艺设计内容

(三)工艺定型阶段

工艺定型是在设计定性的基础上进行的。随着设计定型,工艺定型是对通过试用验证的工艺方案进行优化、稳健,确保能稳定地指导生产。

第二节　工艺方案设计

工艺方案设计阶段是工艺设计的主要阶段,工艺方案设计承接总体设计,决定工艺设计的总体技术水平和详细工艺设计的内容,起到承上启下的作用。

一、工艺方案设计输入

工艺方案设计输入是指导工艺设计的相关文件资料,包含并不限于以下几方面:

1)设计输入,包括工程设计图纸、数模、技术条件、设计标准等;

2)工艺输入,包括工艺方案设计承接的顶层工艺设计所形成的指导性文件、本企业现有生产条件(能力)、工艺规范等;

3)有关技术、政策、法规、标准等外部要求;

4)相关管理要求,如产品合同、质量目标、生产纲领等;

5)用户特殊要求,如用户代表检查项目等;

6)国内外同类产品工艺技术资料等;

7)前期同类产品工艺总结、质量问题整改措施、产品工艺调研报告等。

二、工艺方案设计输出

工艺方案设计输出是工艺设计的成果,是指导详细工艺设计的管理性文件,包含且不限于以下几方面:

1)对产品工艺特点进行分析,研究工艺难点并明确控制保障措施;

2)确定关键工序、特殊过程、安全质量防控过程;

3)拟定产品制造工艺路线、工艺流程、工艺平面布置图,确定产品制造节拍;

4)确定工艺试验项目;

5)明确生产用工艺技术文件及目录;

6)明确生产用工艺装备、检测器具等明细单;

7)确定人员配置及培训要求;

8)指出涉及安全、环保等方面的工艺要求;

9)对于对安全和正常使用至关重要的产品特性进行重要度分级。

三、具体工艺方案设计

在本书第二章基础篇中,叙述了飞机装配的概念,并从飞机装配的概念引出飞机装配的关键词:协调、基准、流程、定位、连接。飞机装配工艺设计就是对这几方面进行规划设计,形成可指导生产制造的工艺方案。

(一)工艺性分析

工艺性分析是指对产品设计图样/模型的可装配性、经济性等方面的分析。它是工艺审查工作的延续，是对审查结果做出判断。工艺性分析主要内容是可装配性分析。

1. 可装配性

可装配性是指产品及其装配元件容易装配的能力和特性，是产品设计的基本的要求，即在设计方案分析的基础上，能确定相关的工艺方案，保证产品设计的制造实现。一般从三方面对可装配性进行评价：

1)技术特性：装配必须是合理的、可行的。主要考察装配元件(零件、组件)便于抓取、装配可达、定位可靠、检测可及等方面。

2)经济特性：保证质量的前提下应尽可能降低装配成本，从而降低总体制造成本。主要考察装配操作的效率、装配资源的消耗、装配公差的分布、零件的标准化程度、材料成本等方面。

3)社会特性：装配受社会因素的制约。主要考察装配的可拆卸性(拆卸是装配的逆过程)、元件的可重用性(产品维护过程中耗损件之外的元件应能重复使用，耗损件能快速更换)、材料的可回收性，以及可能涉及的环保问题等。

2. 可装配性分析方法

(1)Hitachi DFA 可装配性评价方法

该方法具体实现过程如下：

将所有的装配操作归类为 20 种动作，每种动作以特定的符号标识，并赋予相应的扣分分值，装配原则上要求一种动作完成一个零件装配，如果一个零件的装配需要多个动作才能完成，则按某一标准扣分。最后根据总的扣分来评价产品的装配特性，扣分最多的零、部件即为待改进的对象。

(2)Boothroyd DFA 可装配性评价方法

该方法具体实现过程如下：

1)根据产品年产量及所含零件数确定装配方法。

2)计算理论最少零件数，根据三个基本判据(①零件与已装配的其他零件有相对移动；②零件材料必须与已装配的其他零件不同；③必须单独存在以利于其他零件的装配与拆卸)，以提问的形式考察每个零件存在的必要性，若满足所有判据则为理论上必须存在的零件。

3)估算实际装配时间和成本。

4)计算 DFA 指标：理论最少装配时间与实际装配时间的比率。

5)在上述分析、计算的基础上提出设计修改意见。

(3)Lucas 可装配性评价方法

该方法采用潜在设计缺陷有关的惩罚因子来评价产品的可装配性：

1)功能分析：要求直接满足功能需要的零件(A 类零件)不少于 60%；

2)操纵性分析：对零件尺寸、重量、操纵难度和定位性能进行评分；

3)配合分析：对装配方向、位姿调整、工具装夹、装配力等的需求进行评分。

(二)装配单元划分

飞机装配是一个组合的过程，组成飞机的各部分就是飞机的装配单元。装配单元分解一般是基于设计分离面，依照设计单元进行，但在一定条件下，按照装配协调关系，会对设计单元进行分解重构，形成工艺装配单元。即从设计上自顶层将飞机划分为大部件、部件、组件、零件。对于飞机装配工艺设计来说，一般划分到组件层级即可。飞机装配单元继续向下分解，就可以划分到零件层级，各层级之间形成从属父子关系，可以构建装配结构树。飞机装配单元分解结构树如图 3－2 所示。

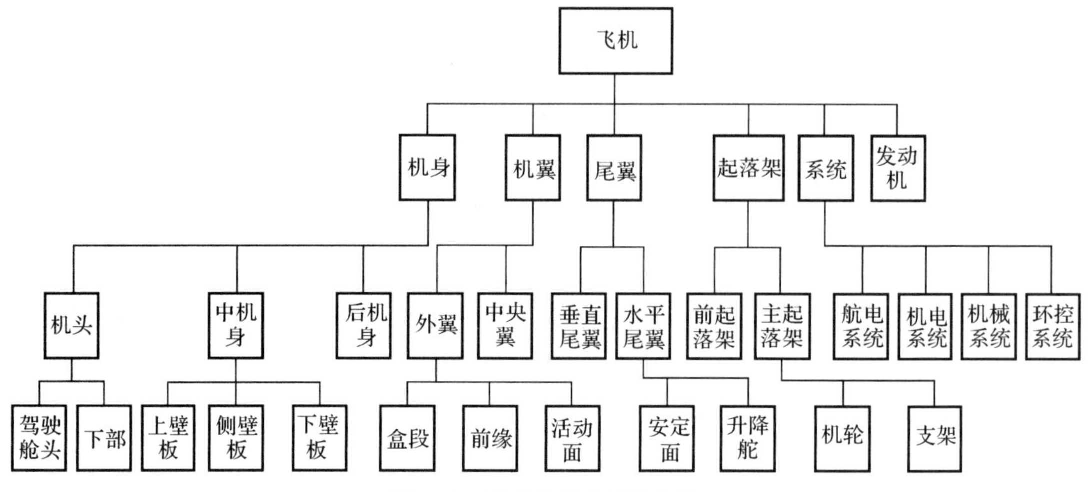

图 3－2　飞机装配单元结构树

飞机装配单元的划分过程，也是 XBOM 的转换过程。通过对设计单元的分解重构，将 EBOM（设计物料清单）经 PBOM 转换为 MBOM，如图 3－3 所示。

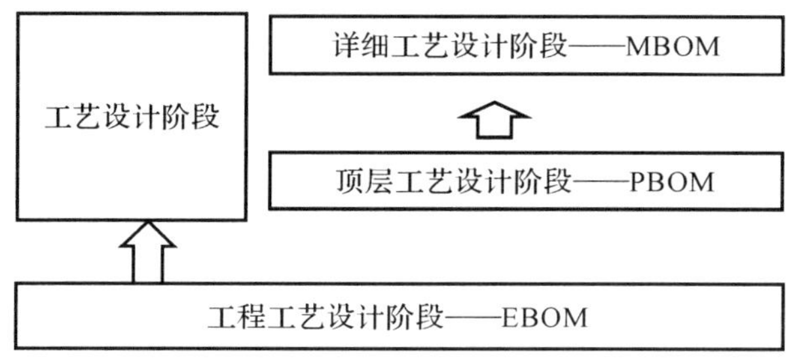

图 3－3　飞机 XBOM 转换

以某型飞机为实例，可对飞机装配单元进行划分，如图 3－4 所示。

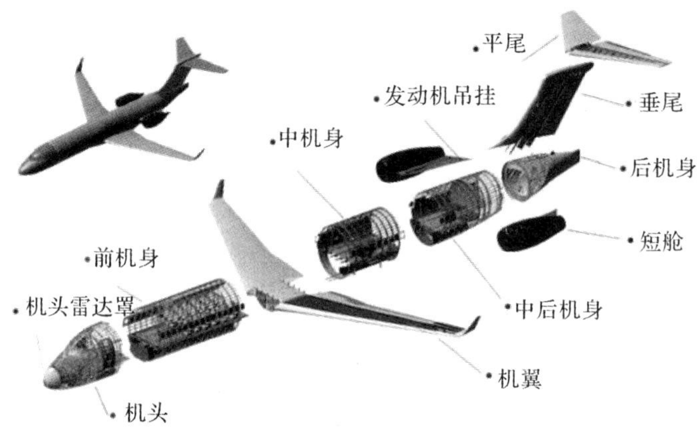

图 3－4　飞机装配单元划分（同一颜色属于同一装配层级）

飞机结构装配是一个模块化组合的过程，飞机装配单元划分就是将飞机结构划分为一个个相对独立又相互关联的模块。飞机装配单元的划分原则按照装配原则确定。装配原则包括集中装配和分散装配。

集中装配是指在飞机装配过程中，各装配单元划分层级较少，划分较为集中，装配单元数量较少。集中装配具有以下特点：

1)由于装配单元层级较少，装配协调环节较少，误差积累较少；

2)由于装配单元数量较少，配套工艺装备也较少；

3)由于装配单元数量较少，所需装配厂房面积也较小；

4)由于装配单元划分较为集中、装配单元结构相对复杂、装配可达性不好、封闭结构/半封闭结构较多等，装配难度相对较高，工艺装备形式也相对复杂；

5)由于装配单元划分较为集中，装配工作量也相对集中，很多操作必须串行，装配站位节拍相对较长。

基于上述特点，集中装配适用于结构相对简单、装配单元较少、批量较小、装配周期较长的部件装配，如研制批、批量较小的改型机，一次性的试验件等。

分散装配是指在飞机装配过程中，各装配单元划分层级较多，划分较为分散，装配单元数量较多。分散装配具有以下特点：

1)由于装配单元层级较多，装配协调环节较多，误差积累较多；

2)由于装配单元数量较多，配套工艺装备也较多；

3)由于装配单元数量较多，所需装配厂房面积也较大；

4)由于装配单元划分较为分散、装配单元结构相对简单、装配可达性较好、封闭结构/半封闭结构有效减少等，装配难度相对较低，工艺装备形式也相对简化；

5)由于装配单元划分较为分散，装配工作量也相对分散，大量工作可以并行，装配站位节拍相对较短。

基于上述特点，分散装配适用于结构相对复杂、装配单元较多、批量较大、装配周期较短的部件装配，如批产飞机、批量较大的改型机等。

集中装配和分散装配是相对的，应根据实际情况加以选择。在实际工作中，一般组件装配可考虑分散装配，部件装配可考虑集中装配。

需要注意的是，在装配单元划分中，会形成工艺分离面。工艺分离面可能是从设计分离面继承而来的，也可能是因为从工艺的角度对装配单元的重新划分而形成的。不管怎样，在划分装配单元、形成工艺分离面的过程中，应充分考虑以下几方面：

1)工艺分离面与设计分离面的继承性，也即装配单元的划分一般依照设计单元进行。

2)划分工艺分离面时应充分考虑分离面协调性及连接方式。如机身壁板的对接，一般应考虑在框对接部位适当留铆，以便连接时调整，如图 3-5 所示。

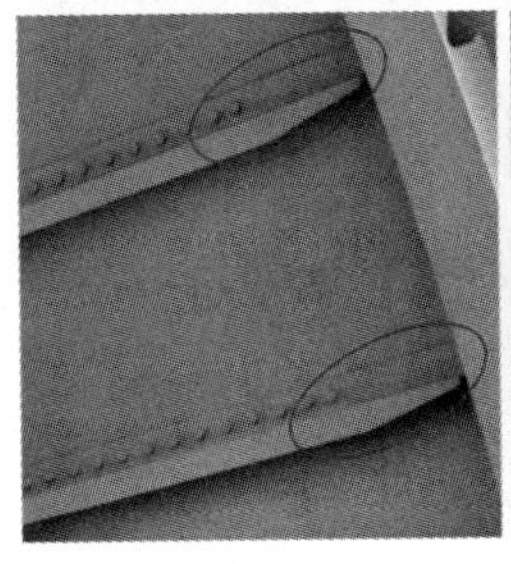

图 3-5 结构留铆

3)工艺分离面的刚性问题。一般装配单元不是一个封闭的盒体,其刚性相对其上一级装配单元来说较差,需要考虑其对接部位变形的问题,在工艺方案设计过程中,应充分考虑保型措施,防止装配过程中的变形影响装配的协调性,如图 3-6 所示。

图 3-6 结构保型

4)工艺分离面上连接件划分的问题。一般来说,分离面上的连接件是跨相连的两个装配单元的,对于起到连接补偿的零件,如对接短长桁、短框、条带等,一般在两个装配单元对接时安装,但对于对接零件,在装配单元划分时一般划分到基准装配单元,将其作为对接的基准。如在机身对接过程中,一般以中机身为基准,将对接框划分到中机身前后对接部位,以便与前机身、后机身对接;在机翼对接过程中,将对接端肋设置在中央翼上,以便外翼与中央翼对接。

(三)装配站位划分

装配站位划分是在装配单元划分的基础上进行的。一般来说,装配站位大于或等于装配单元,多个同级的装配单元可以设置在同一装配站位。按照装配流程,装配站位一般可以分为组件站位、部件站位、大部件对接站位、大部件架外站位。

装配站位的划分是生产线规划设计的基础,在装配站位划分时,应从以下几方面进行考虑:

1)基于装配单元划分:装配单元是装配站位划分的基础。在装配站位划分过程中,应避免同一装配单元划分到不同的站位,造成不必要的转站,同时考虑到装配的兼容性,可将同一级的装配单元划分到同一装配站位。

2)基于工艺流程设计:站位的设置应基于工艺流程设计,按流程的先后设置相应的站位,上一站位是下一站位的输入,下一站位是上一站位的延续和发展。通过站位的变化流动,实现产品的物质流、价值流的同步流动。

3)基于站位节拍均衡:站位的划分应平衡站位之间的工作量,使各站位节拍、周期基本一致,站位线平衡率较高。

站位划分与生产线设计详见第八章产线篇。

(四)装配基准设计

装配基准就是用于确定待装配的装配单元(包括零件、组件等)之间相对位置的点、线、面,且这些点、线、面是零件面上参与装配活动的区域,也称为装配特征,装配基准是通过装配约束定义的具有一定装配工程语义的几何元素及其属性的集合。

对飞机装配而言，基准是在产品结构上定义定位、连接、测量标定、起吊、支撑、控制等自定位特征。在设计数模中，这些特征几何要素在飞机坐标系下，具有具体而明确的形式和坐标值，而在产品实物上，这些特征几何要素就表现为产品的孔、边缘、表面等几何实体，构成产品的装配基准、定位点、测量点、起吊点和连接点。在飞机装配过程中，对这些特征的主要要求就是连续性和一致性，即在飞机坐标系内，这些特征具有特定的属性且是唯一的坐标。

1. 基准的分类

基准可以分为设计基准和工艺基准。

(1)设计基准

设计基准是工程设计用来确定零件外形或决定结构相对位置的基准，如飞机构造水平面、对称面、(框、肋、桁等)轴线、(活动面)弦线等。设计基准是设计的基础，一般在产品实物上不能直观表达，是虚化但客观存在的。

(2)工艺基准

工艺基准是在装配过程中使用，能在产品实物上直观表达，看得见、摸得着的具体的点、线、面，如零件的边缘线、外表面等，可以用来确定待装配单元的空间位置。

设计基准和装配基准是可以转换的。一般可通过模线、样板、标准样件、协调量规等标准工艺装备进行转换。在此过程中，引入协调误差和制造误差。当然，在工艺设计过程中，可以将实际中不存在的设计基准，通过一定的方法标记在工艺装备或产品实物上，作为工艺基准并应用。

工艺基准按照使用功能不同，可以分为定位基准、装配基准和测量基准。

1)定位基准：用来确定装配单元在工艺装备之间的相对位置，如定位孔、蒙皮边缘、蒙皮耳片定位孔等；

2)装配基准：用来确定装配单元之间的相对位置，如装配孔、定位基准面等；

3)测量基准：用来作为测量的基准。

上述三类基准是没有绝对的区分界限的，三者之间是相通相容的，可以互相转换。

2. 基准设计

第二章基础篇中提出，在工程实践中，基准选择的原则包含一致性、可继承性和可测量性。所以，在基准设计时，一般按以下方式进行设计。

(1)工艺基准与设计基准的统一性

装配基准应尽量优先采用设计基准，对不能直接利用的，应通过工艺装备进行转换以实现基准的统一。在转换的过程中，应尽可能缩短装配协调路径，合理分配装配协调误差，以减少误差积累。随着 MBD 的应用，设计与工艺在一定程度上实现了统一和并行，可以将工艺基准直接在设计模型中体现，基准的统一协调基础就是飞机坐标系。如在设计模型中直接确定定位孔、装配孔、蒙皮耳片及耳片孔的坐标位置及孔径大小，避免了设计基准与工艺基准的转换问题。同时，也可在设计过程中将设计基准与工艺基准进行统一。如可将设计轴线设置在框、肋、桁等零件的某一结构表面上，且这个表面可作为工艺基准，比如可将框轴线设置在框定位用的腹板的一面上。

(2)制造过程工艺基准的统一性

在工艺设计过程中，应将基准设计作为装配协调的基础，应保证在制造的各个环节基准的继承与传递,并确保各个环节的协调性。这种协调性的基础就是基准,如应使装配的基准与零件的基准统一。对钣金零件来说,尽可能使装配用的定位孔是零件制造的销钉孔,对机加零件来说,尽可能使装配的基准面是零件加工的基准面。

(3)定位基准、装配基准和测量基准的统一性

前已叙及,三类工艺基准是基于应用划分的,但没有明显的区分界限。在工艺实践中,应将这三类工艺基准进行统筹考虑,如组件的定位基准就是部件的装配基准。以机身装配为例,在数字化装配条件下,壁板组件框一般采用定位孔定位,这些定位孔也就是部件总装壁板组件调姿定位的基准(详见第十一章数字化设计篇)。

(4)基准的传递与可继承性

基准在设计模型中表现为坐标集,可形成一系列数据。为保证基准的协调,在产品设计和工艺设计上就需要数据协调和传递,这个过程就是基准的传递与继承。表现在装配实际站位上,就是以工装为保证的几何实体,通过测量得出这些几何实体的尺寸(或坐标值),与设计理论尺寸(或坐标值)比较,建立数学模型,将产品实物与设计数模联系起来,构建数据传递与集成的基础(见图 3-7),这些联系以数据(设计数据)开始,又以数据(工艺数据)结束。

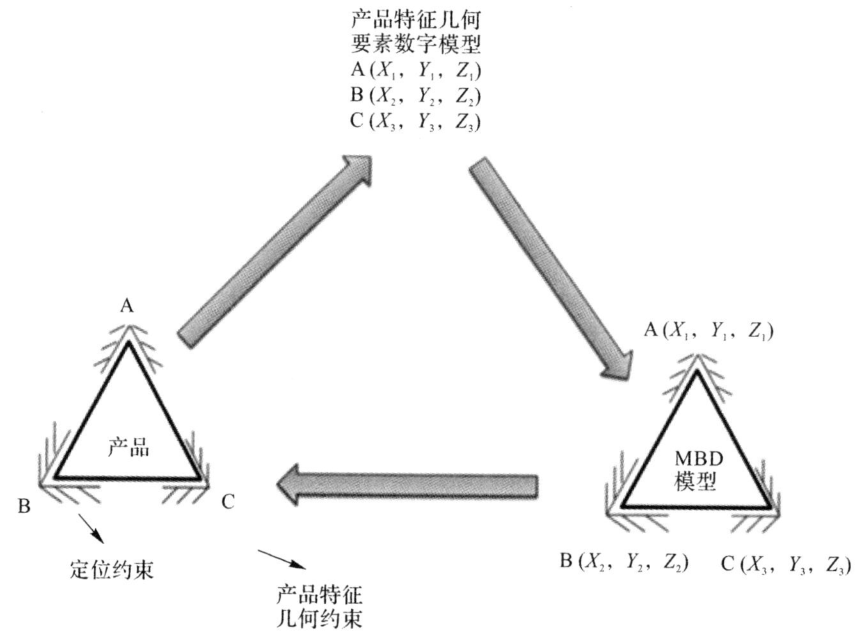

图 3-7 基准的传递与继承

3. 装配基准的选取

飞机装配的质量要求主要是要保证各部件的外形准确度和零件定位位置的准确度,以保证飞机的飞行性能。因此,在装配过程中,如何提高装配的准确度是飞机装配的核心问题。

在装配中,一般采用骨架为基准和以蒙皮外形为基准两种定位方式。

(1)以骨架为基准

飞机骨架是指飞机内部框、梁、肋、桁等零件构成的纵横结构,是维系飞机形状的基础。以骨架为基准,就是先定位安装骨架,再安装蒙皮,通过压紧卡板或拉紧带等将蒙皮压紧在骨架上进行连接。

直观来看，这种以骨架为基准的定位方法，其误差积累是“由内向外”的，误差累积在飞机外形上，表现为骨架与蒙皮的干涉/间隙、骨架之间的干涉/间隙，可能导致飞机外形的不准确。所以，需要从以下几方面控制误差积累：

1)控制骨架定位误差；

2)控制蒙皮厚度误差；

3)控制蒙皮与骨架之间的间隙；

4)控制装配变形。

因为以骨架为基准的装配方法需要采用卡板或拉紧带压紧蒙皮，对于大型飞机来说，外形卡板的制造和使用是难点，所以，这种方法适用于对飞机外形精度要求不高的大型飞机的装配。

以骨架为基准的定位方式如图 3-8 所示。

图 3-8 以骨架为基准定位

(2)以外形为基准

顾名思义，以外形为基准的装配方式的装配过程与以骨架为基准的装配方式相反，一般以外形卡板定位蒙皮，再将骨架零件装配到蒙皮上，蒙皮内形即是骨架零件的定位基准。

这种以外形为基准的定位方法，其误差积累是“由外向内”的，误差累积在飞机骨架上，可能导致飞机骨架装配过程中的不协调，表现为骨架与蒙皮的干涉/间隙、骨架之间的干涉/间隙，使装配过程中的“配”得以体现。所以，需要从以下几方面控制误差积累：

1)控制蒙皮厚度误差；

2)控制蒙皮的内形误差

3)控制蒙皮与骨架之间的间隙；

4)控制装配变形。

因为以蒙皮外形为基准的装配方法需要采用外形卡板压紧蒙皮，所以这种方法适用于对飞机外形精度要求较高的小型飞机的装配。

以蒙皮外形为基准的定位方式如图 3-9 所示。

图 3-9　以外形为基准定位

4. 装配协调性的提升

随着工业水平的不断提高，对飞机的功能、性能要求越来越高，所以飞机设计的精度及装配质量要求也越来越高。不论是大型飞机还是小型飞机，都面临着制造精度提升的问题，既要保证骨架的准确性，又要保证外形的准确性。所以，单纯依靠蒙皮外形或骨架内形来确定装配基准是不能满足未来飞机制造的需求的。因此，提升制造各环节的精度以及提升制造的协调性更为迫切(详见第十二章发展篇)。

5. 装配补偿

不论是以骨架为基准还是以外形为基准，装配误差都不可能完全避免，装配的不协调在装配过程中是必然存在的。所以，控制装配误差是提高制造协调性的重要方面。另外，还应采取装配补偿以适应当前的协调能力。补偿就是在装配过程中，通过修配、补充加工或调整，部分消除制造过程各环节的误差，是装配的“配”的过程，这个过程一般是在“装”之后，或者“边装边配”，以提升制造协调性达到所要求的准确度。

(1)工艺补偿

工艺补偿是从工艺方面采取的补偿措施。工艺补偿包含两个方面：一是正向补偿，即通过引入介质弥补装配过程中因误差积累造成的缺失部分，如加垫、留余量；二是负向补偿，即通过去除的方式消除因误差积累形成的多余部分，如锉修、精加工等。

1)加垫一般用于弥补骨架与蒙皮、骨架与骨架之间的间隙，以防止带应力装配对飞机结构和外形造成影响。不过这种加垫一般会受到工程设计的严格约束，对于加垫部位、垫片厚度、大小、垫片数量都有明确的规定。

2)余量一般用于补偿结构之间的间隙。通过在零件的边缘(如蒙皮边缘、零件的端头等)留适当的余量，按照间隙大小及公差要求，在装配过程中画出修切余量，通过修配的方法去除部分或全部余量，以保证零件之间间隙的一致性及间隙尺寸，满足工程设计的要求；一些结构件在连接的部位设置凸台，在装配过程中通过修配凸台达到补偿的目的。

3)锉修一般用于相配合的零件之间发生干涉的现象。在装配过程中，通过修配，将干涉部分去除。锉修是有严格要求的，除非有工程设计规定，一般只允许锉修零件的端头等部位，不允许锉修零件厚度、横截面方向等影响零件性能的部位。锉修的难点是难以控制锉修量，可能会造成锉修过量，引起超差。所以，在工艺实践中，应严格控制锉修的应用。

4)精加工是针对精度要求较高的交点、对接面的补偿加工,如起落架交点、中央翼与外翼的对接面等。精加工是指在零件制造中留有加工余量,待两个零件/部件装配好后,通过测量或采用工艺装备将其调整到正确的相对位置,再采用精加工设备/工具对余量进行去除,以保证交点、对接面的准确性(见图 3-10)。

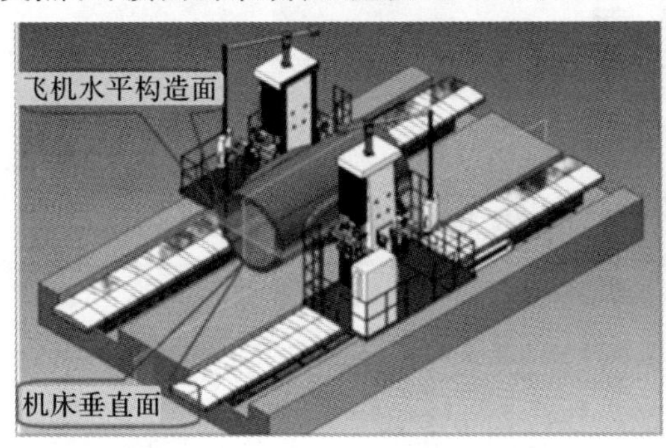

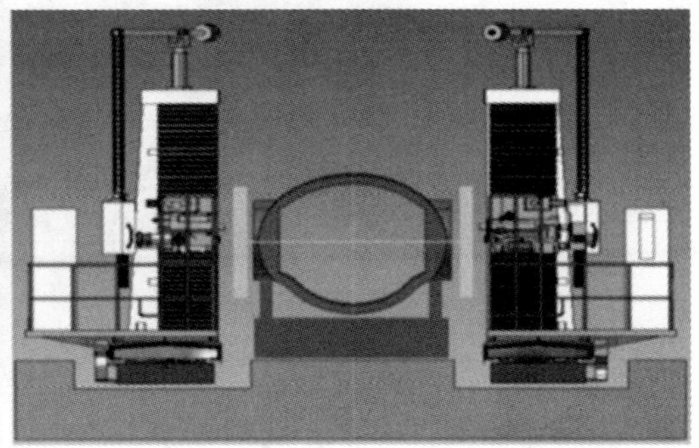

图 3-10 精加工补偿

工艺补偿是为了满足飞机装配精度而不得已采取的措施。工艺补偿在一定程度上改变了设计状态,削弱了相互补偿的零件或部件的互换性,同时也增加了装配工作量。随着设计、制造能力的提升,设计补偿的应用、制造精度的提升都提高了制造准确性,在一定程度上减少了工艺补偿的应用。

(2)设计补偿

设计补偿是从设计方面采取的补偿措施,以保证产品的准确度。设计补偿一般有加垫补偿、间隙补偿、过渡件补偿和可调件补偿等方式。

1)加垫补偿是从设计的角度出发,考虑因误差积累或设计结构本身存在的间隙部位,增加垫片消除间隙,以防止带应力装配对飞机结构和外形造成影响。出于控制重量和结构强度的考虑,对于加垫部位、垫片厚度和大小、垫片数量都有明确的规定。垫片一般采用同机体材质的材料,可以是整体垫片,也可以是可剥垫片,近年来,液体(胶)垫片也得到了广泛的应用。

2)间隙补偿主要针对飞机上相配合或有相对运动关系的零件之间的配合的面之间预留间隙,防止配合面紧涩,运动过程中卡滞、磨损而造成品质的下降,如形成交点的孔、轴零件之间,形成叉耳连接的耳片和叉耳之间等(见图 3-11)。

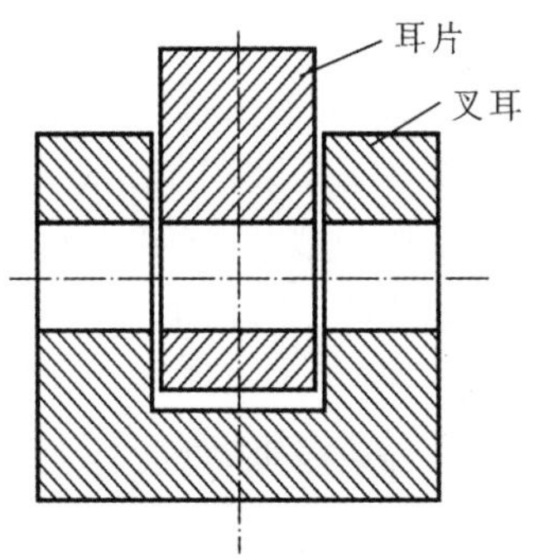

图 3-11 间隙补偿

3)过渡件补偿一般用于组件/部件的对接处的补偿,一般以过渡性的连接角材、条带、补偿片等形式，弥补对接组件/部件之间的不协调。如在机身对接时，在对接部位通过对接短长桁将前后机身的长桁连接在一起，通过条带将前、后机身的蒙皮连接在一起(见图 3－12)。

图 3－12 过渡件补偿

4)可调件补偿与上述补偿方式不同。上述补偿方式均是在装配过程中执行，装配好后便无法调整。可调件补偿用于应对飞机后续使用过程中由变形造成的不协调性，仍可以在设计规定的范围内调整。可调件补偿一般包括螺纹补偿(如可调拉杆)、球面补偿(如球轴承)、齿板补偿(如门框机构齿垫)、偏心衬套(多用于交点连接的部位)补偿等(见图 3－13)。

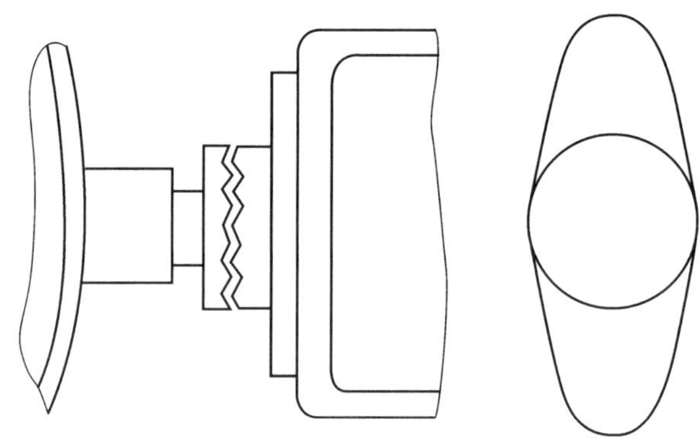

图 3－13 可调件补偿

(五)装配流程设计

流程是在一定输入的条件下，通过一系列有组织的、有时间顺序的活动的组合，达到预期目的输出的过程。装配流程就是按照预设的输入，通过一系列有组织的、有时间顺序的装配活动，达到输出产品的过程。工艺流程设计基于装配单元划分、装配站位划分和基准设计开展，是后续工艺设计的基础，也是生产线设计的基础(详见第七章精益篇和第八章产线篇)。

工艺流程具有一般流程的特点，可分阶、分段，流程活动有串、并行关系。

分阶是针对流程活动的颗粒度而言的。流程活动按照颗粒度的大小分为高阶和低阶，颗粒度越大，流程阶越高，颗粒度越小，流程阶越低，低阶是对高阶的某一活动的进一步分解/细化。高阶和低阶是相对的概念，不是绝对的。

分段是针对流程的环节而言的。可将产品的全寿命周期的所有活动确定为全流程，制造只是其中一个环节，工艺设计又是制造的环节之一。上一环节的输出是下一环节的输入。

串行关系是指流程活动必须按照一定的时间顺序排列，前一活动是后一活动的必要条件，前一活动结束，后一活动才能开展；并行关系是指流程活动没有严格的时间先后关系，可以并行开展。这种并行可以是时间上的并行，即可以同时开展，也可以是空间上的并行，即谁先开始都可以。通常一个复杂的流程是串、并行关系并存的流程。

1.飞机装配工艺流程的分阶

飞机装配是飞机制造的环节之一，是飞机研发流程的一部分。本节以结构装配为例叙述流程的分阶。

(1)一阶工艺流程

飞机装配的顶层活动可认为是一阶工艺流程。飞机装配是将不同的零件、组件、部件组合成高一级部件直至整机的过程。所以，飞机装配的一阶工艺流程就是形成整机的最后总装集成过程。这个过程就是飞机的机身、机翼、尾翼、起落架等机体结构对接的过程，流程以整机为颗粒度，在工艺实践中为结构总装配过程(现代飞机制造提倡部总装一体化，也可以认为该过程是部装过程)。

(2)二阶工艺流程

二阶工艺流程是形成飞机整体结构的部件装配过程。流程以装配站位为颗粒度，形成站位工艺流程。

(3)三阶工艺流程

三阶工艺流程是形成飞机组件/部件的过程。流程以装配单元为颗粒度，形成组件/部件工艺流程。

(4)四阶工艺流程

四阶工艺流程是形成飞机装配单元的过程。流程以装配工序为颗粒度，形成单元工艺流程。

(5)五阶工艺流程

五阶工艺流程是飞机装配单元装配步骤形成的过程，流程以装配工步为颗粒度，形成装配单元的工序流程。在此基础上形成装配指令，成为可指导操作人员生产的操作性文件。

(6)六阶工艺流程

六阶工艺流程由工序操作动作构成，流程以动作为颗粒度，形成工步的各步骤。在此基础上形成操作规程，成为指导操作人员生产的操作性文件。

上述六阶流程是自上而下地划分，在工艺实践中，是自下而上地实施。分阶关系如表3-1所示。

表3-1　装配流程的分阶

流程阶	装配级	示例	装配流程(示例)			
1阶	总装级	机身、机翼对接	机身、尾翼对接	…		
2阶	大部件级	机身部件对接	中机身、机头对接	中机身、后机身对接	…	
3阶	部件级	中机身装配	下壁板调姿定位	侧壁板调姿定位	上壁板调姿定位	…
4阶	工序级	下壁板装配	下壁板框定位	下壁板长桁定位	下壁板蒙皮定位	…
5阶	工步级	下壁板蒙皮定位	工装检查	下壁框上架	工序300	…
6阶	动作级	下壁板工装检查	检查工装-定位器	检查工装工作梯	下壁框定位	…

2. 工艺流程设计

装配流程设计是产品设计的逆向过程。产品设计一般是从顶层规划、总体设计到部/组件、零件的详细设计，在设计过程中生成包含了零、部件方位信息、层次关系和装配约束等信息的图纸或模型，形成装配结构树(即 EBOM 结构)。这个结构树包含装配层级关系、装配约束关系等信息。工艺流程设计就是以此为前提，在装配信息模型的基础上，探索可行的装配序列，并从中选取满足所有约束要求的最优方案，达到装配时间最短和复杂程度最小的目标，规划过程中的核心技术。装配序列规划的结果也关系到整个产品的质量、性能、可制造性和制造成本等。

由于飞机装配是由系列零、组件通过一定的规则组合起来的，装配单元的划分基本确定一、二阶流程，所以，一、二阶流程顺序基本固定，在工艺流程设计中，重点是设计三阶到六阶工艺流程。

在工艺实践中，工艺流程设计采用以下几种方法。

(1)基于优先约束关系的装配流程设计

该方法是最常用的装配流程设计方法，以产品装配信息模型和各个构件之间的关系为基础，通过逆向设计装配顺序。这种方法需要工艺工程师对装配模型及其包含的信息非常熟悉，并利用自己的知识、经验通过分析和推测列举出所有可能的装配优先约束关系，在此基础上优选出最优约束关系的流程。

(2)基于拆卸的装配流程设计

该方法基于可拆即可装配的互逆原理，通过求出各个构件之间的拆卸顺序来得到构件之间的装配顺序。若各构件满足拆卸条件，则一定满足装配条件，并且通过装配状态可以获得初始拆卸方向。该方法的基础是装、拆均可逆。

(3)基于组件识别的装配流程设计

基于产品装配模型信息，确定不同层次内的组件，分别生成组件内构件之间和组件间的装配序列，根据层次关系综合得到整个装配体的装配序列。该方法以“压缩”的方式有效地减少求解装配序列的规模和复杂度，同时该方法一般需要与其他方法联合使用。

(4)基于矩阵运算的装配流程设计

利用矩阵的形式表示装配体各构件的装配连接情况，然后利用矩阵运算对其进行变换，简约后的装配连接矩阵即为装配体的装配序列。但当产品所含数目较多时，表示产品装配连接关系的矩阵过于庞大，计算复杂度增大。

(5)基于割集法的装配流程设计

基于产品的连接关系图和数学图论的割集算法获得所有割集，并利用一系列可行性验证方法得到满足约束条件的所有割集，再通过与或图表示所有可行的拆卸顺序，进而得到零、部件之间的装配顺序。该方法综合了拆卸法和矩阵法，是一种严谨的求解方法，但是当零、部件数目过多时易出现“组合爆炸”，不能求解出装配体的所有割集。另外，使用该方法需要满足零件是刚体且可拆即可装的前提。

(6)基于知识的装配流程设计

通过剖析已有的成熟装配工艺、技术功能等，将一些成熟的、比较完善的方案、方法以准则的形式存入数据库作为知识，当再遇到类似问题时利用已有的知识来快速形成当前问题的解决方案。该方法的求解效率相对比较高，但是只能求解特定对象。另外，知识的获取相对比较困难,并且知识的存储方式也需要规范化、结构化和标准化。

(7)基于虚拟装配规划的装配流程设计

基于计算机技术,在数字化虚拟装配环境中,工艺设计人员依赖自己的专业知识和工程经验采取人机交互和自然推理的方法完成装配序列规划,并通过对设计结果实施仿真分析,得到有效的装配序列规划结果。

上述各类装配工艺流程设计的方法不是割裂开来独立使用的。在飞机装配实践中,通常是多种方法并用来开展工艺流程设计。如通过基于优先约束关系的装配流程设计来验证基于拆卸的装配流程设计,能够更好地表达拆装的可逆过程;通过虚拟装配规划,能够直观地表达装配的过程,分析出流程中不合理的环节,进行优化迭代,最终形成最优的工艺流程;基于知识的装配流程设计是对既往的装配方案的有效总结、提炼,是工艺标准化应用的典型,在工艺流程设计时能充分借鉴前人的经验和教训,少走弯路。

(六)定位方式设计

在第二章基础篇中,介绍了飞机装配定位的四种方式及其各自的特点。在实际中,需要依据各种定位方式的特点以及在工艺分析的基础上,合理选择定位方式,既能保证定位准确性(在公差方位内符合设计要求)、稳定性(定位可靠,刚性好),又能保证良好的工艺性。

1. 定位方式的分类

(1)画线定位

画线定位的误差较大,一般可达 0.5～1 mm,且需要借助人工夹持方能进行,适用于较小型零件且定位精度要求不高的情况,以及安装在主体结构上的一些辅助结构的定位,如系统管路、线缆的固定的支架/角片等,如图 3 - 14 所示。

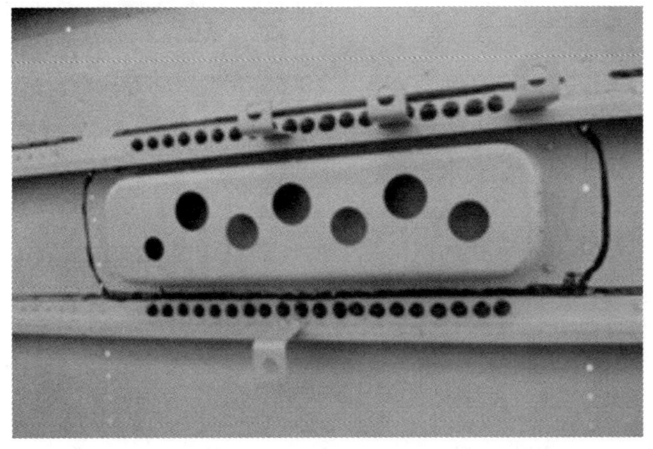

图 3 - 14 可采用画线定位的结构(图中系统支架采用画线定位)

画线定位步骤如下:

1)确定定位基准:画线定位的定位基准应是可以看得见、摸得着的工艺基准。在工艺实践中,一般可选择零件边缘、平直的面或者工装挡件等为基准,同时应选择离定位件最近的基准,以减少尺寸测量误差。

2)确定定位尺寸及方向:尽量使待定位零件与其基准处于同一平面(考虑到误差可接受的范围,可近似同一平面),不宜选择空间尺寸,这样通过两个方向即可确定零件的位置。

3)确定定位基点:基点是待定位零件的特征点,通过定位尺寸线将基准与基点连接起来,就能确定待定位零件的其中一个方向,再选择另一个基点,通过另一个定位基准确定待定位零件的另一个方向,从而确定零件的位置。

4)夹紧:采用通用夹紧工具(如弓形夹、鱼形夹)夹紧,或者制初孔,安装工艺销夹紧,有时也可人工辅助夹紧。

5)画线:为防止画线后将画线尺寸看错而使零件定位错误或装错零件,建议在画线时画出零件边缘线,并在线框内作出零件图号、安装方向等标识以防出错。

画线定位过程如图 3-15 所示。

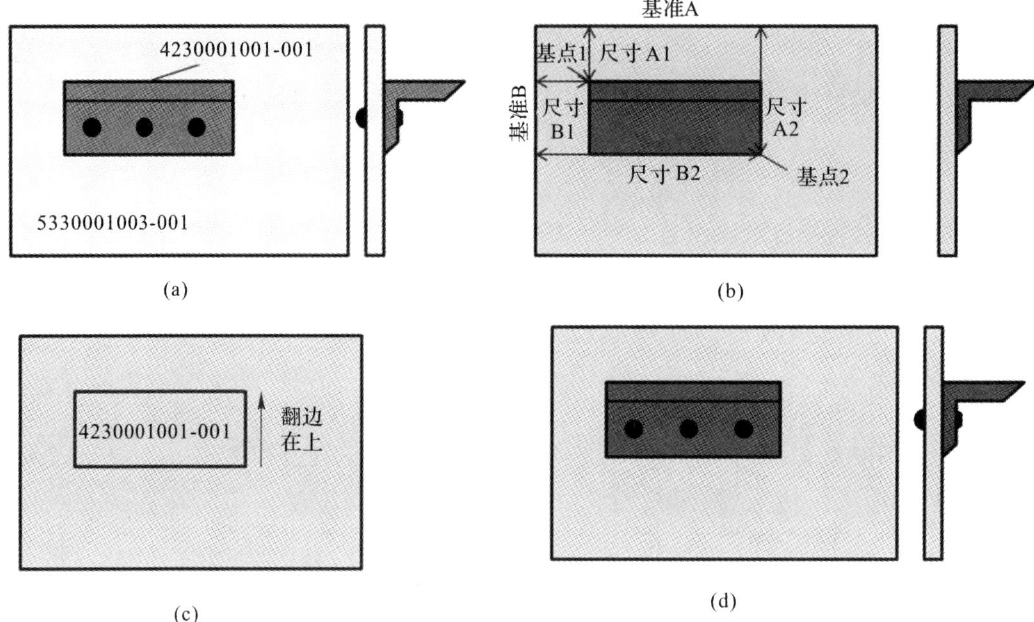

图 3-15 画线定位

(2)装配孔定位

装配孔定位一般适用于安装在主体结构上的一些辅助结构的定位,相比画线定位来说,其效率较高,精度较高。其工艺设计的核心是装配孔的选取。选取原则如下:

1)选择待安装零件的连接孔作为装配孔,可能的话也可选用零件上的结构孔。

2)装配孔的数量应依据待定位零件的大小和刚性进行选择,必须保证定位后的准确性和稳定性。

3)装配孔应能有效防差错,在同一基准零件上定位多个相似零件或相似连接点排列的零件时,应对装配孔进行差异化选取或辅以其他防差错措施,防止零件安装错误。

4)一般采用工艺销进行夹紧,所以,装配孔的孔径应与常规工艺销相匹配。

装配孔定位流程如下:

1)确定装配孔孔位及数量。

2)按装配孔定位安装零件,并夹紧(夹紧方式同画线定位)。

3)制孔:若存在装配孔之外的连接孔,则先制出这些孔,装配孔在后续环节扩铰至终孔;若仅只有装配孔,则先分解其中一个装配孔的临时紧固件,再扩、铰孔,在制孔过程中应保证定位夹持的可靠。

4)分解,去毛刺,安装连接件。

装配孔定位过程如图 3-16 所示。

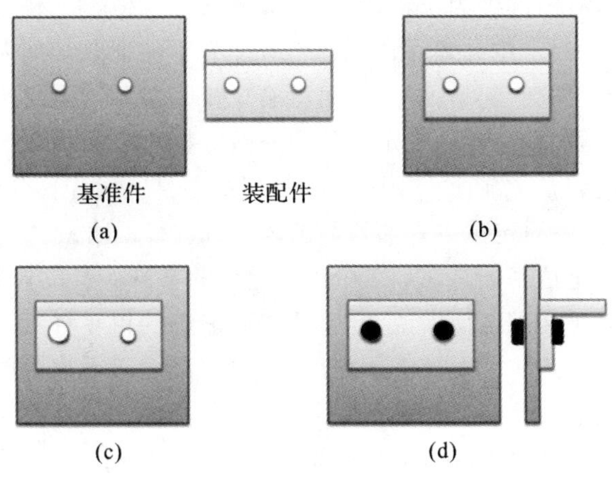

图 3-16 装配孔定位过程

(3)基准零件定位

基准零件定位是一种确定性装配形式,即一个零件通过与其相关联的零件进行定位,这个关联零件就是基准零件。基准零件定位一般是通过基准零件上的立筋、孔等确定性结构特征进行定位,且往往不是由一个基准零件定位,而是以多个零件的组合形成的结构作为基准,来定位待定位的零件。如机身壁板剪切片就是通过浮框框面、长桁立筋和蒙皮内形面形成的结构进行定位的。机翼翼盒的肋通过前、后梁面上的立筋及梁缘条形成的结构进行定位(见图 3-17)。

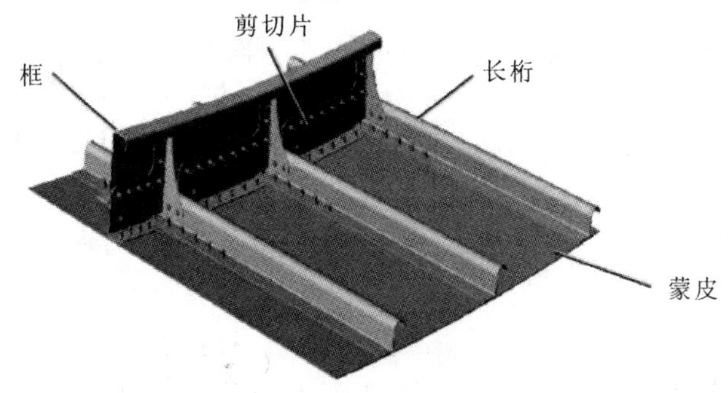

图 3-17 基准零件定位

(4)工装定位

工装定位是主要的定位方式,其核心是工艺装备。在飞机装配中,工艺装备是指在完成飞机产品从零、组件到部件的装配以及总装配过程中,用以控制其形状几何参数,具有定位功能,保证进入装配型架装配件的刚度,使飞机零件、装配件能准确、迅速地定位、夹紧,保证其有正确的几何形状和位置,并限制在连接装配过程中的变形,使装配后装配件的几何形状和尺寸在规定的公差范围内,以满足产品的制造准确度和协调准确度要求,从而达到产品的装配协调和互换的工具和装备。

在第二章基础篇中，我们知道用于装配定位的工装主要是装配型架/夹具。其一般包含骨架、定位件、夹紧件、辅助装备四部分。骨架是型架的基体，用于固定和支撑定位件、夹紧件等元器件，也形成装配的通路，应具有良好的稳定性和准确度；定位件是型架的工作元件，用以保证工件在装配过程中具有的准确的位置，定位准确可靠、使用方便，不至于损伤工件表面，定位件一般配套夹紧件，统称为定位夹紧件；辅助部分，是为了保证装配能有效地完成而配套的工作踏板、工作梯、工作台、托架、起吊吊挂、地面运输车、风水电气等辅助设备。

工装定位设计的步骤一般为：确定定位基准→确定装配流程→确定上、下架方式→确定定位方式→确定辅助工艺装备。前两个步骤在前文已叙述，产品上、下架方式在第二章基础篇也作了说明。所以，下面主要对定位方式和辅助工艺装备进行说明。

1)确定定位基准。定位基准是在加工中用于定位的基准。定位基准选择的原则在第二章基础篇里作了叙述。对于装配定位来说，定位基准应能够约束零件/组件定位状态，即能约束零件/组件的 $x/y/z$ 和 $\alpha/\beta/\gamma$ 六个自由度，所以定位基准一般为多个配合使用，即零件/组件上的选取可作为定位基准的几何特征进行复合应用。常见装配单元的基准选择如下：

a)蒙皮/壁板类：蒙皮/壁板边缘，边缘耳片孔、内外型面等；

b)框/肋类零件：框/肋缘、框/肋腹板、框/肋腹板上定位孔等；

c)梁类零件：梁腹板、端头、边缘、腹板上定位孔等；

d)其他类零件：根据零件结构特征选择定位基准。

2)确定定位方式。定位方式的选择与定位基准的选择具有关联关系，工装定位常见的定位方式有以下几种：

a)约束点定位。约束点定位就是通过产品上的特征点进行定位。这些特征点可以是产品上预设的定位孔、交点孔，或者零件边缘一些指定的点。这些点都是定位的基准。

定位孔定位：较常用的工装定位方式，一般通过产品上预设的定位孔与工装定位器(销)配合进行夹紧定位。如机身壁板框定位，可在框腹板上设置一定数量的定位孔，与工装定位器定位销配合使用夹紧定位。需要注意的是，采用定位孔定位，应基于待定位产品的刚性确定定位点的分布，最少需要 2 个定位孔，但同时也应控制定位孔的数量，防止因误差积累造成的定位孔与定位销的不协调，使定位销无法插入。如果产品上无法设置 2 个定位孔，必须采用其他方式辅助定位。在工艺实践中，可将孔销定位与约束面定位的方式结合起来，达到稳定定位的效果，如图 3-18 所示。

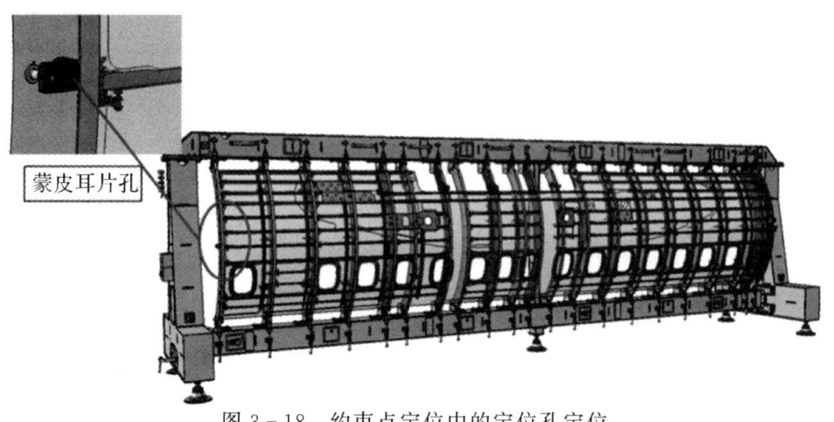

图 3-18　约束点定位中的定位孔定位

交点孔定位:交点孔定位一般用于安装飞机上的一些交点,如起落架安装交点、舱门悬挂交点、翼身对接交点等。飞机上的交点一般以孔的形式表现,要求精度较高,有些交点还有连接活动部件的要求。所以,定位交点必须安全可靠,能有效保证定位精度。采用交点孔定位即用专用定位销与工装定位器(叉耳、耳片)配套安装交点,定位销与交点孔/耳片孔/叉耳孔按照设计精度要求采用公差配合,在整个装配过程中及连接完成后应能保证定位销转动灵活,如图3-19所示。

图3-19 约束点定位中的交点孔定位

b)约束线定位。约束线定位就是通过产品上的特征线进行定位。这些特征线一般是产品的边缘或某一特征截面的边缘。如在长桁定位时,将长桁沿轴线方向与蒙皮贴紧约束定位(蒙皮内形就是长桁定位的基准),外形(内形)卡板夹紧蒙皮定位,即在蒙皮框轴线(或平行于框轴线)截面边缘线进行定位(蒙皮的外形/内形就是定位的基准),如图3-20所示。

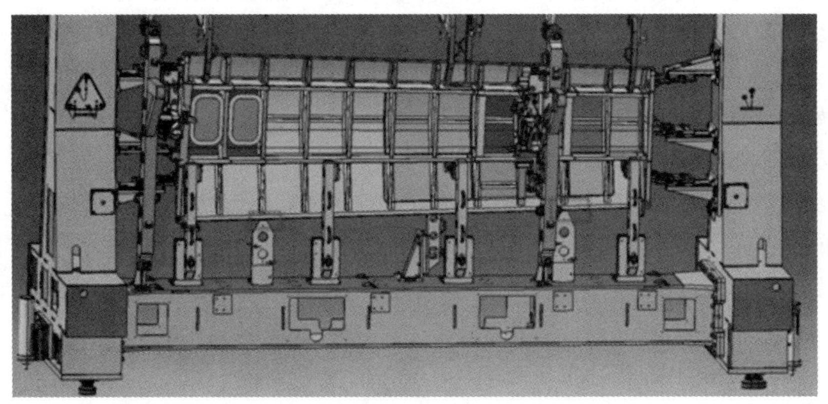

图3-20 约束线定位

c)约束面定位。约束面定位是指通过产品上的特征面进行定位,这些面一般是产品上的加工面,可以作为定位基准。约束面定位一般适用于较小型的零件或较小型的面。从某种意义上来说，选择外形卡板定位蒙皮/壁板也是约束面定位，是通过对面上选取多个截面进行约束，从而达到定位整个蒙皮/壁板外形的目的，如图3-21所示。

图3-21　约束面定位

2. 定位方式的确定原则

在飞机装配定位工艺设计中，定位方式设计是重点和关键环节。合理确定定位方式应基于以下原则。

(1)基于定位精度要求选择定位方式

按照定位精度要求选择与之匹配的定位方式。定位精度由低到高分别是画线定位、基准零件定位、装配孔定位、工装定位，对于定位精度要求不高的通过画线和基准零件定位，以降低工艺准备、生产准备成本；对于定位精度要求高的采用装配孔定位和工装定位，以满足定位精度要求。

(2)基于装配对象选择定位方式

按照装配对象选择与之匹配的定位方式。要充分考虑装配对象的形状、大小、刚度等属性。对于形状简单、尺寸较小及刚度较好的零件，选择画线定位、基准零件定位和装配孔的方式，如系统支架、长桁接头、加强面板等；对于形状复杂、尺寸较大及刚度较差的零件，选择工装定位方式，如钣金框、长桁、梁、蒙皮等零件。

(3)基于流程选择定位方式

按照装配流程选择与之匹配的定位方式。要结合装配流程，确定待装配零、组件在流程中的环节选择定位方式。如基准零件定位，一定是在基准零件定位安装后进行的，装配孔定位也在与之匹配的零件安装后进行，对于选择工装定位，应该保证在流程环节中，工装能够便于使用。

(4)基于定位可靠性选择定位方式

按照定位可靠性选择与之匹配的定位方式。定位分为两个环节：定位和夹紧。所以，可靠性既是指定位的可靠性，又是指夹紧的可靠性。若定位不可靠，则可能造成定位不准确，或者定位失稳、变形等问题。从可靠性的角度来说，可靠性由低到高分别是画线定位、基准零件定位、装配孔定位、工装定位。

(5)基于工艺性选择定位方式

工艺性是指操作的可行性和可达性。由于飞机产品结构复杂,零件数量多、形状各异,所以工艺性较差,特别是采用工装定位的方式,由于工装结构的遮挡,极可能影响工艺性。合理选择定位方式,优化工装结构形式,尽可能提升工艺性,使操作方法可行,操作部位可达。

(七)制孔工艺设计

飞机是由大量的零、组件组成的,各零、组件之间通过机械连接装配,其主要工作是连接件的制孔和安装,所以,制孔和连接的工艺设计是装配工艺设计的重点。连接工艺设计重点是基于连接件选择合适的连接工具,这一过程可以通过工艺试验的方式进行验证,并形成相关工艺规范,本章不赘述。

制孔工艺设计就是设计制孔的流程与方法。飞机装配中连接孔主要包括铆钉孔和螺栓孔,这些孔都属于精制孔,同时也是飞机装配过程质量问题的集中爆发环节(详见第四章质量篇),且制孔质量关系到飞机连接结构的疲劳寿命。所以,飞机制孔工艺设计显得尤为重要。(本书第十一章数字化装配篇中介绍自动化制孔相关工艺设计要求,故本章仅说明人工制孔工艺设计。)

1. 制孔前产品状态的确认

飞机结构上的连接孔是在两个或两个以上的零件叠加在一起后制出的,即是在叠层状态下制出的,所以确定叠层状态是制孔的前提。

(1)定位状态

确定待制孔零件的定位状态是否符合定位要求,具体按照定位方法及相关设计、工艺要求执行。

(2)夹紧状态

一般连接孔制孔部位均为多零件叠层。在制孔过程中,若零件叠层贴合不紧密,每钻透一层夹层时,都会在刀具出口端产生毛刺,形成应力集中,并进一步影响叠层的贴合程度,同时产生的断屑会积蓄在叠层缝隙之间,一方面形成多余物,另一方面加快叠层表面的磨损,也影响叠层的紧密贴合,降低连接零件之间的摩擦力,影响连接效果,进而影响飞机使用性能。所以,在制孔过程中,必须确保叠层的紧密贴合,必要的情况下,制孔后应分解叠层,去除毛刺和断屑。制孔前应确定叠层是否夹紧,叠层之间是否存在间隙。在实践中可通过目视或塞尺检查叠层的夹紧程度,满足设计要求或工艺规范方可制孔。

消除叠层间隙的方法如下:

1)预紧连接:采用临时连接的方式(小号的铆钉或螺钉、定位销)等夹紧。在工艺实践中,将一定间距(通常为 200～300 mm)紧固件的安装孔制成初孔(小于终孔孔径),安装预紧铆钉、螺栓或定位销,以达到叠层紧致的目的,如图 3-22 所示。

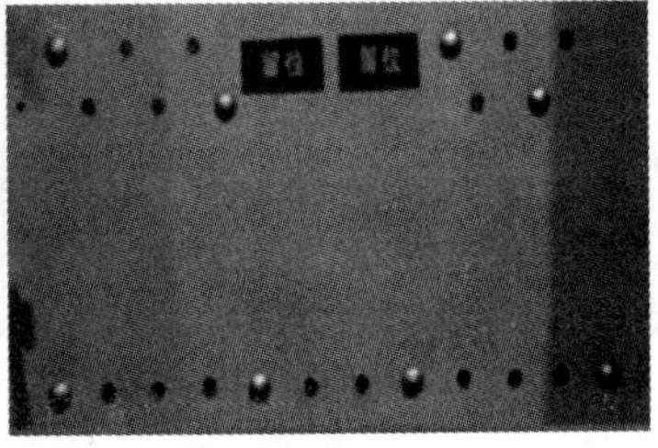

图 3-22 铆钉预紧、螺栓预紧、定位销预紧

2)定位夹紧:主要通过工装定位器,如压紧件、卡板、绑带、销轴等压紧紧固,以达到叠层紧致的目的,如图 3-23 所示。

图 3-23　各种压紧方式

(3)机体结构材料

机体结构材料决定刀具的材质。在飞机装配中,由于待制孔机体结构多为多层材料叠加,这些机体结构材料可能是同质材质,如铝-铝夹层等,也可能是异质材质,如常见的铝-钛夹层、铝-复材夹层、钛-复材夹层。在选择刀具材质时,优先考虑难加工材料的材质对刀具材质的要求。

对于不同叠层的材料(如铝-钛、铝-复材、钛-复材等),应确认其进刀端和出刀端。针对金属叠层,一般从较硬、结构开敞的材料进刀,若由于结构的限制,需要从较软的材料进刀的,应考虑采取措施防止制孔过程中因切削力的突变造成工具摆动而引起质量问题;对金属和复合材料叠层来说,一般采用从复合材料端进刀,若必须从金属端进刀,则应采取措施防止刀具在复材零件出口端产生撕裂等质量问题。

(4)机体材料夹层厚度

待制孔机体材料夹层厚度决定了刀刃长度,在此基础上加上引导部分、夹持部分(尾柄)的长度以及钻模、样板、垂直套等辅助装备的厚度,就是刀具的有效总长度。同时,在刀具的总长度规划上还应考虑制孔空间的开敞性和刀具透出端的开敞性。若制孔空间不开敞,或者刀具透出端空间不开敞,要尽量缩短刀具的总长度,防止因空间不开敞增加制孔难度,在刀具透出端要关注产品结构,防止透出端太长而钻伤产品或人员,如图 3-24 所示。

图 3-24　刀具结构

(5)连接孔状态

确定连接孔状态包括确定连接孔类型(铆钉孔、螺栓孔)、连接孔孔径、连接孔孔精度和连接孔位置等信息。基于这些信息选择合适的刀具、工具以及确定孔位的方法,预防制孔错误。

2. 制孔工艺设计

制孔是利用工具、刀具和辅助工艺装备的配合作用的工作过程。所以,制孔工艺设计的主要内容就是依据所制孔的状态要求,确定制孔所用的工具、刀具和相应的辅助工艺装备。制孔工艺状态包括孔位、孔径、是否锪窝等表现形式,以及孔垂直度、孔径公差、窝深公差等几何状态。

(1)孔位的确定

钉孔的位置,一般是指边距(即钉孔中心到零件边缘的垂直距离)、排距(或称行距,多排平行孔孔中心之间的距离)、孔距(同排的相邻两孔孔中心之间的距离),如图 3-25 所示。

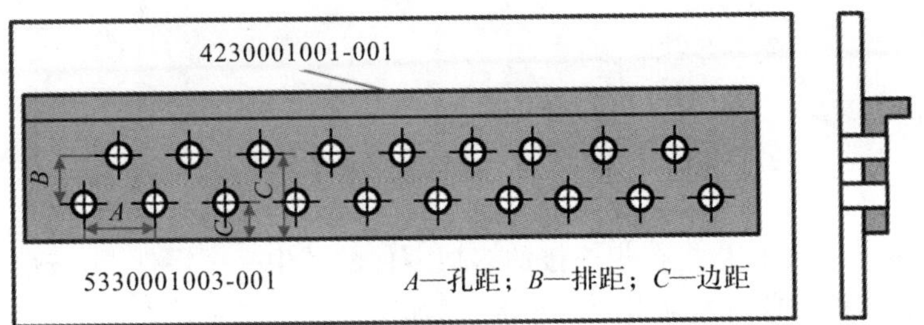

图 3-25 确定孔位

常见的确定孔位的方法有画线、导孔、钻模(样板)等。

1)画线确定孔位。画线确定孔位即通过画线确定孔的中心位置。孔中心为一个点,一般来说,可通过相交的两条线确定一个点,所以,在工艺实践中,一般通过两个不共线的基准绘制两个方向的相交线确定孔位。

画线确定孔位的步骤如下:

a)确定画线基准。定位基准应是看得见、摸得着的工艺基准。在工艺实践中,一般可选择零件边缘、平直的面或者工装挡件等为基准,同时应选择离定位件最近的基准,以减少尺寸测量误差。

b)确定定位尺寸及方向。尽量使待定位零件与其基准处于同一平面(考虑到误差可接受的范围,可近似同一平面),不宜选择空间尺寸,这样通过两个方向即可确定孔中心的位置。在二维图纸中,孔中心尺寸的表达一般有两种方式:一是在一定尺寸范围内等距排列若干孔位(见图 3-26);二是按一定间距排列若干孔位,此种情况下,对于最后三个孔位,若间距不够,一般等距排列并保证最小间距(一般为 $4d$,d 是连接钉的工称直径)即可,对于三维模型,孔位尺寸可通过模型直接测量。

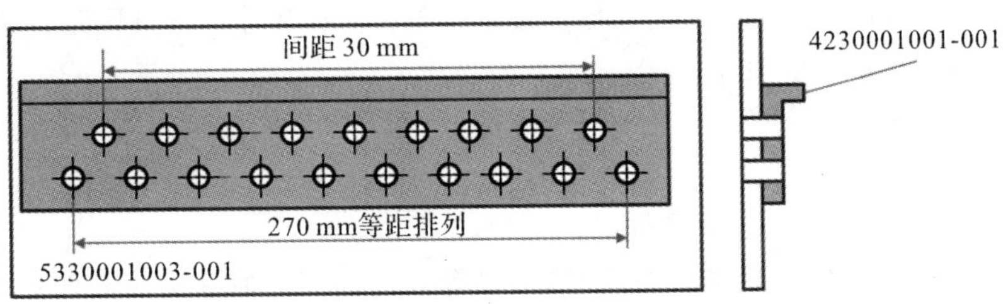

图 3-26 画线确定孔位时确定定位尺寸及方向

c)画线。从基准测量尺寸,画出两条相交线,交点即为孔中心。需要注意的是,为防止画线错误,应确认基准及尺寸,并能显著地表示出相交线。

画线确定孔位如图 3－27 所示。

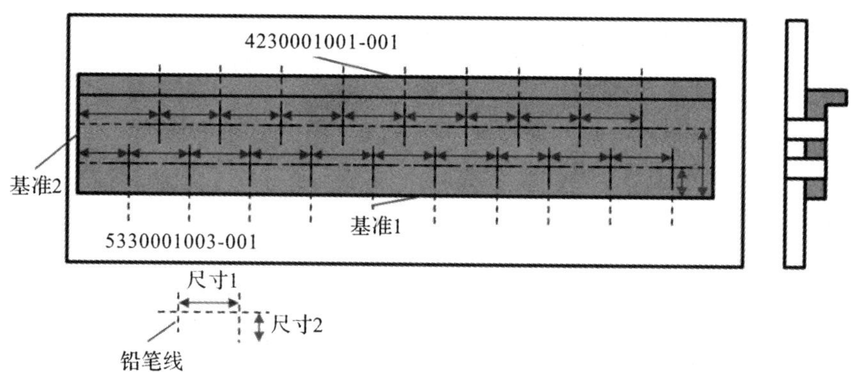

图 3－27 画线确定孔位

2)导孔确定孔位。导孔是指在相连接的多层零件的其中一个零件上，按照连接定义，在连接孔的位置，于零件制造时预先制出的较小的孔，如图 3－28 所示。

图 3－28 导孔确定孔位

导孔确定孔位的流程如下：

a)确定需取制的导孔。装配工艺工程师按照设计数模/图纸进行工艺设计，确定需要取制导孔的零件以及零件上需要取制的导孔，形成零件工艺状态需求信息(包括导孔的位置、数量、大小)，并通过一定的流程和单据传递到零件制造车间，或者在设计工艺并行阶段，将此信息通过一定的流程和单据传递给设计，由设计在设计模型中直接示出，形成 MBD 的一部分信息。

b)零件制造车间按照导孔信息进行工艺设计，确定制导孔的工艺流程和方法。

c)零件制造车间在零件加工过程中按照设定的工艺流程和方法制出导孔。

导孔的取制应注意的事项如下：

a)导孔应取在多层连接零件的其中一个零件上，这个零件处于最外层，该层也是制孔时刀具的入口端；

b)导孔应尽量取在小型、骨架零件上；

c)对于有装配协调的部位(如相互交叉、搭接等)，或因需要后续安装其他零件(如系统支架等)的部位，不取制导孔，以防在装配中不协调或出现差错；

d)为防差错，可采取不对称原理，将需要防差错的导孔按不同孔径或不同孔位取制(详见第四章质量篇)；

e)导孔的孔位公差按设计要求，除非有特殊要求(如导孔同时也作为定位孔或装配孔)，一般不必人为提高其精度要求；

f)若导孔还作其他应用(如装配孔)，应兼顾其相关要求。

3)钻模(样板)确定孔位。按钻模(样板)确定孔位，可确保孔位置的准确性及一致性，使带孔的零件或组件可以互换。同时，采用钻模确定孔位，钻模上导套具有导向作用，能保证孔的垂直度。

采用钻模(样板)确定孔位，重点是如何安装钻模样板。在工艺实践中，可将钻模(样板)考虑为待装机的零件。零件定位的所有方式都适用于钻模(样板)定位安装，如图 3-29 所示，此处不赘述。

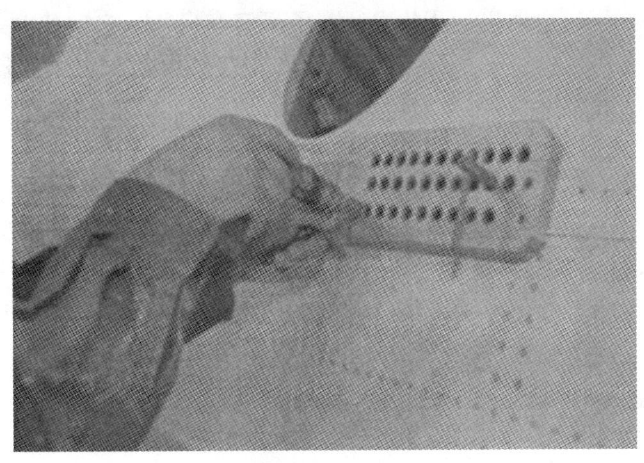

图 3-29 钻模确定孔位

4)激光投影技术确定孔位。激光投影是以激光为光源的显示技术，激光具有很好的单色性和方向性，可以最真实地再现客观世界。在该技术的应用中，通过计算机辅助制造软件提取所需投影部件的三维信息(包括理论基准点和连接孔位)，将提取的三维信息导入投影设备控制中心，控制激光投影设备捕捉装配型架或产品上的基准点，并与所提取的理论基准点对比，将理论投影点在飞机坐标系下的坐标数据转换为投影设备坐标系下的坐标数据，控制投影设备分别投影所需孔位及站位线。

激光投影技术可部分替代画线确定孔位(一般用于较为开敞区域)，不仅使不增值工作量最小化，而且可帮助缺乏经验的工人更快、更精确地确定孔位，如图 3-30 所示。

(a)

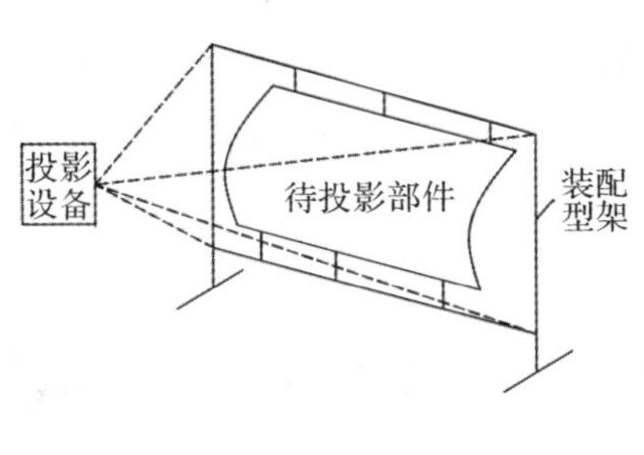

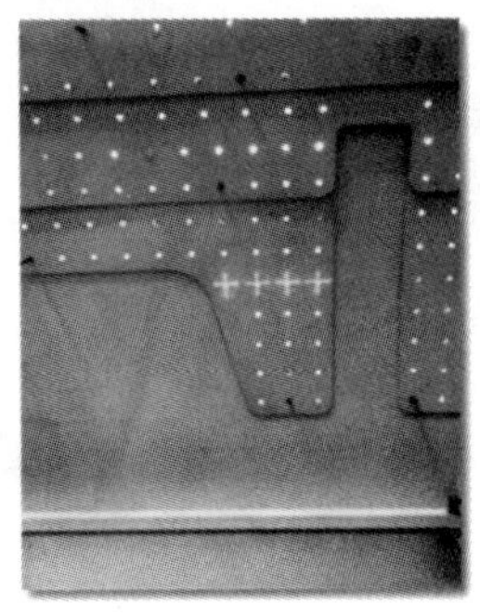

(b)

图 3-30 激光投影确定孔位

综观上述四种确定孔位的方法，画线确定孔位法对孔位精确度的控制主要依靠操作者技能水平，需要花费大量时间，在孔位较多、劳动强度较大的情况下容易出错，无有效的防差错方法。依据导孔确定孔位的方法仅是将孔位确定工序前移至零件制造阶段执行，在其他方面与画线确定孔位方法无本质的区别。依据钻模、样板确定孔位，可以有效地防止孔位偏差，在一定程度上保证了制孔质量，但当部件较大时，钻模样板数量也相应增多，对钻模样板的保管和使用提出了较高的要求，同时增加了制造成本，在使用中应特别考虑防差错问题。激光投影技术具有简便、高效、精确的优点，但是应用范围有限，适用于飞机外表面等较为开敞的部位，对于飞机内部等不开敞部位，会存在光线的遮挡以及入射角较小引起失真的现象。

随着装配技术的发展，自动化制孔技术得到了研究和应用。自动化制孔通过编程确定孔位，通过设备执行制孔的操作，在一定程度上提高了生产效率，降低了劳动强度，提升了产品质量，详见第十一章数字化装配篇，在此不再赘述。

(2)制孔

确定孔位后，开始制孔，由于连接孔的质量要素较多，精度较高，一般来说，连接孔均需要通过多次分刀制出，其工艺流程一般为钻孔→扩孔→铰孔→锪窝(按工程要求)/倒圆、倒角→去毛刺等。其中按照孔径的大小及精度要求，扩孔、铰孔可分多刀进行，在分刀中应合理分布切削量，以保证制孔质量。在工程实践中，多通过工艺试验确定制孔参数，形成规范性的标准文件，指导工艺设计。

1)钻孔：钻孔是在待制孔材料上按照确定的孔位制出初孔的过程，钻孔所用的刀具是钻头，其特点是主要利用顶端横刃切削待加工材料，钻头一般采用麻花钻。根据所制孔的材料，钻初孔的直径一般在 $\phi 3$ mm 左右。钻头结构如图 3-31 所示。

图 3-31 钻头

2)扩孔：扩孔是用扩孔钻对已有孔进行扩大加工的过程。扩孔加工质量比钻孔高，常作为孔的半精加工及铰孔前的预加工。扩孔所用刀具为扩孔钻，主要是利用侧刃切削待加工材料。根据不同的加工材料、孔径大小，一般需要分多次扩孔，扩孔钻采用系列化设计，扩孔钻设有引导部分，保证扩孔过程中刀具不偏摆，其引导部分直径按照待扩孔孔径确定。扩孔钻结构如图 3-32 所示。

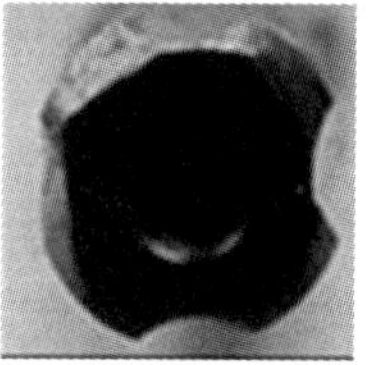

图 3-32 扩孔钻

3)铰孔:铰孔是用铰刀对已存在孔进行精加工的过程。从工件孔壁切除微量金属层,以提高孔的尺寸精度和达到孔表面粗糙度要求。铰孔用刀具为铰刀,主要是利用侧刃刮削待加工材料,同时也对孔壁进行挤压强化。根据不同的加工材料、孔径大小,一般需要分多次铰孔,铰刀采用系列化设计。铰刀一般也设有引导部分,保证扩孔过程中刀具不偏摆,其引导部分直径按照带扩孔孔径确定。铰刀结构如图 3-33 所示。

图 3-33　铰刀

4)锪窝:飞机在气动外形面上的连接件,一般采用埋头铆钉或埋头螺栓,钉头的凸出量有严格的公差要求,一般在-0.05～0.15 mm 之间,特殊外形要求更高。所以,锪窝过程的重点是控制窝深和窝的垂直度。在工程实践中,一般是采用专用锪窝钻和锪窝套予以保证。锪窝钻利用侧刃切削材料,设有引导部分,引导部分直径与待锪窝孔的孔径一致。锪窝钻及锪窝套结构如图 3-34 所示。

图 3-34　锪窝钻与锪窝套

5)倒圆/倒角/去毛刺:由于紧固件头和杆之间的过渡半径的存在,紧固件安装时易与孔边缘发生干涉,所以在孔的边缘上倒圆角或斜角,以便提供一个与过渡半径相适应的圆角半径,确保在支撑面正确固定,这个过程就称为倒圆或倒角。在制孔中,刀具的入口端和出口端会产生毛刺,即未切除的材料残余,形成应力集中,影响所制孔的质量,倒圆/倒角的过程也是去毛刺的过程,为了保证倒圆/倒角的尺寸,一般也可采用锪窝套进行限位。若无倒圆/倒角要求,可采用大钻头或专用去毛刺刀具去除制孔产生的毛刺。倒圆/倒角/去毛刺工具如图 3-35 所示。

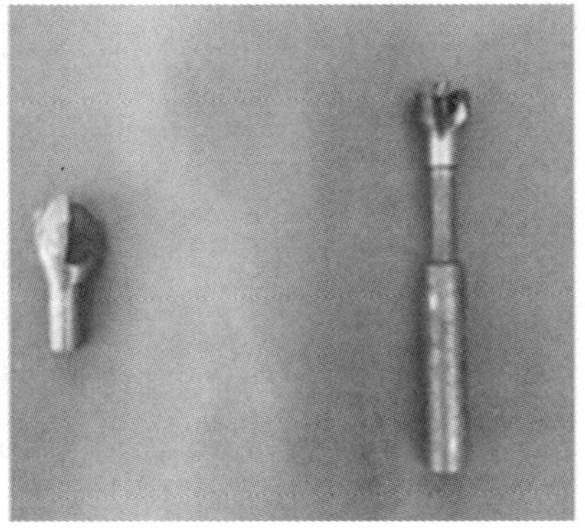

图 3-35　倒角钻/倒圆钻/去毛刺刀具

3. 制孔工具的选型

手工制孔工具一般是风动工具——风钻——一种采用压缩空气为动力驱动主轴转动的制孔工具(见图 3-36),属于货架产品。通常制孔工具由五部分组成:刀具夹持部分、手持部分、尾柄部分、扳机、内部机构。刀具夹持部分是用于装夹刀具的部分;手持部分是工具的主体结构,便于加工时握紧工具;尾柄部分是与气源连接和排气的部分;扳机用于接通/断开气源,驱动工具工作;内部机构一般是机械传动机构,在压缩空气的作用下机动。

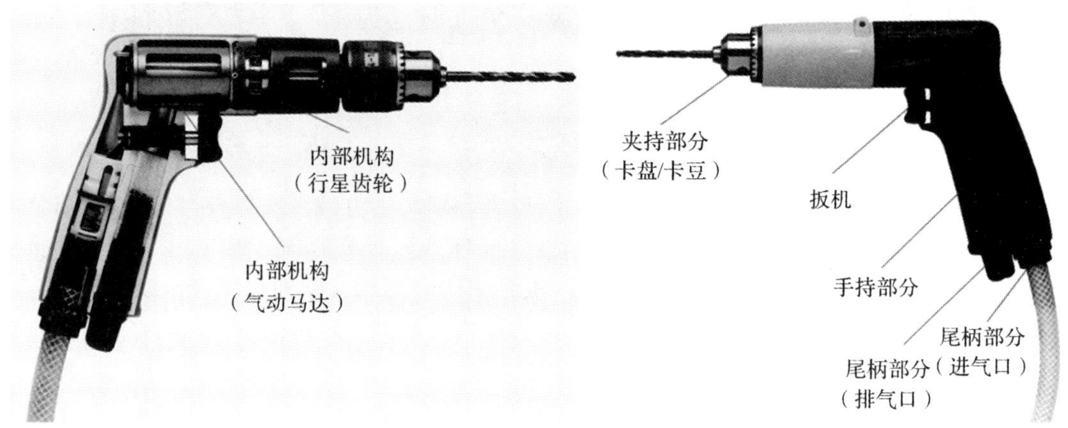

图 3-36　风钻结构示意图

在制孔工艺设计过程中应基于加工要求选择风钻,主要从其加工参数、结构形式、刀具夹持形式等方面进行选择。

(1)风钻加工参数

风钻加工参数主要是主轴的相关参数:转速、径向跳动、轴向窜动等。

1)主轴转速是指主轴在单位时间内转动的圈数,一般以 r/min 为单位,通常风钻的转速为 600～20 000 r/min。一般来说,速度越高,切削力越小,适用于易切削的材料制孔,反之,转速越低,切削力越大,适用于难切削的材料制孔。

2)主轴径向跳动是指主轴在转动过程中,主轴在径向的圆跳动,径向跳动会带动刀具跳动,影响所制孔的直径,造成孔径超差。一般径向跳动公差不能大于 0.05 mm。

3)主轴轴向窜动是指主轴在转动过程中,沿轴向前后移动。对于一般风钻来说,主轴不具有轴向运动的功能,故不存在轴向窜动公差,但对于自动进给钻等气动工具,由于主轴有进给运动,则存在轴向窜动公差,带动刀具窜动,影响进给。

(2)结构形式的选择

风钻有多种结构形式,常见的有手枪式、直柄式(30°、45°、90°、偏心等,见图 3-37),不同的结构形式有不同的尺寸规格,适用于不同的加工部位,应依据加工部位结构形式,选择适宜形式、适宜尺寸规格的风钻,保证在加工过程中的工具可达性和操作人员的可达性。一般说来,刀具夹持部分应适应加工部位产品结构形式,确保在加工过程中刀具能保持垂直状态,工具与产品结构不干涉并有适量的安全距离;手持部分应与操作空间相适应,保证在加工过程中操作者能有效握紧工具,并与周围环境有适量的安全距离;对于弯头式和偏心式风钻,在制孔过程中存在偏心力矩的作用，需要操作者具有较高的操作技能。

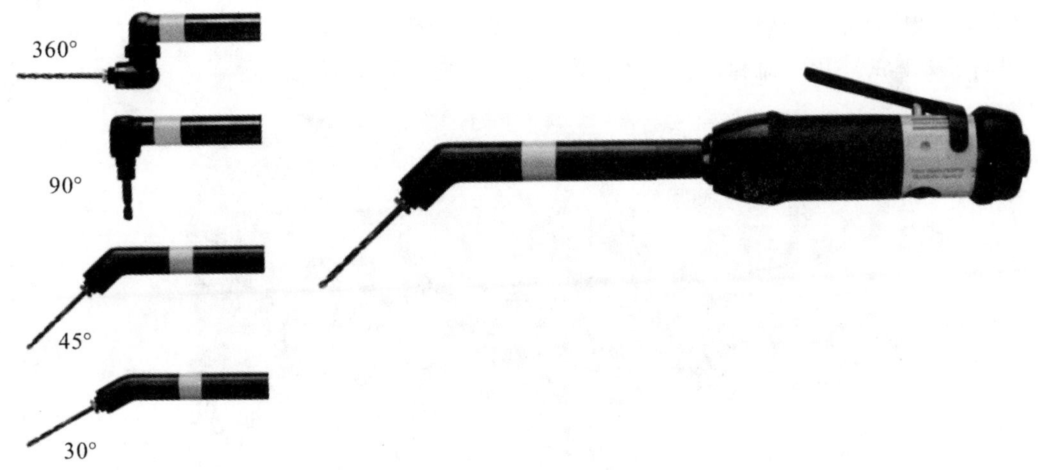

图 3－37　直柄式风钻的不同结构形式

(3)夹持部分的形式

夹持部分是指工具上刀具装夹的部位。一般有螺纹夹紧和卡豆(卡盘)夹紧两种方式。螺纹式对应螺纹柄刀具，可有效缩短刀具的长度；卡豆(卡盘)式对应直柄(三角、四角、圆柱)刀具，刀具应包含专门的尾柄结构，形成工具长度的一部分。卡豆(卡盘)式夹持结构如图 3－38 所示。

图 3－38　刀具夹持部分结构形式(卡盘式)

4. 制孔刀具的选型

制孔刀具从功用上分为钻头、扩孔钻、铰刀、锪钻等，钻头用于制初孔，扩孔钻用于扩孔，铰刀用于孔的精加工，锪钻用于锪窝。刀具一般分为装夹部分(尾柄)和工作部分(导向部分、刀刃部分、光杆部分)。尾柄部分与工具夹头匹配，用于刀具的夹紧；导向部分在扩铰孔时起到引导作用(钻头没有导向部分)，防止刀具偏斜；刀刃部分用于切削加工；光杆部分起到对孔的挤压强化作用。一般刀具结构如图 3－24 所示。

刀具从结构形式上可分为整体结构刀具和镶体结构刀具。整体结构刀具是将装夹部分和工作部分均做在刀体上，镶体结构刀具是将工作部分分离出来，镶嵌在刀体上，这样做的好处是在刀具磨损的情况下可以仅更换刀具的工作部分，降低成本。此外，还可在强度和韧性较好的硬质合金刀具或高速钢刀具的基体表面上，利用气相沉积的方法涂覆一薄层耐磨性好的难熔金属或非金属化合物(也可涂覆陶瓷、金刚石和立方氮化硼等超硬材料)，即涂层。涂层作为一个化学屏障和热屏障，减少了刀具与工件间的扩散和化学反应，从而减少了对刀具基体的磨损，提高了刀具的使用寿命和加工精度。各类刀具如图 3-39 所示。

图 3-39　各类刀具

5. 制孔辅助工艺装备

制孔辅助工艺装备是指为保证制孔质量所用到的钻模、样板、钻套、锪窝套等辅助工艺装备，以及检测制孔质量的量规、塞规等。

(1)钻模

钻模是引导刀具在产品上制孔的一种工艺装备，在制孔过程中起到确定孔位、保证孔的垂直度的作用。钻模设计需重点关注下列问题：

1)为降低钻模的成本，钻模一般分为本体和钻套两部分。本体部分一般采用铝合金制造，使其重量轻，安装拆卸方便。钻套一般采用钢、钛等材料制成，能有效防止制孔过程刀具对钻套的磨损，钻套可分为活动钻套和固定钻套。

2)钻模本体依照待制孔部位的结构形式设计，在钻模的大小、形状、结构外形等方面与待制孔部位结构相适应。

3)钻模本体与产品接触部位应加工处理，光滑过渡，防止钻模划伤产品。

4)钻模上可设置把手等辅助元件，以便于安装。

5)进行钻模防差错设计，对其上的孔按类型予以区分，设置相应标记，防止钻模安装错误(详见第四章质量篇)。

6)钻模定位安装方式设计，可参考零、组件定位安装方式，根据实际情况选择不同的定位安装方式，并按相应的安装方式规划钻模的结构形式。

7)综合考虑制孔部位结构、重量、大小等因素，对钻模进行适当分块，以便于安装。

8)钻模本体应具有一定的厚度，以保证制孔时对刀具的限位，使刀具处于垂直状态。

9)钻模一般与活动钻套配套使用，以适应不同的孔径制孔或同一孔的不同分刀的制孔。

钻模制孔如图 3-40 所示。

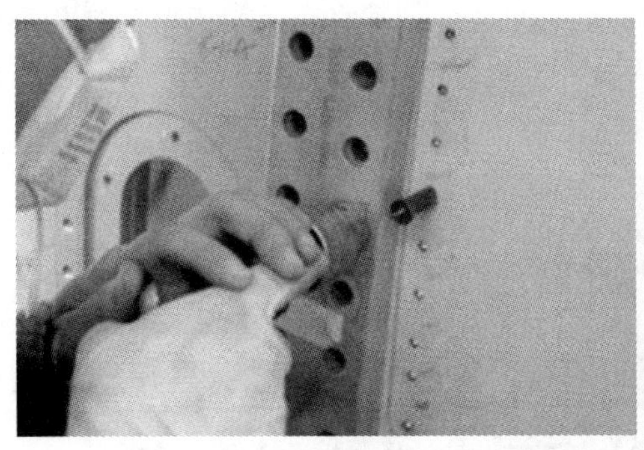
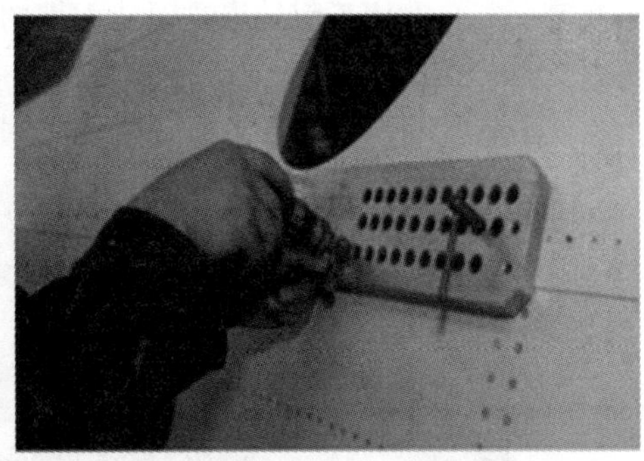

图 3-40 钻模制孔

(2)样板

样板也是一种引导刀具在产品上制孔的工艺装备,但由于样板一般由较薄的钢板制成,在制孔过程中一般仅起到确定孔位和制初孔的作用,不能起到引导刀具垂直以保证制孔垂直度的作用。样板一般为平板结构,适用于平面结构的制孔,其设计要求可参考钻模的设计要求。样板制孔如图 4-41 所示。

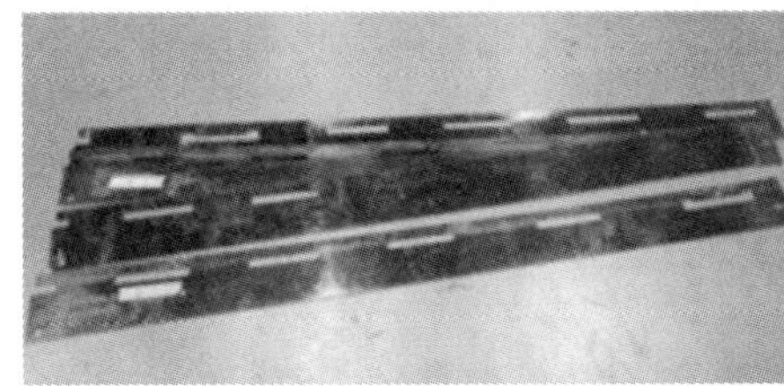
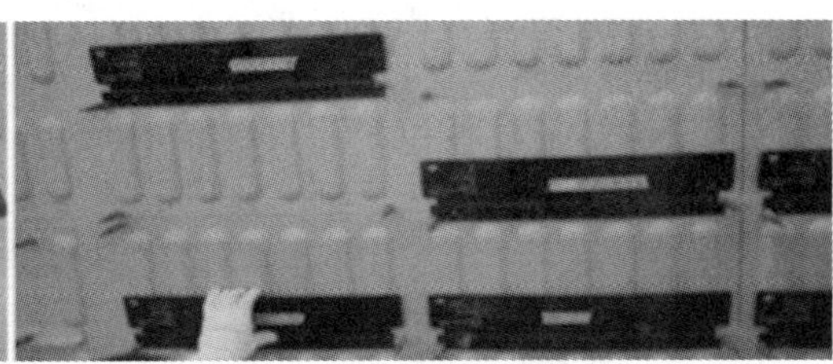

图 3-41 样板及样板制孔

(3)钻套

钻套特指活动钻套。钻套一般用于单孔的制孔,相当于单孔钻模。活动钻套一般采用手持操作的方式,可单独使用,也可与钻模配套使用。钻套应采用耐磨损的材料制成,多用于结构不开敞部位的制孔,在一定程度上保证制孔的垂直度。钻套结构如图 3-42 所示。

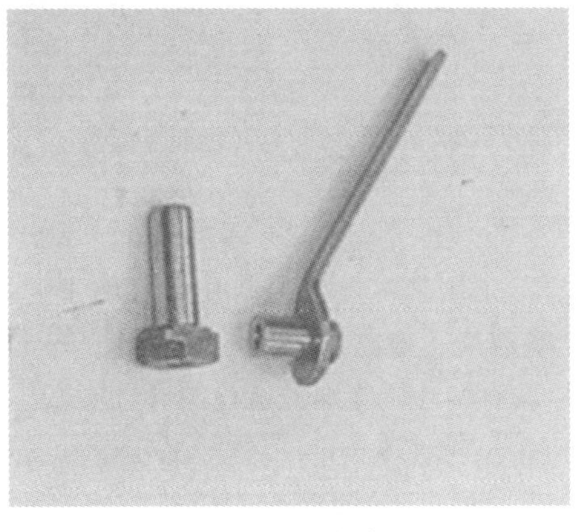

图 3-42 钻套

(4)垂直套

垂直套是制孔时用于引导刀具保持垂直的一种工艺装备。垂直套适用于单孔制孔,一般用于结构不开敞、无法使用钻模的部位。垂直套一般为货架产品,按需选择即可,需要注意的是垂直套内径应与刀具外径相匹配,防止制孔过程中刀具摆动。垂直套制孔如图 3-43 所示。

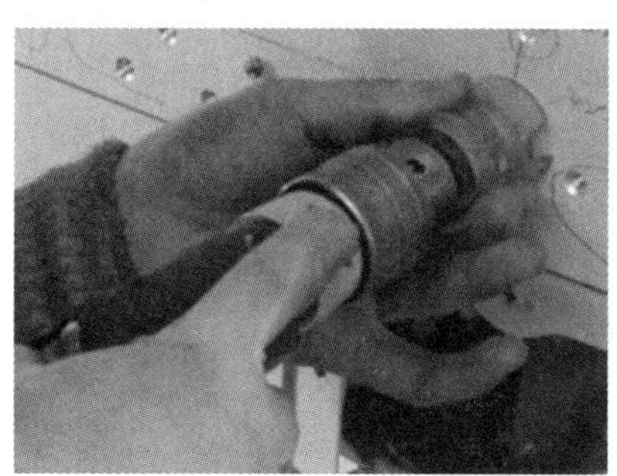
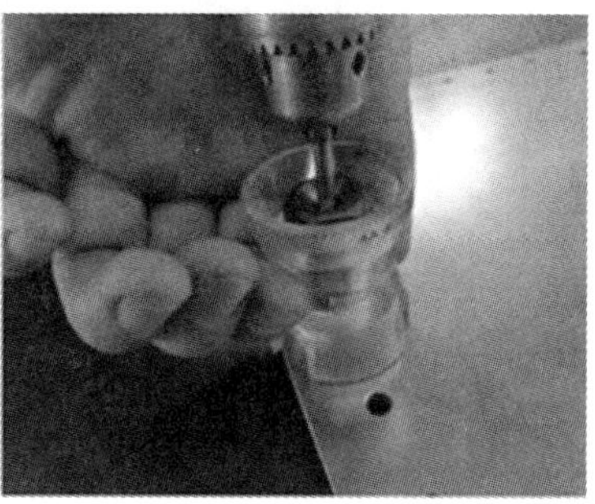

图 3-43　垂直套制孔

(5)锪窝套

锪窝套是用于控制锪窝深度的工艺装备。一般锪窝套是可调节的,根据锪窝深度进行调节,锪窝前在试板上进行试锪并检测锪窝深度,以验证锪窝套的调节情况。锪窝套一般为货架产品,按需选择即可,需要注意的是垂直套内径应与刀具外径相匹配,防止锪窝过程中刀具摆动。锪窝套及锪窝如图 4-44 所示。

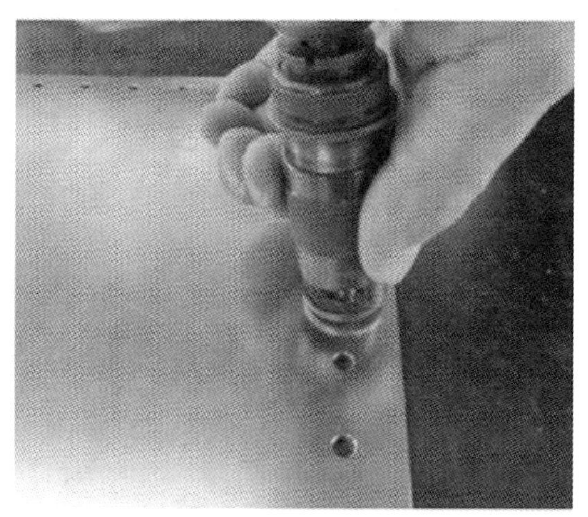

图 3-44　锪窝套及锪窝套锪窝

(6)量规

量规分为孔量规和窝量规,是用来定性检测制孔质量的工艺装备。孔量规用于检测孔径质量(包括圆度、圆柱度),窝量规用于检测锪窝质量(包括窝径、窝深、窝圆度)。

孔量规分为通端和止端,其公称直径分别为所检测孔的直径上、下偏差。检测孔时,将通端和止端分别插入孔中,若通端能通过而止端不能通过(一般止端通过不超过通过孔长的 1/3 即可),且在通端与孔内壁之间有均匀缝隙或止端与孔内壁之间无缝隙(可通过透光检测)则判定合格。

用窝量规检测窝时,将量规塞入窝内,检测量规顶部与结构表面的齐平度、量规与窝的配合程度，以确定窝合格与否。

量规的检测在很大程度上依靠检测人员的主观判断，属于定性检测，无法量化制孔质量，但这种检测方式效率高，检测准确率高，普遍适用。对于有特殊要求的控制量检测，也可通过测量等方式进行量化检测。量规及量规检测孔质量如图 3-45 所示。

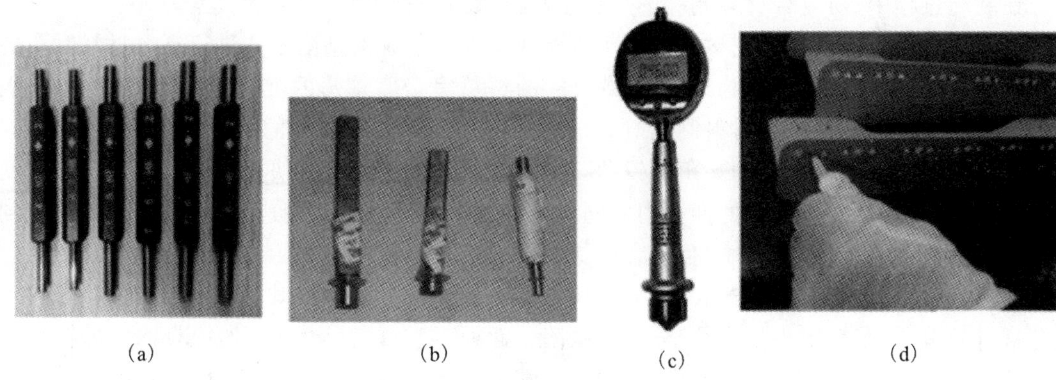

(a)　　(b)　　(c)　　(d)

图 3-45　量规及量规检测孔质量

(a)孔量规；（b)窝量规；（c)数显窝量规；（d)孔量规测孔

6. 复合材料制孔

(1)复合材料制孔的特点

由于复合材料的固有特性，其在制造、加工和使用等环节，易产生系列缺陷，主要包括分层、孔隙、脱胶、夹杂、贫脂或富脂、树脂固化不完全、纤维方向偏离(或纤维弯曲)、铺层顺序错误、纤维间有空隙等，这些缺陷成为复合材料应用的难点。从实际装配的情况来看，复合材料装配存在的主要问题是机械损伤，如制孔时透出端产生分层、毛刺、拉丝等，因铆接、螺接冲击力造成孔边缘变形、微裂纹等缺陷，从微观角度分析，毛刺、拉丝、裂纹等也属于分层缺陷。所以，针对复合材料制孔工艺设计，重点应考虑如何避免制孔缺陷的发生。从工程实践来看，复合材料制孔缺陷产生的原因如图 3-46 所示。

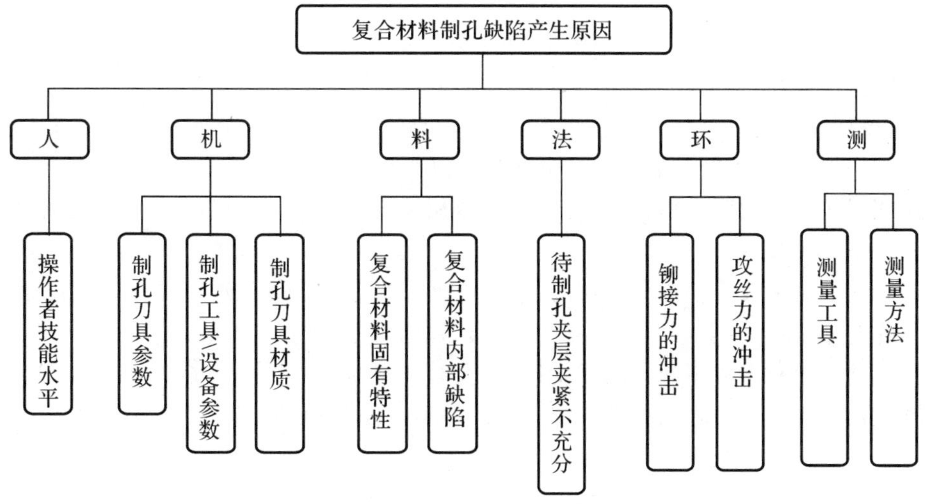

图 3-46　复合材料制孔缺陷产生原因

在上述原因中,“人”方面的原因是不确定的,属于随机原因,“料”方面的原因主要是复合材料本身固有特性,需要从根本上纠正。其他方面的原因都是复合材料制件装配过程外界因素,属于系统性原因,有规律可循,能采取措施予以解决。

(2)复合材料制孔质量的影响因素

在装配过程中,对复合材料制孔的主要影响因素是制孔工具、刀具和夹紧力。

工具和刀具可以通过工艺试验选型予以解决。在用传统的钻削工艺进行复合材料制孔的过程中,由于钻头横刃处转速趋近于0,横刃区的材料完全靠钻头的推挤作用而形成切屑,因此轴向力将非常大。在复合材料制孔时应采用硬质合金等硬度较高的制孔刀具,且使制孔刀具主切削刃与副切削刃之间的夹角为锐角,增加切削刃的锋利程度,快速切断复合材料构件的纤维丝,以减少制孔时对构件的冲击力。同时,采用较小的切削量、转速较高的制孔参数,达到快速切断复合材料构件纤维丝的目的。

在夹紧力方面,若夹紧力过大,会导致构件变形,若夹紧力过小,则易产生毛刺等缺陷,对复合材料而言,甚至会出现微裂纹、分层等缺陷。此外,复合材料构件孔的透出端,因处于自由状态,更容易产生缺陷。工程实践中,在构件两端面各增加一层非构件结构,夹紧机构作用在这两层结构上,这两层结构再夹紧待制孔构件,产生夹紧力,制孔时共同制孔。由于使得制孔部位局部“加厚”,用其余构件替代了复合材料制孔的透出端,所以能有效解决自由状态易产生缺陷这一问题。复合材料制孔如图3-47所示。

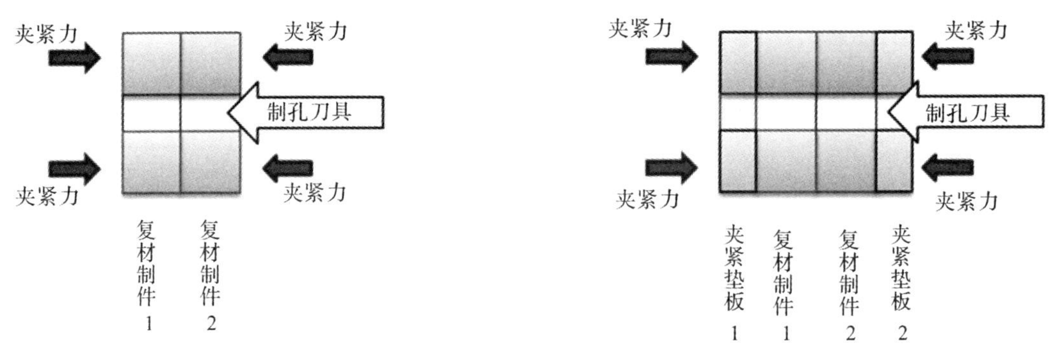

图3-47　复合材料制孔

(3)复合材料制孔工艺设计

复合材料制孔工艺流程同一般金属材料制孔的工艺流程。基于复合材料的特殊情况,在制孔工艺设计中,应重点对其制孔工艺方法进行规划设计。

1)保证制孔夹层的紧密贴合,贴合间隙符合相关要求,在刀具出口端增加一定厚度的工艺垫板。

2)选用硬质合金或带金刚石涂层的刀具,纯复合材料结构优先选用匕首钻,制孔过程中应保证刀具的充分冷却(一般可采用冷却润滑剂、润滑脂等),防止孔收缩。

3)制孔过程中应采取不间断的吸尘措施,及时收集粉尘。

4)制完孔后应充分清除制孔部位及孔壁的粉尘,可采用纯棉布蘸丁酮沿一个方向擦拭。

5)可采用氧化铝砂纸(240目或更细)打磨去毛刺,也可采用专用的去毛刺工具去毛刺。

6)在制孔工具的选择上,纯复合材料钻、扩孔时一般选择转速为3 000～6 000 r/min的风钻,铰孔时采用转速为1 500～3 000 r/min的风钻;复合材料与铝合金叠层的制孔,钻、扩孔时一般选择转速为 2 500～4 500 r/min 的风钻，铰孔时采用转速为 1 500～3 000 r/min 的风钻；复合材料与钢、钛合金叠层的制孔，钻、扩孔时一般选择转速为 500～2 000 r/min 的风钻，铰孔时采用转速为 500～1 500 r/min 的风钻。

(八)连接工艺设计

飞机装配中采用的连接一般为机械连接，常见的连接方式是铆接(见图 3-48)和螺纹连接(螺接)。连接工艺设计的重点是连接工具的选型。铆接工具一般包含铆枪、窝头和顶铁三类，铆枪是铆接的动力源，在铆接过程中产生持续的冲击力，窝头和顶铁分别作用于钉头/钉杆，在铆接过程中对钉杆形成相向的作用力，形成镦头。

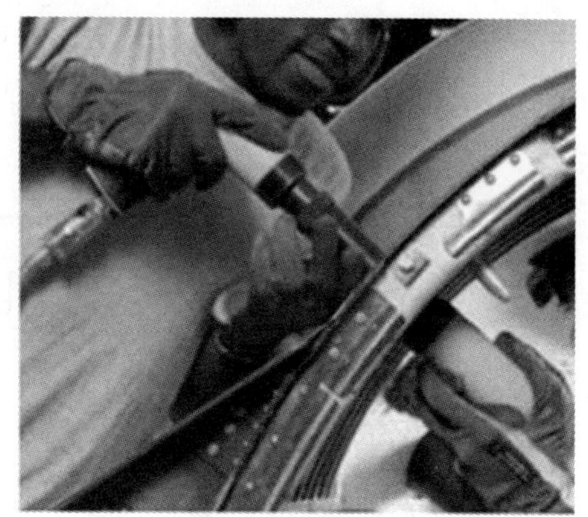

图 3-48 铆接

1. 铆枪的选型

应根据铆钉的直径、材料、待铆接部位结构选择合适的铆枪。对于直径较大、材料较硬的铆钉，镦头较难成型，应选用功率较大的铆枪；对于结构不开敞的部位，应选用尺寸较小的铆枪。由于铆枪尺寸与其功率有正相关的关系，所以在铆枪选型时，应综合考虑，必要时应开展工艺试验予以验证。

根据待安装铆钉部位结构选择铆枪的结构形式，防止在铆接过程中因结构不开敞、工艺性不好导致铆接质量不好，甚至造成对产品、人员的伤害。

结构空间不开敞、铆钉直径较小(一般直径为 3 mm 以下的铆钉)的结构连接(如系统支架、角片等)，可采用手动压铆的方式安装铆钉，其工具是手动压铆钳或小型气动压铆机。铆枪结构如图 3-49 所示。

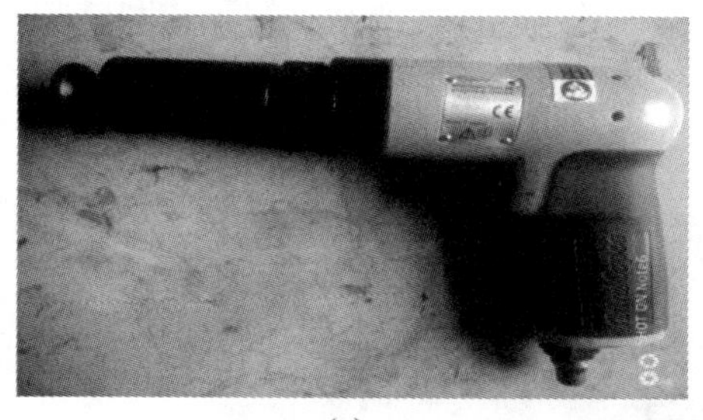

(a)

(b)

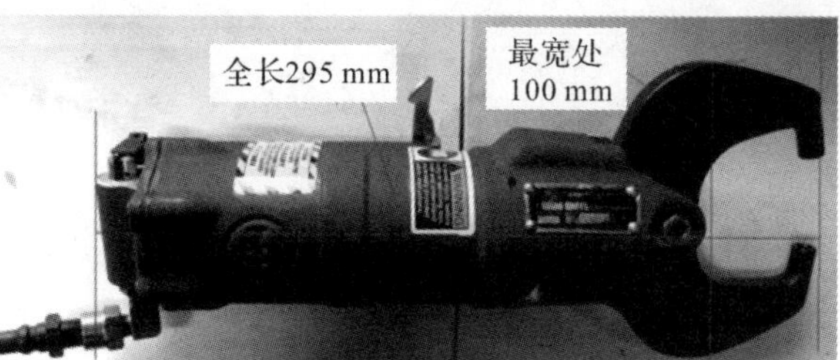

(c)

图 3-49 铆枪

(a)普通铆枪； (b)手动压铆机； (c)手动压铆钳

2. 窝头的选型

窝头用于铆接时铆钉镦头成型或钉头的顶紧，一般为直线形结构，以保证能准确传递铆枪的冲击力。窝头的选型应匹配镦头、钉头的尺寸和形状，防止在铆接过程中挤伤镦头、钉头，同时窝头边缘应倒圆或倒角，防止在铆接时啃伤机体表面或留下铆克印；窝头结构形式应匹配所用的铆枪，综合考虑待铆接部位的结构形式，有时需要选用异形的窝头，如弯曲窝头。需要注意的是，异形窝头在传递铆枪冲击力时，会产生分力，影响镦头成型。窝头结构如图 3-50 所示。

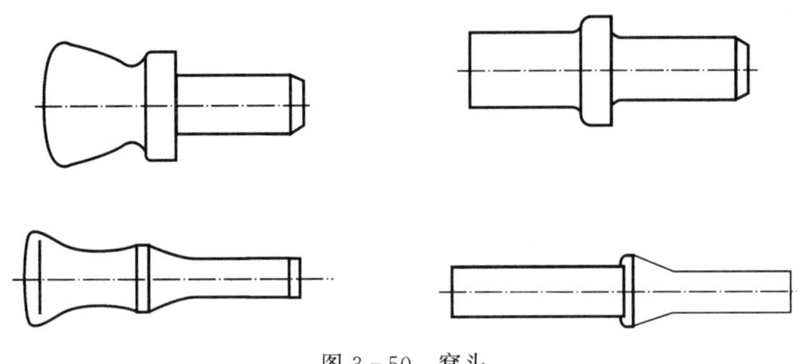

图 3-50 窝头

3. 顶铁的选型

由于在锤铆中顶铁多为操作人员手持，所以在结构上顶铁可分为手持部分和工作部分，但需要注意的是，这两个部分不是对立的，而是在一定条件可以转换的，即手持部分也可以是工作部分，工作部分也可以是手持部分。所以，在顶铁的选型中，首先应考虑手持方便，不能对操作人员造成伤害；其次，应考虑工作部分的结构，应使顶铁能够稳定、可靠地顶住铆钉；最后，顶铁边缘应倒圆或倒角，防止在铆接时啃伤机体表面或留下铆克印。顶铁有自制顶铁和货架产品可选，为减少铆接时冲击力对人体的影响，可设计缓冲顶铁，并根据实际情况选用。顶铁结构如图 3-51 所示。

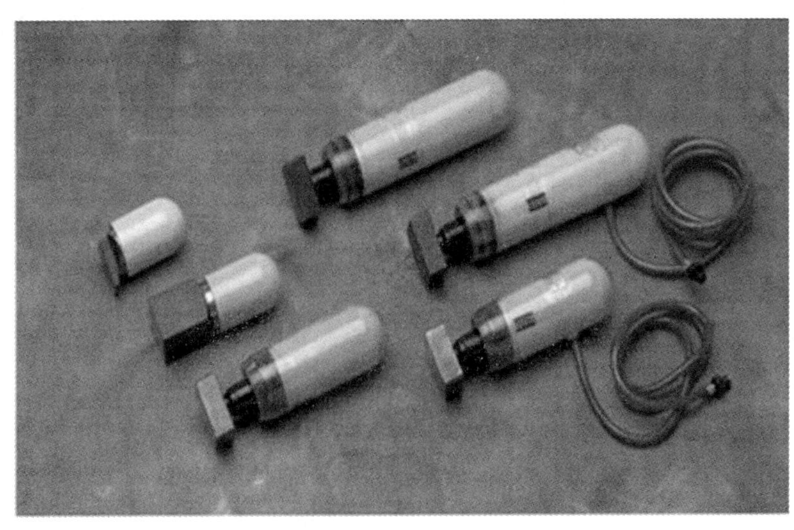

图 3-51 顶铁(成品)

(九)结构密封工艺设计

飞机按照其功能需求,对油箱、乘员舱等结构具有很高的密封性要求,要求它们能承受一定的气压、液压而不渗漏。在装配过程中,飞机装配结构密封通常采用密封连接予以保证。

1. 密封连接的分类

密封连接一般分为缝内密封和缝外密封两种方式。顾名思义,缝内密封就是在结构内部涂敷密封胶后再连接,以达到结构密封的效果;缝外密封是在结构连接后,在可能出现渗漏的部位涂敷密封胶以达到结构密封的效果。常见的缝内密封主要分为贴合面密封和紧固件湿安装,此外还包括孔隙密封等;常见的缝外密封又分为填角密封、对缝密封和紧固件封包,此外还包括边隙密封等。

1)贴合面密封:在贴合的结构的表面涂敷密封胶,连接后形成密封结构的密封方式,如乘员舱的蒙皮与长桁、框等骨架的贴合面,如图 3-52 所示。

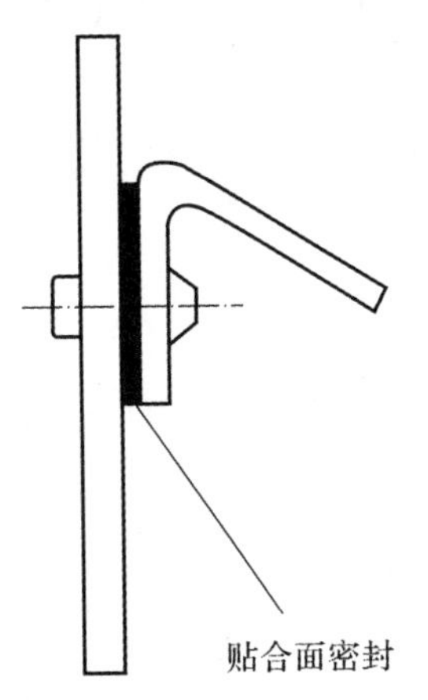

图 3-52 贴合面密封

2)紧固件湿安装:紧固件(铆钉、螺栓)安装时,在钉与结构接触的表面(孔壁、钉头贴合面等)涂敷密封胶,连接后形成密封结构的密封方式。这些紧固件一般是穿过密封结构的,如油箱结构连接的紧固件,如图 3-53 所示。

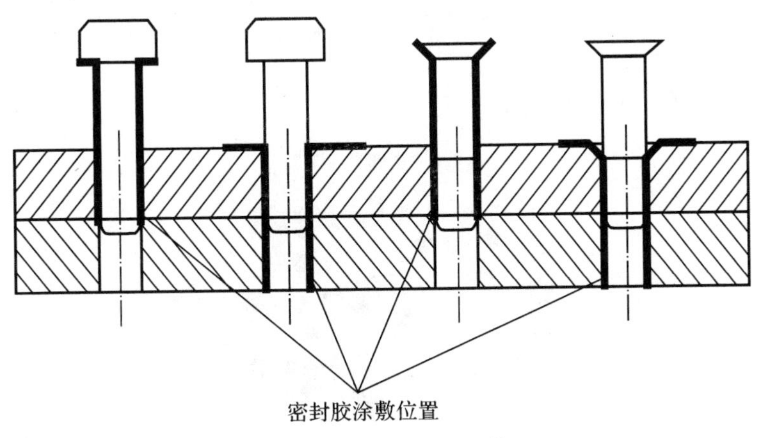

图 3-53 紧固件湿安装

3)填角密封:结构连接后,在结构形成的台阶处涂敷密封胶,形成均匀、可视的胶缝的密封方式,如骨架与蒙皮连接后形成的台阶处,如图 3-54 所示。

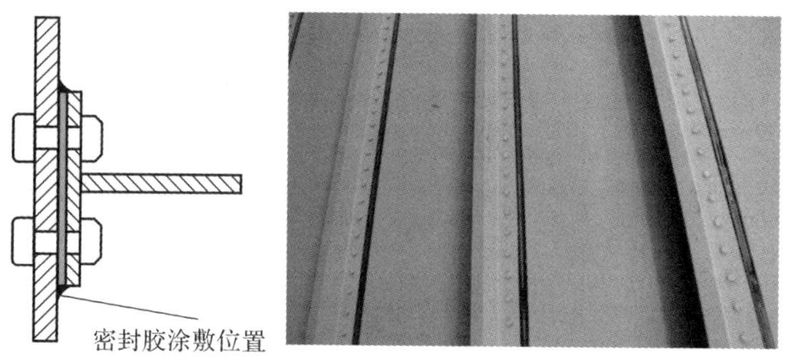

图 3-54　填角密封

4)对缝密封:在基体表面蒙皮对缝处涂敷密封胶,形成均匀可视的胶缝的密封方式,如图 3-55 所示。

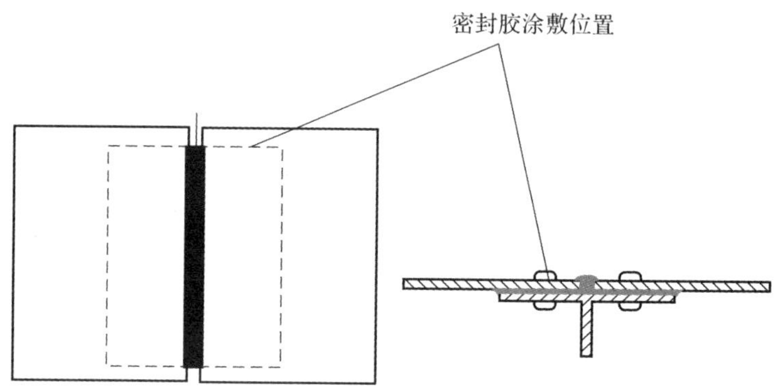

图 3-55　对缝密封

5)紧固件封包:紧固件(铆钉、螺栓)安装后,在螺帽(螺栓头)、镦头(铆钉头)上涂敷帽形密封胶的密封方式,如图 3-56 所示。

图 3-56　紧固件封包

2. 密封连接工艺设计注意事项

密封连接是结构装配的一个重要而特殊的环节，密封连接所用的密封剂一般是一种复合的化学物质，具有环境的适应性要求。在工艺流程设计过程中，需要注意以下三个方面：

1)产品状态的确认：确认在什么样的产品状态下可以开展结构密封。贴合面密封是在完成叠层零件连接件制孔后实施；紧固件湿安装是在紧固件（连接件）安装过程中实施；填角密封，在完成紧固件安装后结构已稳定形成台阶后实施；对缝密封是在完成紧固件安装后结构已稳定形成对缝后实施；紧固件（连接件）封包则是在完成紧固件安装后（有定力要求的则需要定力后）实施。

2)结构密封实施环节确认：结构密封属于飞机结构装配中一个重要环节，需要在飞机结构装配的全流程中合理设置，以确保结构密封的有效性。结构密封属于特殊过程，具有污染性、时限性、复杂性、排他性、清洁性、环境性适应性等特点。污染性是指未硫化的密封胶存在污染产品结构的风险；时限性是指密封连接的各个流程、环节一般具有严格的时间间隔和时序的要求；复杂性是指结构密封操作流程具有环节多、操作方法复杂、操作过程不易受控的特点；排他性是指结构密封过程中，一般不能同时进行制孔、铆接等产生污染和振动的作业；清洁性是指在结构密封过程中，需保持操作环境的清洁、待涂敷密封剂结构的清洁以防止污染密封剂；环境适应性是指密封剂适应环境温度、湿度要求。基于上述特性，结构密封操作一般独立、集中设置，即在结构密封连接时，工序独立安排，不与其他操作并行或交叉；对于独立的结构组件，一般将结构密封的操作集中安排，以达到提升效率的效果（详见第七章精益篇）。

3)人员防护：密封剂在硫化前具有一定的挥发性和腐蚀性，对作业人员的健康有一定的影响，所以，在密封剂涂敷过程中，应注意对作业人员的防护。一般作业人员应穿戴防护服、防护手套、防护镜和防护面罩，以避免密封剂的有害影响。

3. 密封连接工艺流程设计

结构密封连接工艺设计是对密封的流程、方法的规划设计，以及对结构密封连接所用工具的选型。

根据不同的密封胶，结构密封连接的流程不尽相同，但一般都包括环境确认、产品状态确认、结构清洗、胶缝限位保护、底涂涂敷、密封剂涂敷、脱模剂涂敷、胶缝整形、胶缝硫化等过程。

1)环境确认：在结构密封前，确认操作环境符合密封剂涂敷的要求。一般需确定产品周围环境清洁，无污染或产生污染的可能性，确认环境温度、湿度在密封剂涂敷要求的范围；基于质量保障，环境温、湿度通过校验合格的仪器（仪表）测量，在不满足要求的情况下，可实施人工干预，如加/除湿、增/降温。

2)产品状态确认：依据不同的密封形式，确认产品状态是否满足密封要求。对于贴合面密封，应确保穿过密封剂涂敷的表面的紧固件连接孔已制到最终状态（预连接孔、结构留位等部位除外）；对于紧固件湿安装，应确认待安装紧固件的连接孔已制到最终状态；对于填角密封，应确认待填角结构完成连接件安装并形成台阶（预连接孔、结构留位等部位除外）；对于对缝密封应确认待密封的结构完成连接件安装并形成对缝（预连接孔、结构留位等部位除外）；对于紧固件封包，应确认待封包的紧固件完成安装。

3)结构清洗：结构清洗是指采用专用清洗工具、清洗剂对待涂敷密封剂的部位进行清洗，以使结构的清洁度满足密封剂涂敷的要求。一般清洗后表干有时限要求。

a)清洗待密封表面时，禁止将清洗剂直接喷洒、倾倒在结构表面上；

b)用浸润清洗剂的原色棉布沿一个方向擦拭待涂胶表面；

c)禁止将特种纱布浸入清洗剂中，防止污染清洗剂；

d)清洗完成后必须用干净的特种纱布擦干零件表面，禁止自然干燥；

e)清洗表面检查，用原色棉布擦拭后保持原色且无异物；

f)清洗的范围需要比密封剂涂敷的范围大，一般每边宽出 10～20 mm。

需要注意的是，在紧固件湿安装中，按要求需要对紧固件进行清洗，其清洗方法一般为浸泡搅拌、晾晒表干。

4)胶缝限位保护：在进行填角密封时，为保证胶缝的形状，一般采用贴纸胶带的方法对胶缝进行限位。限位纸胶带的粘贴应均匀，符合胶缝尺寸要求，如图 3-57 所示。

图 3-57　粘贴限位纸胶带

5)底涂涂敷：底涂是为保证密封剂与产品结构的耦连，确保密封剂硫化后不脱落的一种化学物质(需要注意的是，不是所有的密封剂都需要涂底涂)。可采用镊子夹取纱布或用毛刷蘸取底涂，沿一个方向在待涂胶表面均匀涂敷，保证涂敷后肉眼可见均匀，涂敷后按时限要求表干；对于紧固件密封，可将清洗后的紧固件浸泡到底涂中以达到涂敷的目的。

6)密封剂涂敷：用注胶枪在零件表面涂敷适量密封剂(大面积)；用刮胶板或辊子在零件表面沿同一方向涂敷适量密封剂(小面积)，再用刮胶板或胶辊沿同一方向刮涂均匀。密封剂涂敷是结构密封的重要环节，具有严格的时限要求，一般要求在密封剂的涂敷期内完成涂敷，所以，在工序的安排中，应规划适当的工作量，以保证限时完成而不造成密封剂的浪费。密封剂涂敷如图 3-58 所示。

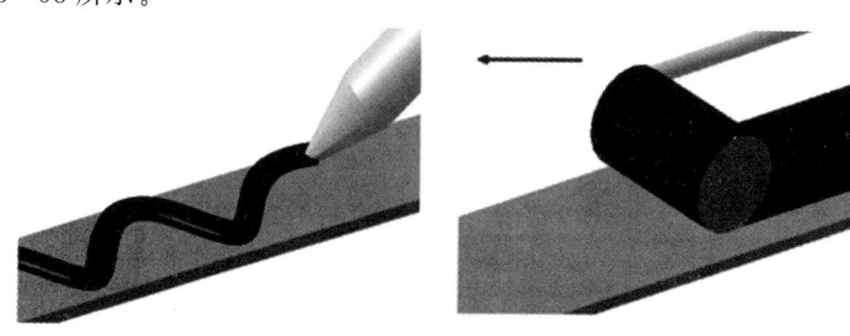

图 3-58　密封剂的涂敷

7)脱模剂涂敷:脱模剂一般用于可拆卸的贴合面结构密封部位(如口盖与口框贴合面)的密封,以保证密封剂硫化后,可拆卸部分能够顺利拆下。脱模剂的涂敷要求同底涂的涂敷要求。

8)胶缝整形:胶缝的整形一般针对缝外密封,在涂敷密封剂后,应确保胶缝符合规范要求。胶缝的一般规范要求是光滑、平顺、均匀,无断点、气泡,外观尺寸符合要求。要保证这些要求,一般需要采用专用整形工具对胶缝进行整形,整形后,撕去限位纸胶带。

9)胶缝硫化:硫化是指胶缝在室温环境下自然凝固的过程。若需要缩短硫化周期,必要时可采取升温的措施。需要注意的是,在硫化过程中,应确保环境的清洁,防止胶缝污染,也不能进行可能使胶缝变形、移位的操作。

10)胶缝质量检测:胶缝质量检测一般采用目视检测和仪器检测。目视胶缝均匀、光滑、平顺、无气泡、无断点,外形及外形尺寸符合规范要求。通过测厚仪测量胶层厚度,通过硬度仪测试胶缝硫化状态。

4. 结构密封工具选型

结构密封工具一般包括密封剂注涂工具、密封剂涂敷工具、密封剂整形工具(刮胶勺等)以及清洗、涂敷底涂所用的各类毛刷等。

1)密封剂注涂工具:将密封剂均匀注射到涂敷表面的工具,包括注胶枪、医用注射器等。注胶枪包括注胶嘴、注胶筒及动力装置(可采用风动)等结构,注胶嘴可根据胶缝形状、涂胶部位结构形式进行设计;医用注射器一般用于封包和小剂量的密封剂涂敷。各类注涂工具如图 3-59 所示。

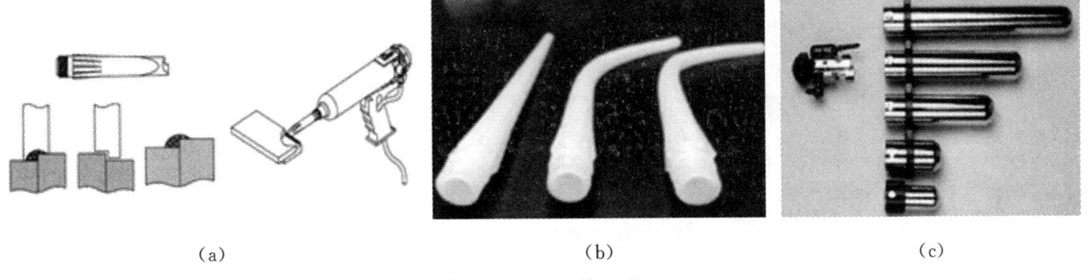

(a) (b) (c)

图 3-59 注涂工具

(a)注胶枪; (b)注胶嘴; (c)注胶筒

2)密封剂涂敷工具:密封剂涂敷工具是将密封剂均匀刮涂到结构表面的工具,包括刮胶板、胶辊等,为防止对结构表面的损伤,刮胶板一般采用硬质塑料制成。各类涂敷工具如图 3-60 所示。

(a)

(b)

图 3-60 涂敷工具

(a)刮胶板; (b)胶辊

3)密封剂整形工具:密封剂整形工具主要指各类刮胶勺,用于对胶缝进行整形,如图3-61所示。

图3-61　刮胶勺

(十)工艺方案编制

在完成工艺方案设计后,将工艺方案进行整理,形成工艺方案报告文档,为后续详细工艺方案设计的实施做准备,后续工艺方案实施包括工艺装备设计、零件/组件状态确定、工艺指令编制等。工艺方案一般包含且不限于以下几部分内容:

1)对待装配产品的结构进行工艺性分析,包含设计要求梳理、结构特点说明、结构工艺性分析、分离面选取(装配单元划分等)等方面内容。

2)工艺流程规划,以及流程的关键控制节点的设置。

3)针对关键、复杂的工艺过程开展FMECA(Failure Mode Effects and Criticality Analysis,故障模式及影响分析和危害性分析)活动,对潜在故障模式、影响及危害进行分析评估,制订防差错控制措施,并具体落实到工艺方案中,提高方案的可靠性、适用性。

4)基于顶层工艺设计确定装配协调方式,确定各装配零、组件的定位方式。

5)根据装配协调方式及定位方式,确定零、组件交付状态要求。

6)根据工艺流程、定位方式确定专用工艺装备技术需求,需明确工艺装备的形式、结构、定位要求等基本要求。

7)确定所需的辅助工艺装备,如工作梯、吊具、保型工装、专用工量具等技术要求。

工艺方案是工艺设计的集成总结,也是详细工艺设计的指导性文件。所以,在工艺方案的编制过程中,应涵盖工艺设计的全部内容,还应反映本企业工艺管理架构及流程的相关要求,特别是工艺状态的管控。

第三节　工艺设计仿真

工艺仿真是通过数字化工艺仿真系统建立反映现实制造环境及其工艺过程的工艺系统模型,在可视化的虚拟环境下模拟现实制造环境及其工艺过程的一切活动和产品制造全过程,并对产品制造过程及制造系统进行预测和评价。这样,在建立了产品和资源的数字模型的基础上，就可以在产品的设计阶段和工艺设计阶段模拟出产品的实际生产过程，而无需物理样机。工艺设计仿真通过虚拟演练，一方面验证了设计的可制造性，另一方面也验证了工艺设计的可行性，及早发现产品设计、工艺设计的问题，有助于解决零、部件从设计到生产所出现的技术问题，有力地降低前期设计缺陷可能给后期制造带来的更改，达到产品的开发周期和成本最小化、产品设计质量的最优化和生产效率的最大化。

装配工艺仿真包括装配流程的生成和优化、装配路径的规划和优化、装配过程的仿真模拟等方面。根据装配设计的阶段和性质，可将装配工艺仿真工作划分为四个层次，即数字化预装配、装配工艺仿真、人机工程、装配生产过程仿真，分别从结构、工艺、效率等方面对可装配性的影响进行分析。

传统的装配仿真侧重于装配流程仿真，以产品对象为中心，忽略了装配环境、人、设备、工装、工具等要素的参与和影响，如装配路径规划、干涉检查等。在这种情况下，工艺结果仿真不能有效地对工装的合理性、工具的可达性及工艺方案的可操作性进行验证，导致工装设计不合理、工具的操作空间不足，产生干涉或其他不合理的状况。生产现场装配出现问题后，需通过反复试装来查找原因，缺少帮助解决问题的分析工具。所以，装配仿真应基于过程仿真，关注流程过程环境。在 3D 环境下引入装配过程全部的产品数模与工装、工具、人体和厂房等资源数学模型，对装配工艺的执行过程进行仿真和分析。仿真过程是对工艺规划信息的重新定义。通过三维工艺设计、产品虚拟装配过程的仿真、数字人体装配过程的仿真等先进的三维仿真手段对装配过程进行预演，检验、评价产品的可装配性、工艺性、可维护性，完成装配协调图表、装配顺序图表、装配容差分配、工艺指示单等的优化，形成能直接指导现场装配的可视化装配文档（视频、图片等），以提高对产品制造准确度的控制能力，避免在最后产品装配时才发现问题。

一、装配工艺仿真的应用

装配工艺设计仿真，就是依据设计好的装配工艺流程和方法，对过程资源进行整合，通过对每个零件、成品、组件的调姿、定位、夹紧和装配过程进行产品与产品、产品与工装的协调性及工艺过程进行检查和分析，包括装配位姿偏差分析、装配干涉间隙分析、装配同轴度分析、装配余量分析以及人机工效分析等，确定工艺流程与方法的可行性。图 3 - 62 为人机功效仿真示例。

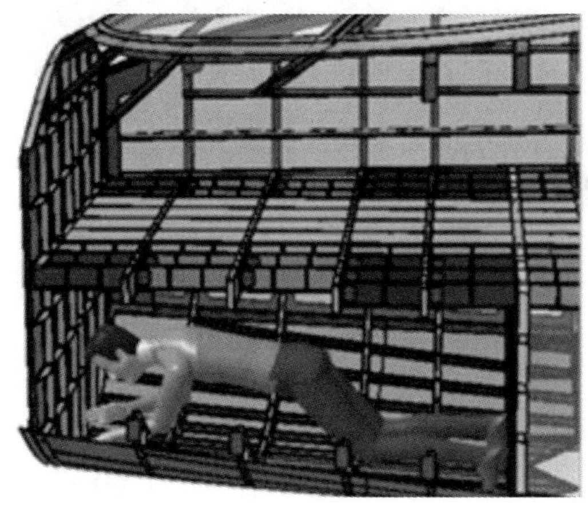
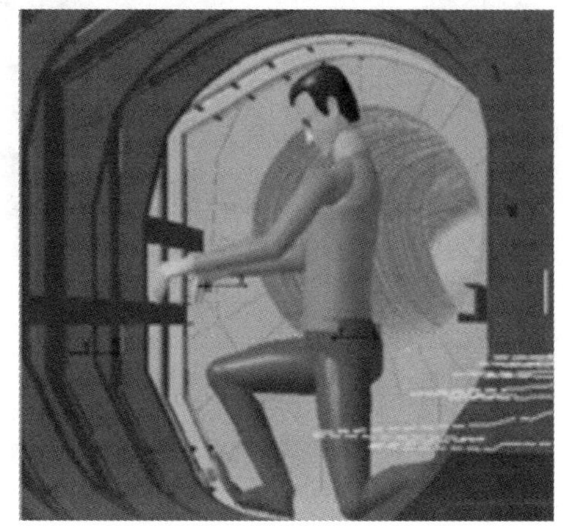

图 3 - 62 人机工效仿真示例

工艺仿真不仅用于工艺流程和方法，也广泛应用于生产线布局。及时对生产过程中厂房布局、物流等进行仿真，以达到检验布局合理性、物流精益性的目的，如图 3－63 所示。

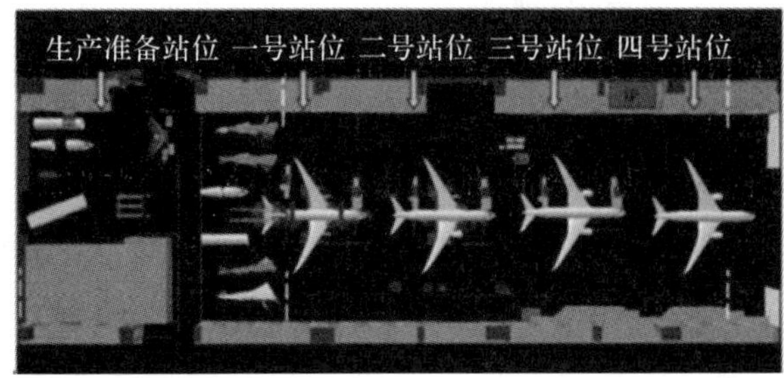

图 3－63　厂房布局仿真

二、装配工艺仿真的发展

目前装配工艺仿真系统要求用户对仿真优化算法和仿真建模工具有比较深入的了解，才能开展工程应用。而且，仿真在很大程度上局限在虚拟的环境里，无法带来真实的体验。所以，装配工艺仿真技术需要进一步发展，突破人机交互和虚拟的限定。

(一)基于知识

仿真过程需要设置各种参数，任何一个参数的变化都会对仿真的结果造成影响。而且，随着产品的复杂性、工艺的复杂性和仿真边界条件的复杂性的增加，仿真所需要的知识会越来越多，依靠非专业人员或个人是很难完成的。因此，利用专家知识系统作为辅助，协助普通人完成这些专业工作是一个可行的现实方法。

(二)与虚拟现实技术(VR/AR/MR/全息)的融合

基于虚拟现实的工艺仿真能够在三维沉浸感的虚拟环境中真实再现一个具体的工艺过程，提供一个人与机器、人与环境交互的场景，并且允许用户实时操作工艺设备或改变相关工艺参数，使得仿真过程成为一个实时优化迭代的过程，如图 3－64 所示。

图 3－64　基于虚拟现实(VR)的仿真

(三)功能性仿真

前述仿真存在的主要问题是在仿真过程中仅基于理论模型，对设计的工艺性、工艺的可行性进行分析，无法真实反映装配过程中环境因素产生的影响，特别是产品的变形影响，不能完全表征装配的真实状态和过程。所以，装配仿真技术发展的方向越来越向装配实际过程靠近，基于过程的仿真是装配仿真技术发展的趋势，而且，仿真更加面向飞机的功能实现，如变形仿真、运动仿真、检测仿真等。

三、装配工艺仿真方法

当前，工艺仿真软件众多，方法各异。本书以飞机制造企业常用的 DELMIA 仿真软件为例说明。

DELMIA 软件包含两个相互独立而又关联的模块：数字化工艺规划系统（Digital Process Engineer，DPE）和数字化工艺制造系统（Digital Process Manufacture，DPM）。数字化工艺规划系统 DPE 用于建立产品数据、资源数据和工艺结构，实现工艺方案评估、各种数据的统计计算以及装配工艺结果的输出等。DPE 管理的数据包括三方面的数据（PPR）：P——产品（Product）、P——工艺（Process）、R——资源（Resource）。数字化工艺制造系统 DPM 用于提供工艺细节规划和验证应用的虚拟环境，以 PPR 进行数字化装配过程的仿真。二者通过 PPR Hub 数据库共享数据。

基于 DELMIA 软件的仿真流程如图 3－65 所示。

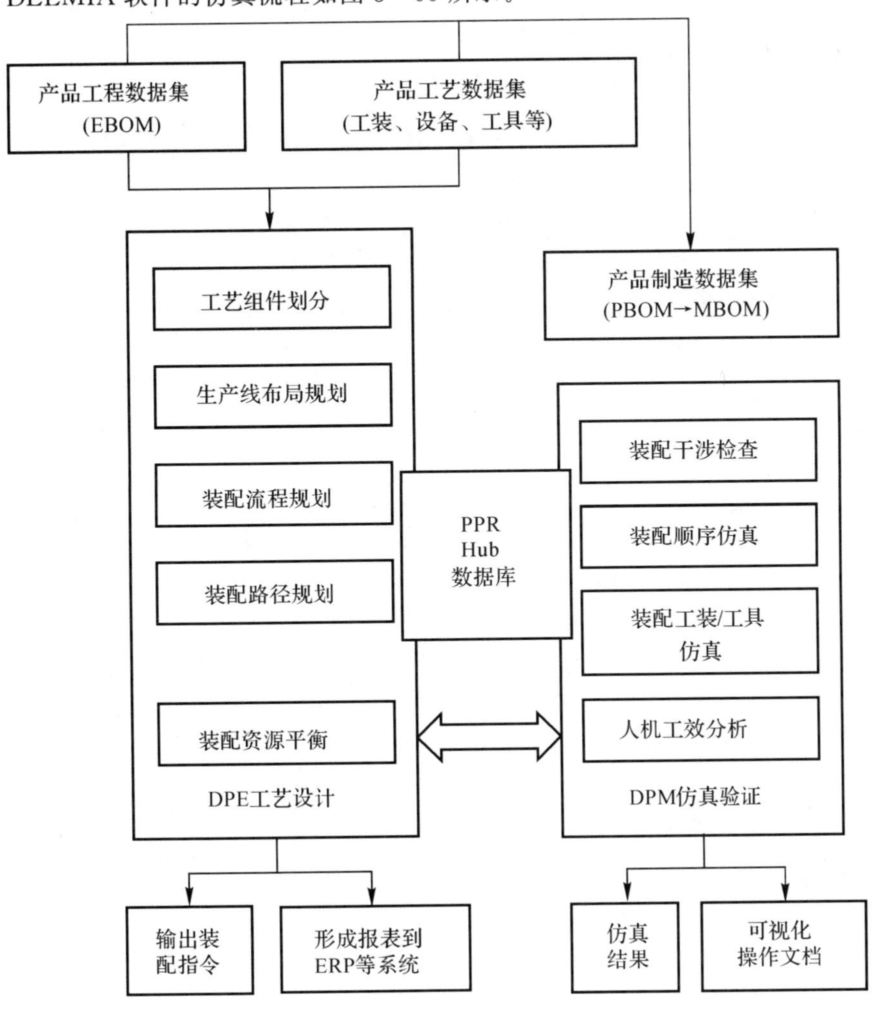

图 3－65 基于 DELMIA 软件的仿真流程

需要注意的是，为提升仿真的效率，有必要对模型进行预处理，提取轻量化的模型，模型信息能反映仿真的需求。

四、装配工艺仿真的成效

在产品实际(实物)生产之前，通过工艺仿真，及时地发现产品设计、工艺设计、工装设计、产线设计存在的问题，有效减少质量缺陷及降低产品的故障率，减少因干涉问题而进行的重新设计和工程更改，保证了产品装配的质量。

1)仿真产生的3D作业指导书直观地演示工艺过程，使工人更容易理解生产工艺，减少生产过程返工，减少人为差错；

2)仿真产生的3D作业指导书可用于对操作人员的培训；

3)针对新产品的开发，通过仿真，减少技术决策的风险，降低技术协调成本；

4)通过仿真，进行工时分析、车间三维工艺布局优化、资源规划和评估，有利于提高生产计划的准确度；

5)仿真可提高企业在产品开发研制方面的快速应变能力，以适应激烈的市场竞争和不同的用户需求；

6)通过仿真提高了企业的技术创新能力。

本章小结

工艺设计是工艺工程师的核心工作内容，也是工艺工程师职业价值的集中体现。本章基于工艺设计模式，详细叙述工艺设计各阶段的内容和方法。

工艺设计是基于产品设计的延续工作，与产品设计是一脉相承的，也是创造性的劳动。工艺设计是联系产品设计和产品制造的桥梁。通过工艺设计，将产品设计转换为可制造的流程和方法，为产品的制造实现奠定基础。

工艺设计是一个过程，是对围绕产品的制造资源的整合，有其固有的流程和方法。在工艺设计过程中，应遵循这些流程和方法，设计出正确、可行、可操作的产品制造流程与方法。同时，在工艺设计过程中应贯彻质量、安全、精益、标准、成本等思想和理念，以形成最优的工艺设计方案。

第四章　质　量　篇

产品质量是衡量产品品质的主要指标。飞机作为高度复杂、用途多样的产品，其质量备受关注。从质量管理的理念来看，好的质量是设计和制造出来的。工艺设计作为制造的重要环节，也是产品质量规划设计的重要环节，是制造质量的关键基础。在工艺设计环节，必须将规划设计质量纳入工艺设计的范畴，规划设计保障产品质量的过程和方法。

第一节　飞机装配常见质量问题

飞机装配过程中常见的质量问题总体上可以分为八大类：制孔类、连接件类、定位类、涂胶类、安装类、多余物类、表面质量类和损伤类（损伤类质量问题可以归结为产品安全问题，详见第五章安全篇）。本章重点论述前七类质量问题。

在这些质量问题中，制孔类质量问题、定位类质量问题所占的比重较大，且这些问题大多是不可逆的质量问题，会对产品品质造成实质性的影响，尤其需要重点关注。图 4－1 为某机型在装配过程中发生的质量问题所占的比重说明。

常见质量问题占比

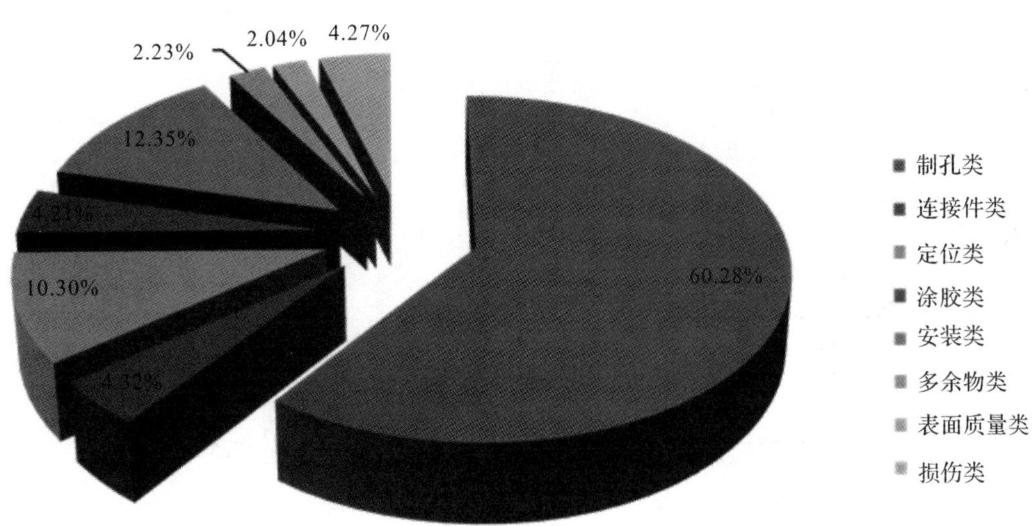

图 4－1　某机型质量问题统计

一、制孔类质量问题

制孔类质量问题是指装配过程中所制连接孔质量问题。制孔是飞机装配的重要工作内容，在飞机装配工作中占有较大的比重，而且制孔质量直接影响到飞机的疲劳寿命，所以，关注制孔类质量问题是至关重要的。

（一）孔质量评价标准

飞机装配制孔是指在形成飞机结构的零、组件上依据相关的设计、工艺要求，采用相应的工艺装备制出合格的紧固件安装孔的过程。孔质量标准包含构成孔的全部几何要素以及适用于孔的所有形位公差。

1. 形状

圆度：在孔的任一正交截面（与轴线垂直的截面）上，孔的圆周位于半径差为公差值的两个同心圆之间，如图 4－2 所示。

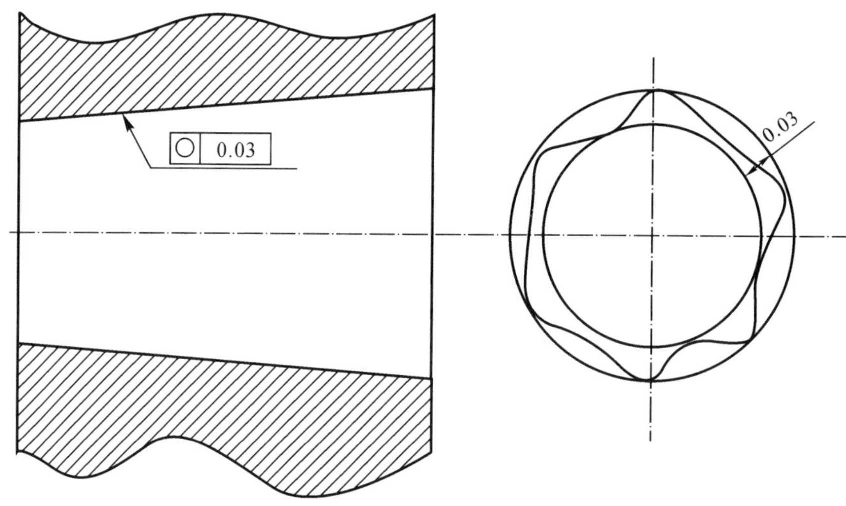

图 4－2　孔的圆度公差

圆柱度：孔的圆柱轮廓位于半径差为公差值的两个同轴圆柱面之间，如图 4－3 所示。

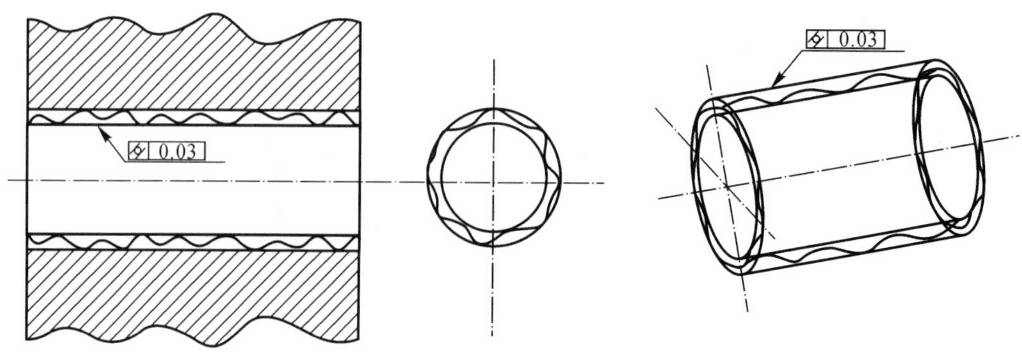

图 4－3　孔的圆柱度公差

2. 位置

垂直度(定向):孔的轴线位于直径为公差值且在给定的方向上垂直于基准平面的圆柱面内,如图 4-4 所示。

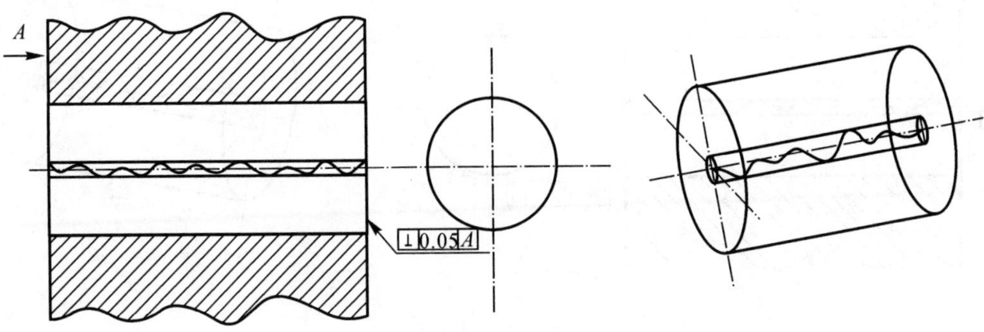

图 4-4 孔的垂直度公差

平行度(定向):孔的轴线位于距离为公差值且在给定方向上平行于基准轴线的两个平行平面之间,如图 4-5 所示。

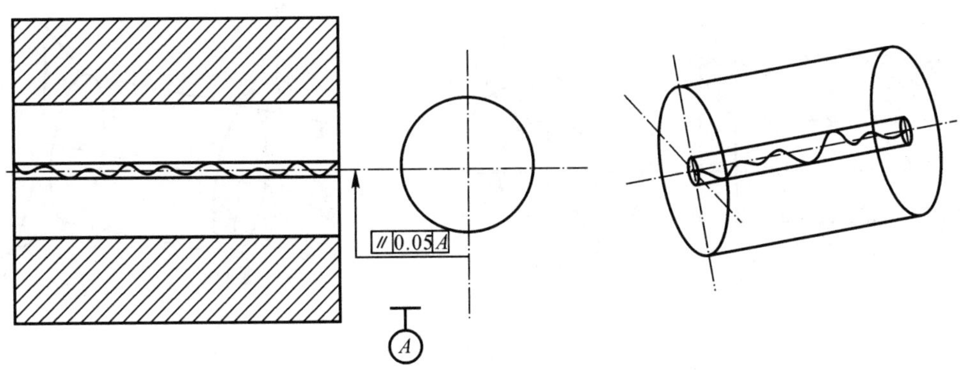

图 4-5 孔的平行度公差

位置度(定位):孔轴线位于以公差值为直径且与基准轴线同轴的圆柱面内,如图 4-6 所示。

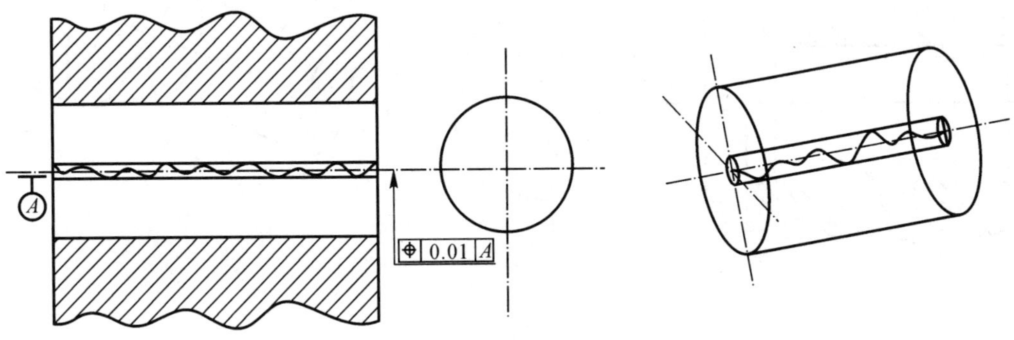

图 4-6 孔的位置度公差

同轴度(定位):孔轴线位于以公差值为直径且与基准轴线同轴的圆柱面内,如图 4-7 所示。

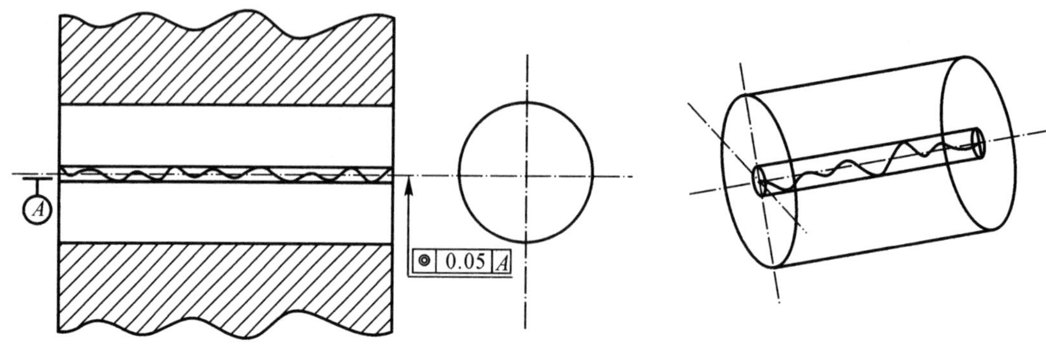

图 4-7 孔的同轴度公差

3. 其他几何要素

孔壁的粗糙度:经切削加工后孔壁表面的光滑程度。

孔径:设计规定的孔径尺寸,如图 4-8 所示。

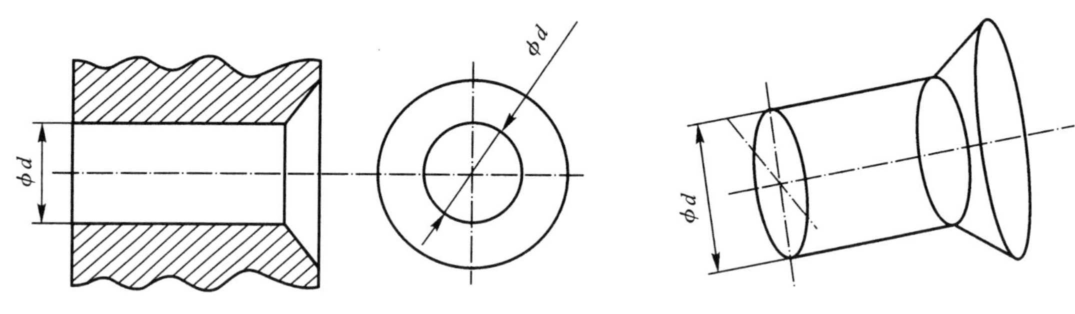

图 4-8 孔的孔径

窝径:对于带有锪窝的孔,设计规定的窝径尺寸,如图 4-9 所示。

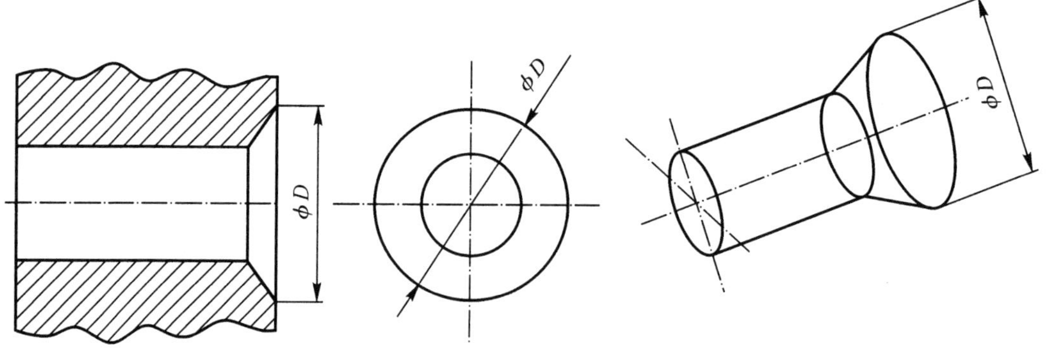

图 4-9 孔的窝径

窝深:对于带有锪窝的孔,设计规定的窝深尺寸,如图 4-10 所示。

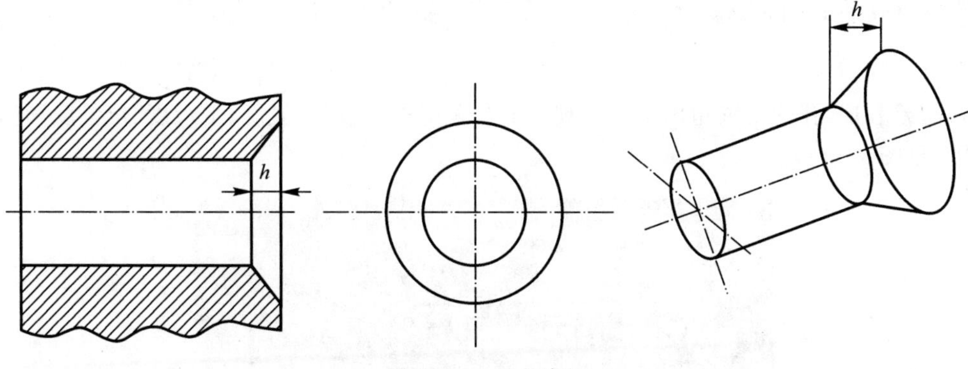

图 4-10 孔的窝深

毛刺:孔的加工入口端和出口端存在加工后的材料残留。

(二)常见的制孔质量问题

基于上述孔的质量评价要素,孔的质量问题主要表现为这些质量评价要素不符合设计公差或规定要求,在装配实践中表现为下列形式。

1. 孔形状超差

1)超差表现:孔的形状超出了设计规定的公差范围,包括圆度、圆柱度的超差。

2)超差原因(直接原因,下同)有以下方面:

A. 刀具。

a)刀具的磨损造成刀具尺寸发生变化,或刀刃不够锋利,不能有效地切削材料;

b)刀具的材质相比被制孔材料较软,在制孔过程中不能有效地切削材料;

c)刀具的几何形状、几何尺寸(如前切角等)不合理,影响切削效果;

d)刀具切削量较大,切削困难,影响切削效果;

e)刀具排屑槽设计不合理,产生的切屑磨损孔壁造成形状超差。

B. 工具。

a)工具的转速设置不合理,影响切削效果;

b)工具的进给量设置不合理,影响切削效果;

c)工具主轴稳定性不好,跳动量较大,影响切削效果。

C. 防差错措施不到位。

双面制孔导致"眼镜"孔(8 字孔),如图 4-11 所示。

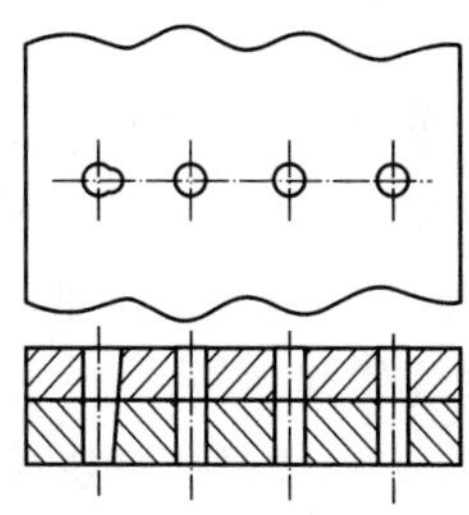

图 4-11 眼镜孔(8 字孔)

D. 因各类因素需分解连接件时造成的孔损伤。

E.操作人员技能水平较低。

2. 孔的位置度超差

1)超差表现:孔的位置超出了设计规定的公差范围,包括垂直度、平行度、位置度和同轴度的超差(见图4-12)。

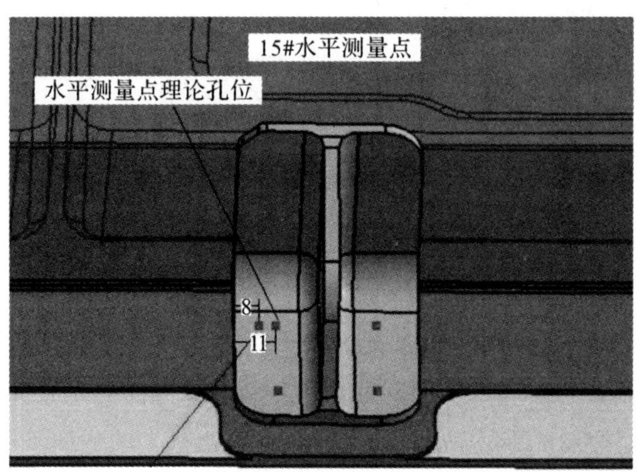

图4-12 孔位置度超差

2)超差原因有以下方面:

a)无有效保障孔位置度的方法导致孔的位置度超差。在第三章设计篇中提到了四种确定孔位置的方式,其中画线确定孔位极易造成孔的位置度超差,钻模、样板、导孔确定孔位能有效保证孔的位置度。

b)无有效保障垂直度的方法导致孔的垂直度超差。在第三章设计篇中提到了可采用钻模、钻套、垂直套等方式保证孔的垂直度,在没有相应的保障方式而仅采用人工制孔的情况下,极易造成孔的垂直度超差。

c)操作人员的技能水平较低。人工制孔方式对人员的技能水平要求较高,特别是在无相应保证孔位置度的工艺措施的情况下,操作人员技能高低决定制孔质量的优劣。

3. 其他几何要素超差

1)超差表现:孔壁粗糙度、孔径、窝径、窝深、毛刺等超出了设计规定的公差范围。

2)超差原因有以下方面:

A.刀具。

a)刀具的磨损造成刀具尺寸发生变化,或刀刃不够锋利,不能有效地切削材料;

b)刀具的材质相比被制孔材料较软,在制孔过程中不能有效地切削材料;

c)刀具的几何形状、几何尺寸(如前切角等)不合理,影响切削效果;

d)刀具切削量较大,切削困难,影响切削效果;

e)刀具排屑槽设计不合理,产生的切屑磨损孔壁造成形状超差。

B.工具。

a)工具的转速设置不合理,影响切削效果;

b)工具的进给量设置不合理,影响切削效果;

c)工具主轴稳定性不好，跳动量较大，影响切削效果；

d)无有效保障锪窝质量的工具(如锪窝套)；

e)防差错不到位；

f)将孔类型弄错，如将螺栓孔制成铆钉孔(一般相同公称直径的铆钉孔直径大于螺栓孔直径)；

g)不应锪窝的孔锪窝；

h)定位(零件定位、孔位定位)错误导致的孔位错误；

i)操作人员技能水平较低。人工制孔方式对人员的技能水平要求较高，操作人员技能高低决定制孔质量的优劣。

4. 多孔

从严格意义上来说，多孔不是孔本身的质量问题，但从质量问题的表现来说，可归集到制孔质量问题中。多孔是指在制孔过程中，在特定区域多于设计要求的孔数量的质量问题。多孔的主要原因是在确定孔位(实际上也是确定孔的数量)时发生错误而未及时发现并予以纠正，表现在孔的排布、数量等方面不符合设计要求(见图 4-13)。

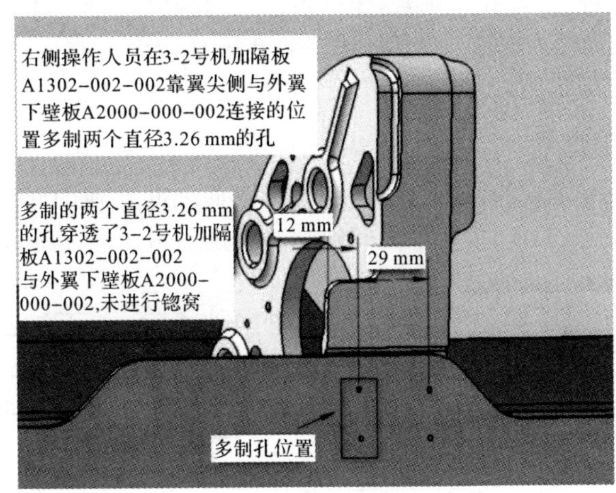

图 4-13　多制孔

随着自动化制孔技术的应用，影响制孔质量的刀具、工具、工装和人的因素得到了很好的控制，制孔质量的稳定性和一致性得到了很好的保障(详见第十一章数字化装配篇)。

二、连接件安装类质量问题

飞机结构常用的连接件为铆钉和螺栓，连接件类质量问题主要表现为螺栓、铆钉的安装质量问题。

(一)装错连接件

1)超差表现：将高锁螺栓与自锁螺栓装错，将螺栓与铆钉装错，将同公称直径但长短不同的连接件装错等。

2)超差原因：一是防差错措施不到位，弄错连接件；二是制孔类型错误，影响连接件的安装。

(二)连接件齐平度超差

在飞机设计方面，对外表面质量要求较高，连接件齐平度是飞机气动外表面质量的主要评价指标之一。所谓连接件齐平度是指沉头连接件(沉头螺栓、沉头铆钉)安装后,其钉头上表面凸出(或凹入)飞机气动外表面的程度。不同的机型、同机型的不同气动部位,连接件齐平度要求不相同,一般不超过−0.05~0.15 mm 的范围。连接件齐平度超差表现如图 4 - 14 所示。

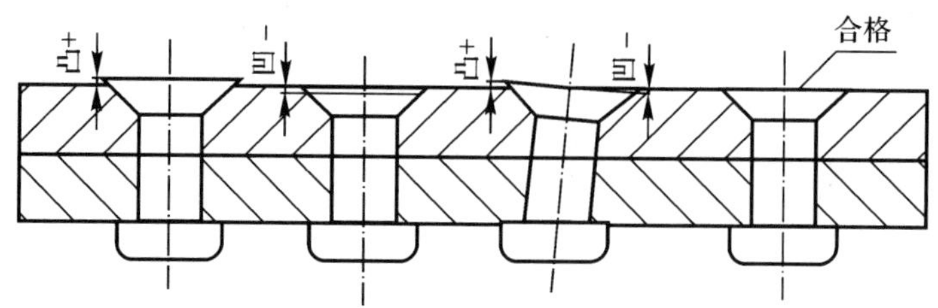

图 4 - 14　连接件齐平度超差

影响连接件齐平度超差的主要因素是制孔锪窝深度和孔的垂直度。锪窝深度较浅会造成连接件钉头凸出量超差,反之会造成凹入量超差,锪窝倾斜会造成连接件无法正常安装,凸出量和凹入量都可能超差;连接件孔不垂直,也会造成锪窝倾斜,且连接件安装也不垂直,可能会造成连接件凸出量和凹入量都超差。所以,保证制孔质量和锪窝质量是控制连接件齐平度超差的有效手段。

(三)连接件单面间隙超差

连接件单面间隙是指连接件钉头与机体结构接触面之间存在的间隙,即连接件与结构不能有效接触或接触面不完全。连接件单面间隙超差表现如图 4 - 15 所示。

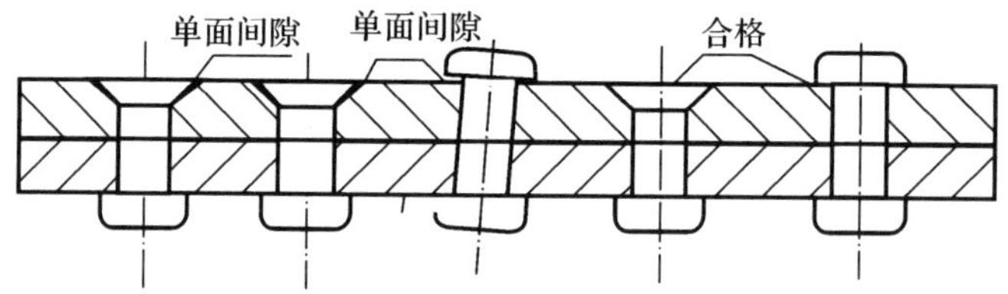

图 4 - 15　连接件安装后单向间隙

造成单面间隙超差的主要原因是制孔质量问题,包括锪窝偏斜、孔垂直度超差、孔圆度超差等。所以,保证制孔质量和锪窝质量是控制连接件单面间隙超差的有效手段。

(四)铆钉镦头形状超差

铆钉镦头是经过外力打击,由钉杆变形而形成的。标准的镦头的形状是鼓形。常见铆钉镦头形状如图 4 - 16 所示。

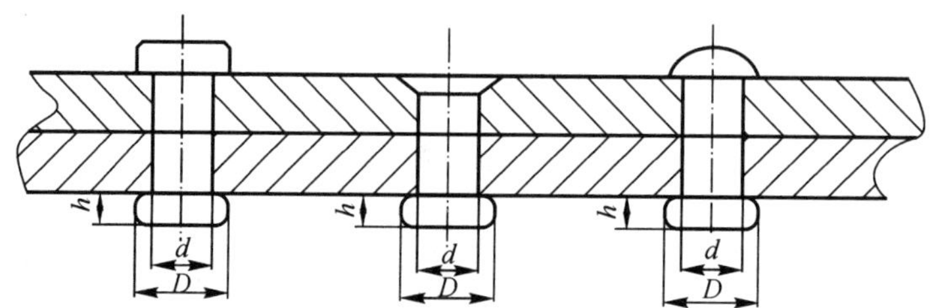

D—镦头直径;d—铆钉公称直径;H—镦头高度,一般 $h \geqslant 0.4d$。

图 4 - 16　铆钉镦头形状

在飞机装配中，大量采用人工铆接的方式，受人员技能差异性及工具的影响，镦头形状的稳定性和一致性较差，容易出现超差的情况。铆钉镦头常见的超差情况见表4－1。

表4－1　铆钉镦头形状超差的表现形式

序号	镦头超差说明	镦头超差图示	镦头超差原因
1	镦头直径过小	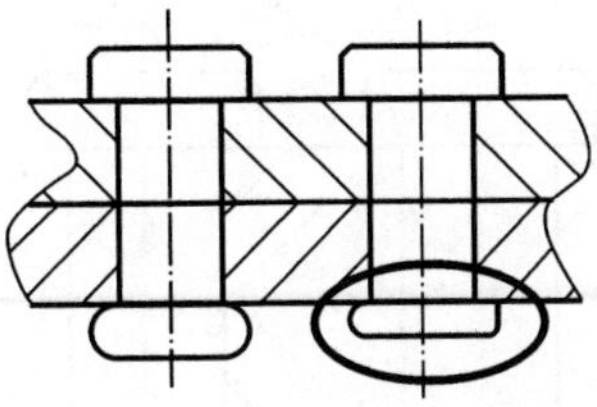	1. 铆钉较短。 2. 铆接力过大： · 铆枪功率过大； · 顶铁较重； · 气压较大。 3. 铆接时间长
2	镦头直径过大	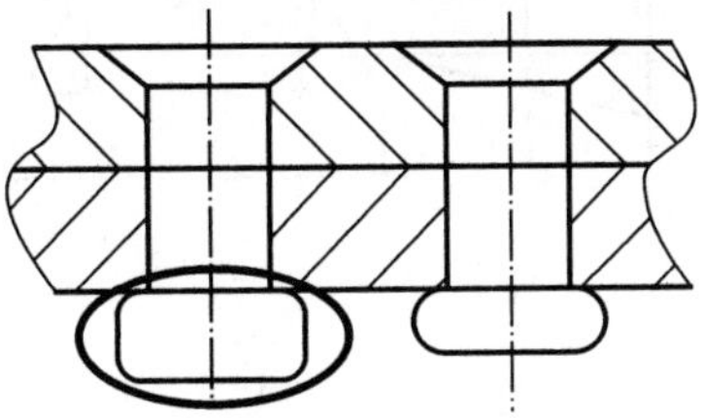	1. 铆钉较长。 2. 铆接力过小： · 铆枪功率过小； · 顶铁较轻； · 气压不足。 3. 铆接时间短
3	铆钉钉头/镦头有损伤	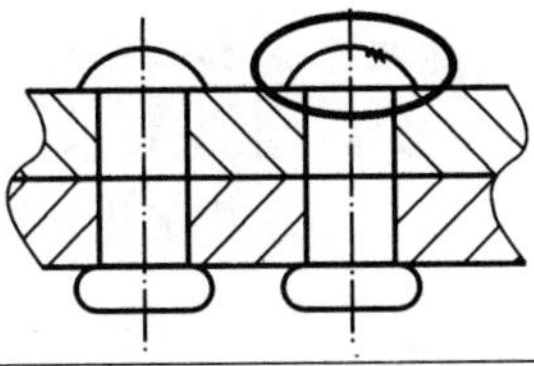	1. 操作不正确； 2. 铆钉本身质量问题； 3. 顶铁、窝头缺陷造成损伤
4	铆钉镦头呈喇叭形	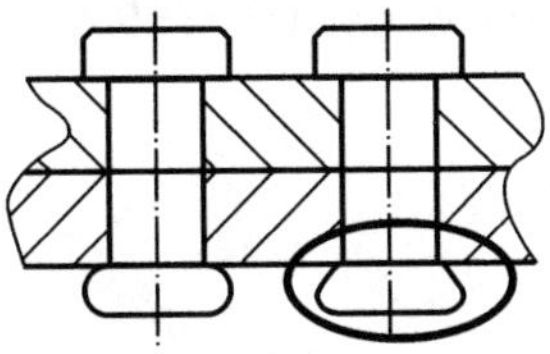	1. 铆枪功率过小； 2. 顶铁较轻； 3. 气压不足； 4. 铆接时间短
5	铆钉镦头偏移	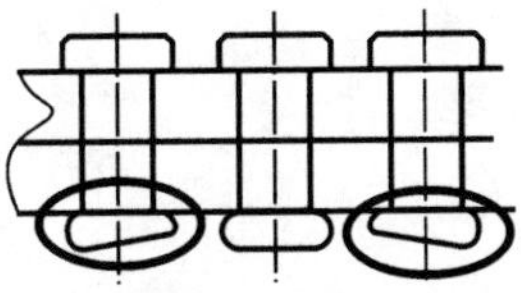	1. 铆钉过长； 2. 铆接过程中顶铁偏移； 3. 钉孔偏斜
6	铆钉杆弯曲	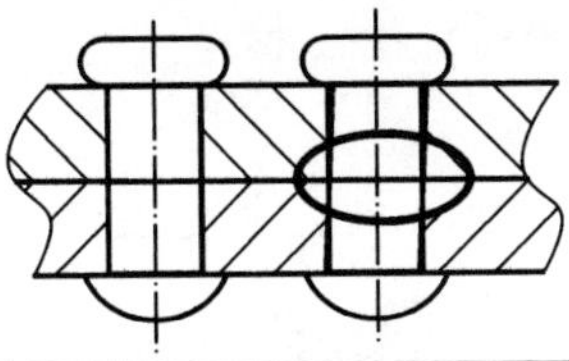	1. 铆钉过长； 2. 钉孔过大
7	结构间存在间隙，铆钉杆在夹层部位镦粗	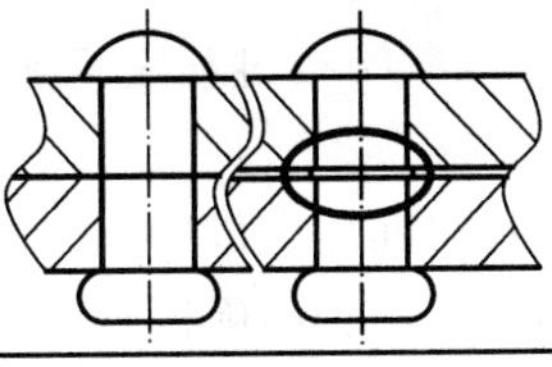	结构夹层存在间隙

对于铆钉镦头质量问题，一般通过更换故障铆钉，重新按要求铆接即可排除，适当的情况下可以按要求采用加大、加长 1 号铆钉排除，但涉及钉孔质量问题和机体损伤的质量问题，需要提请工程设计处理。

检查镦头的合格与否一般不需数值量化，在实践工作中一般采用镦头卡规进行检查，如图 4－17 所示。

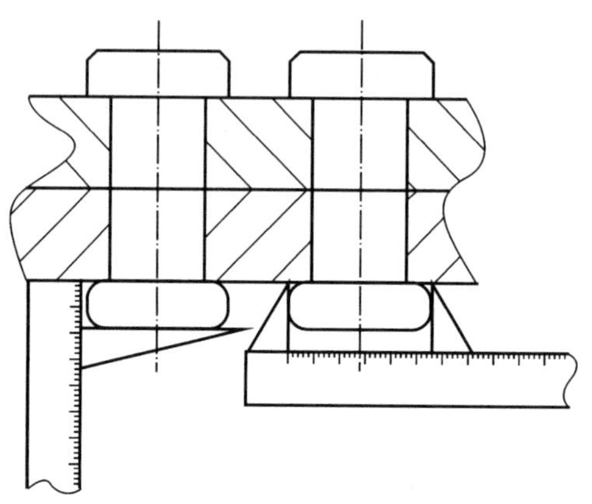

图 4－17　用卡规检查铆钉镦头

在手工铆接的情况下，操作者技能水平是影响铆接质量的主要因素，控制镦头超差的有效手段是提升操作者的技能水平。随着数字化装配技术的发展，自动铆接技术的运用能有效提升镦头质量的一致性和稳定性(详见第十一章数字化装配篇)。

(五)窝头(顶铁)印

窝头(顶铁)印是指铆接过程中，窝头(顶铁)在机体结构上形成的印痕，严重的可能损伤到机体结构，如图 4－18 所示。

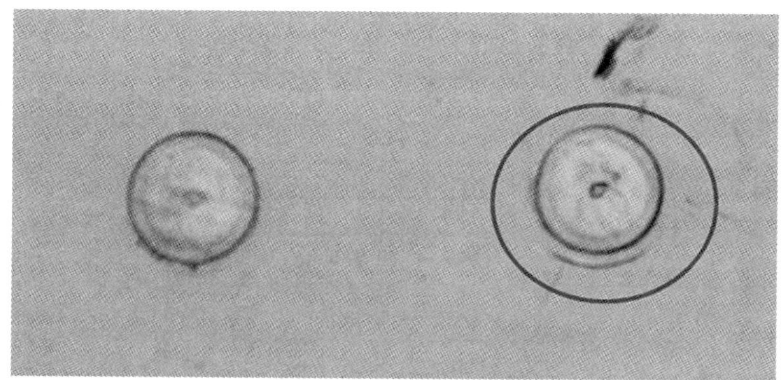

图 4－18　窝头(顶铁)印

产生窝头(顶铁)印的原因有以下三方面：

1)铆钉孔锪窝深度较深或倾斜，在铆接过程中镦头成型前窝头(顶铁)率先接触到机体结构；

2)铆接时间过长，窝头(顶铁)长时间接触机体结构，在持续作用力下形成；

3)窝头(顶铁)边缘存在硬棱，铆接过程中硬棱与机体表面接触。

所以,避免窝头(顶铁)印首要是保证制孔锪窝的质量。此外,在窝头(顶铁)上粘贴玻璃纸/医用胶带等,使窝头(顶铁)与机体之间隔离形成缓冲,也能减少,甚至消除窝头印的发生。在窝头(顶铁)的边缘倒圆或倒角,也能有效预防窝头(顶铁)印的产生。

(六)铆接变形

产生铆接变形的因素很多,如机体结构装配协调导致的误差积累、定位不准确导致结构间隙、制孔质量较差造成的铆接质量问题等,如图 4-19 所示。这些原因归根到底都是机体结构存在内应力,在装配过程中应力释放造成结构变形。所以,减少铆接变形的主要手段就是减少甚至消除内应力。

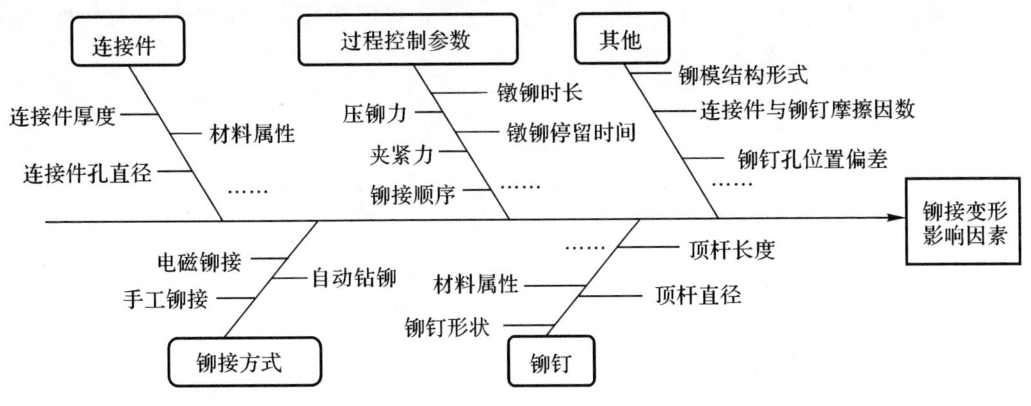

图 4-19 铆接变形原因分析

此处不赘述定位、制孔的问题,在铆接过程中降低机体结构内应力的主要措施是合理规划铆接顺序。一般来说,从中心向四周铆接能有效降低内应力,减少铆接变形,如图 4-20 所示。

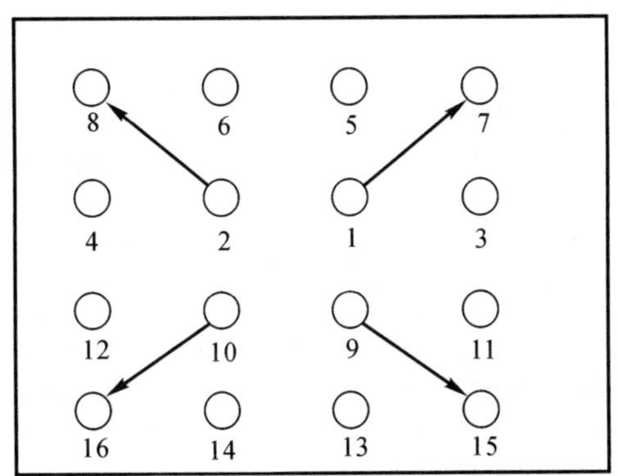

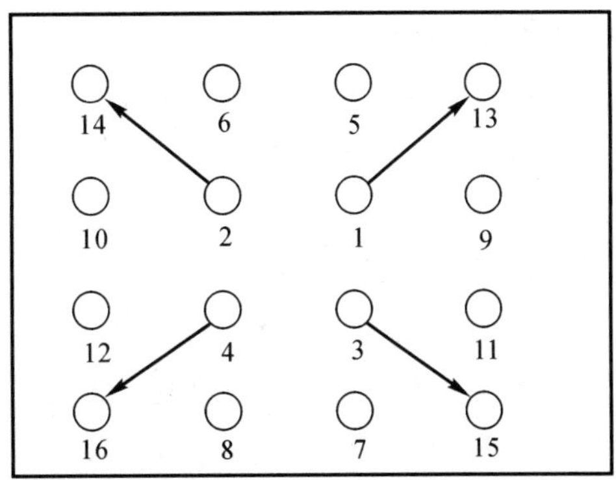

图 4-20 铆接顺序

此外,选择正铆方式也能有效降低铆接变形。正铆是指顶铁顶住钉头,铆枪打击钉杆形成镦头,该方式对钉头(直接接触机体结构)的作用力相对较小,形成的内应力也相对较小,多用于飞机结构外表面及结构不开敞部位的连接。

(七)被连接结构间隙

被连接结构间隙是指多层结构之间存在的间隙,由于装配协调误差的积累、定位方式的影响以及其他可能影响间隙的原因(如毛刺),多层连接结构之间存在间隙。间隙的存在,可能影响制孔质量及连接件安装质量，主要表现如下：

1)由于结构之间存在间隙，制孔过程中局部变形夹紧，制孔后变形恢复可能导致不同叠层上的孔错位；

2)由于结构间隙的存在，连接件安装后依然无法消除，会使连接件承受较大的拉力作用，改变连接件设计的承力状态，降低连接件的连接品质。

3)由于结构之间存在间隙，可能将铆钉杆在夹层部位镦粗。

(八)螺栓伸出量尺寸超差

螺栓伸出量是指螺栓连接后，螺纹伸出螺帽的长度。螺栓伸出量过长或过短都会影响连接质量。可通过伸出部分螺距情况进行判断，一般规定以露出 1～1.5 倍螺距为合格(见图 4-21)，也可通过专用卡规测量判定。

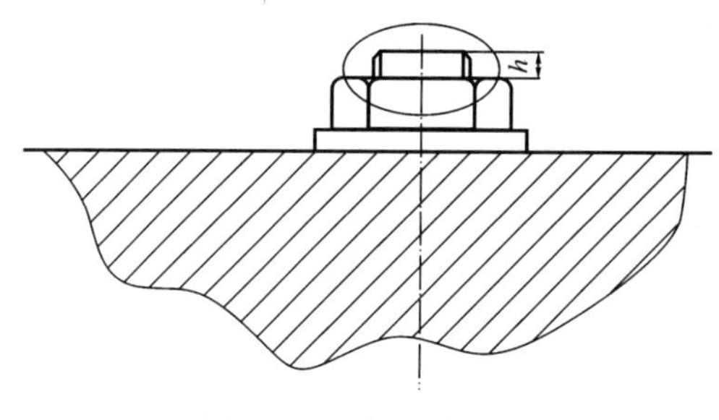

图 4-21　螺栓伸出量

影响螺栓伸出量的主要因素是螺栓的长度，一般按照设计要求选配安装螺栓，在装配误差的积累导致连接夹层厚度不稳定的情况下，可适当选择同公称直径的较长 1 号或较短 1 号的螺栓进行安装，以确保螺栓伸出量符合要求。

(九)连接件损伤

连接件损伤是指铆钉、螺栓(含螺帽)机体损伤，典型的如因铆接方式不当造成的铆钉钉头、镦头压伤，带槽口的螺栓因多次安装导致的槽口损伤等。发现连接件损伤时，应立即更换或提请工程设计处理。

(十)连接件分解造成的孔损伤

由于连接件质量问题，需分解更换，在分解过程中可能会造成连接孔的损伤。特别是螺栓连接，由于螺栓连接大多属于干涉配合连接，在分解过程中极有可能造成钉孔损伤。钉孔损伤应提请工程设计处理。

三、定位类质量问题

定位类质量问题是指飞机装配过程中，零、组件定位安装位置偏离其理论位置公差范围。由于零、组件大多通过制孔连接，定位超差可能造成的次生质量问题是制孔质量问题(孔位偏差)。同时，可能受定位超差零、组件的影响，以其为基准的其他零、组件定位也可能造成超差甚至无法安装。常见的定位问题有以下几方面。

(一)骨架零件(长桁、框、肋等)零件定位位置偏差

1)超差表现：长桁、框偏离其轴线公差范围。骨架偏差可能引起以其作为基准的零、组件的安装，以及影响骨架的结构布局和传力，如图 4－22 所示。

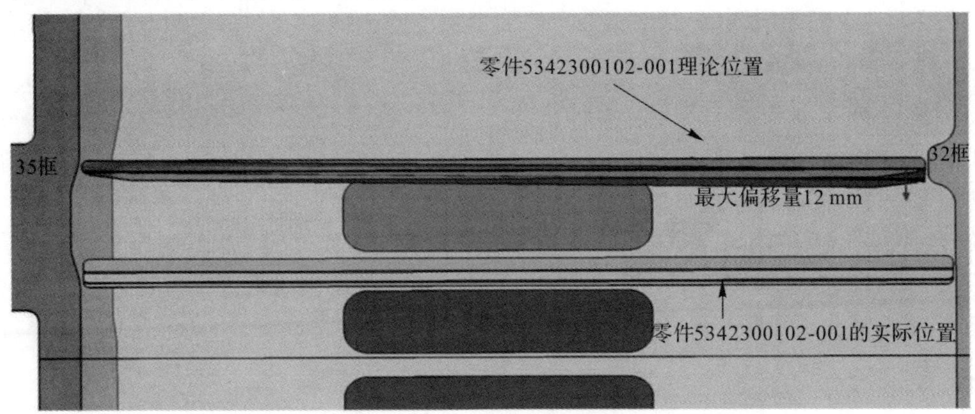

图 4－22　骨架零件定位偏差

2)超差原因有以下几方面：

a)采用工装定位，工装定位器问题导致超差，如定位器数量不够造成的定位稳定性不好、夹持不牢固，定位器形式不合理造成的夹持不牢固，定位器损坏、缺失或未正确使用定位器(如未将全部定位器夹持定位，或定位器夹持不到位)，定位器本身位置错误等。

b)采用基准零件定位，基准零件定位不准确。

c)采用画线定位，画线位置不准确。

d)采用工艺孔定位，工艺孔位置不准确。

(二)小型零件(如系统支架零件)定位位置偏差

1)超差表现：小型零件(如系统支架零件)安装位置偏离其理论位置公差范围，小型零件定位位置偏差可能影响系统管线的敷设安装，如图 4－23 所示。

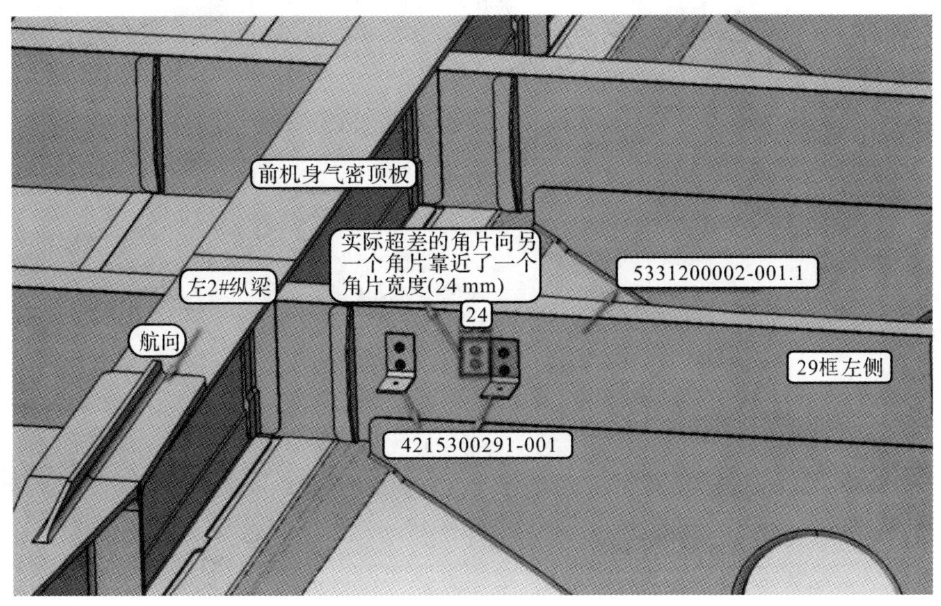

图 4－23　小型零件定位偏差

2)超差原因:除定位方式方面的原因外,小型零件定位偏差更多是由防差错方法不到位造成的,小型零件大多采用画线、基准零件定位等定位方式,在定位时将其定位基准的框、长桁、航向、左右等弄错导致定位错误。

(三)蒙皮/壁板类零、组件定位位置偏差

1)超差表现:蒙皮定位倾斜、串位。蒙皮/壁板类定位偏差可能引起飞机外表面对缝超差。

2)超差原因:同骨架零件(长桁、框、肋等)零件定位位置偏差。

随着数字化技术的应用,影响定位质量的方法和人的因素得到了很好的控制,在定位中引入了测量,能对定位过程和定位结果进行实时的监测,并对定位结果进行量化,定位质量的稳定性和一致性得到了很好的保障(详见第十一章数字化装配篇)。

四、涂胶类质量问题

飞机结构装配中,为防腐和保证结构密封,会在结构的贴合面或零件的搭接/对接形成的缝隙处以及处于气密线上的螺栓/铆钉头部涂敷密封胶,密封胶的涂敷质量对防腐和密封效果会造成直接的影响。在飞机结构装配中,涂胶一般分为五种方式:贴合面涂胶、填角、对缝涂胶、连接件湿安装和连接件封包。

(一)胶缝形状超差

对不同的涂胶方式形成的胶缝有不同的形状要求,且外表面应光滑平顺。在涂敷过程中,应按照相关工艺规范要求进行涂敷,确保胶缝形状符合标准要求。

(二)胶缝完整性超差

胶缝完整性是指涂敷部位必须完全覆盖,不允许出现气泡、缺失等现象。胶缝完整性超差如图 4-24 所示。

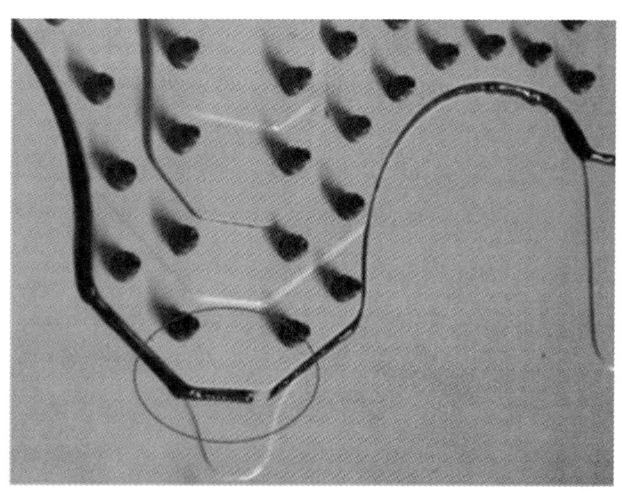

图 4-24 胶缝完整性超差

(三)胶缝外表面不平滑光顺

一般要求胶缝外表面光滑平顺,具有一定的美感。但由于操作技能等原因,涂敷后可能出现胶缝外表面有褶皱、不光滑平顺的现象,如图 4-25 所示。

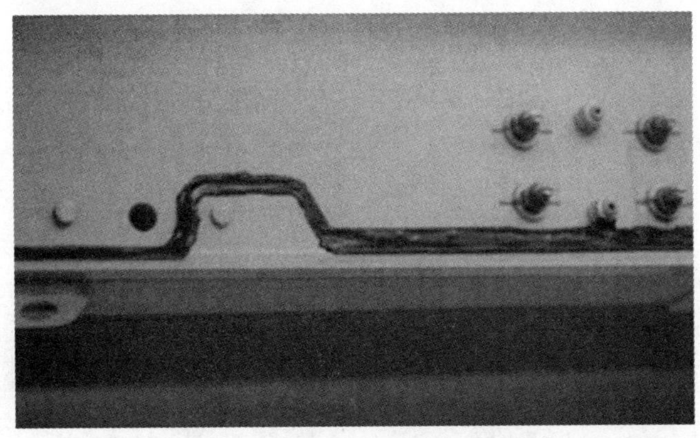

图 4-25　胶缝表面不平滑光顺

(四)涂胶过程控制问题

在飞机装配中，涂胶密封大多为手工操作，涂胶质量在很大程度上取决于操作人员的技能水平和工作责任心，涂胶质量稳定性较差。所以，在工艺实践中，涂胶一般属于特殊控制过程，有严格的流程和控制方法。涂胶过程一般包含清洗待涂敷表面、粘贴限位胶带、涂敷底涂(偶联剂)、涂胶、整形等过程，并且对于环境温度、湿度等有严格的要求，对相关涂敷、装配、硫化等过程具有严格的时限要求。如果这些过程控制不严格或未按相关规范操作，就可能引起涂胶质量不合格，甚至发生胶缝脱落等严重影响防腐和密封效果的质量问题。

(五)胶缝污染

胶缝在硫化期间，由于现场未彻底清理干净，导致胶缝上粘有多余物(如铝屑等)造成污染，极难清理，或因清理粘上的多余物而造成胶缝损伤，影响胶缝质量，如图 4-26 所示。因此，在涂胶过程中，应严格清理现场，使现场环境清洁，同时，在胶缝硫化期间要做好保护，防止多余物污染胶缝。

图 4-26　胶缝污染

五、安装类质量问题

安装类质量问题是指飞机装配过程中装错接反问题，如管线的走向错误、接口错误、分段安装错误等，如图 4-27 所示。安装类质量问题可能引起飞机功能的失调，在后续试验和飞行过程中形成巨大的安全隐患。一般来说，安装类质量问题的主要原因是防差错措施不足，以及人员技能水平不高。

图 4-27　装错接反质量问题

六、多余物类质量问题

多余物是指遗留在零(部)件、组件、附件、成品或整机内一切不属于产品技术资料规定的物件，包括装配过程中产生的金属碎屑、非金属粉尘、污垢、尘埃及其他不属产品构成的物品，如图 4-28 所示。多余物可以导致管路堵塞、线缆短路、结构磨损、运动机构卡滞、成品功能失调等严重事故，是影响飞机安全运行的极大隐患。所以，预防和控制多余物是飞机装配的重中之重。

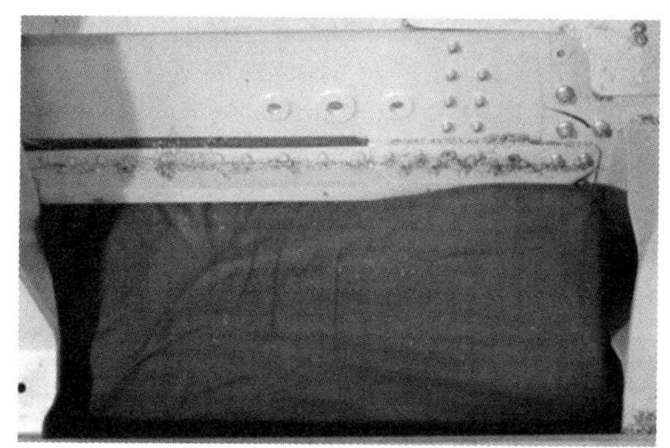

图 4-28　飞机装配产生多余物

对于多余物类质量问题，核心在预防，重点在控制，产生后能排除。预防应有措施，控制需有手段，排除要有方法。这些都是工艺设计阶段应该考虑的问题。在工艺设计过程中，要制定相应的流程和方法，杜绝多余物类质量问题的发生。

(一)多余物的预防

飞机装配过程中必然会产生多余物，预防这些多余物的主要方法就是防止多余物进入封闭区间，造成后续不易发现或难以排除的情况。预防方法上，一是合理安排装配顺序，尽量做到先完成封闭区间内部的操作，在彻底清除封闭区间内的多余物后方可将封闭区间进行封闭；二是在操作过程中做好封闭区间的防护工作，将封闭区的孔隙进行临时封堵，防止多余物进入，如图 4-29 所示。

图 4-29 多余物的预防

(二)多余物的控制

在工艺设计时应识别和规定重点防控部位，如封闭/半封闭区域、管道、线缆/插座、运动机构等；在装配过程中应适时安排清理多余物的操作步骤，防止多余物的堆积。一般说来，在制孔过程中应及时安排吸屑的操作，在封闭区域封闭前、组/部件下架前安排集中的多余物清理操作步骤；按要求和规范使用相关工艺装备，防止引入多余物；控制登机作业的零件、标准件、工具、刀具等物品，做到所有物品可追溯，防止遗漏形成多余物；控制登机作业人员随身携带非工作物品，做好登机人员与可能形成多余物的环境隔离。

(三)多余物的排除

一旦多余物产生，必须将其排出机体。排除多余物的方法可归纳为吸、排、取、擦四种。

“吸”就是采用吸尘器吸取多余物。需要注意吸尘器的选择，复合材料粉尘吸屑应使用防爆吸尘器。有可燃性液体或气体时，禁止使用电动吸尘器。可根据生产线设计，设置三级吸尘系统：厂房级、站位级、工位级。厂房级吸尘系统是在厂房的规划设计时，按产线设计规划设计的贯通生产线的吸尘系统，实现粉尘吸取的集中动力供应和集中存储排放；站位级吸尘系统是针对特定站位设置的集中系统，实现粉尘吸取的集中动力供应和集中存储排放；工位级吸尘系统是针对特定工位设置的吸尘系统，一般采用小型、移动式吸尘器执行相应工作。

“排”就是沿着排除通道将多余物排出，如对于管路内部多余物，可通过“吹气”的方式排出。在没有通道的情况下，可与产品设计人员协商，在保证飞机功能、性能质量的前提下，开设排除通道。

“取”就是利用相应的工具/装备将多余物取出，如采用钩子、夹子、磁铁等将多余物从机体内部取出。

“擦”就是用织物等将多余物(特别是脏污、尘埃等)擦除，可按相关规范要求使用相应的溶剂。

七、表面类质量问题

表面类质量问题主要是指飞机外形准确度超差，在第二章基础篇中，对飞机外形准确度进行了相关的介绍，此处不赘述。

第二节 工艺设计防差错

在飞机装配过程中，离不开人的参与，由于人的主观性会受各种外界因素的影响而出现差错，导致质量问题的发生。人为差错是指人的行为明显偏离了预定的要求或希望的标准，导致时间拖延、困难、问题、麻烦、误动作、意外事件或事故的发生。据有关资料统计，在产品质量问题发生的直接原因中，人为因素占比达到 80%以上，如图 4－30 所示。所以，控制人为因素是降低质量问题发生的重点工作。

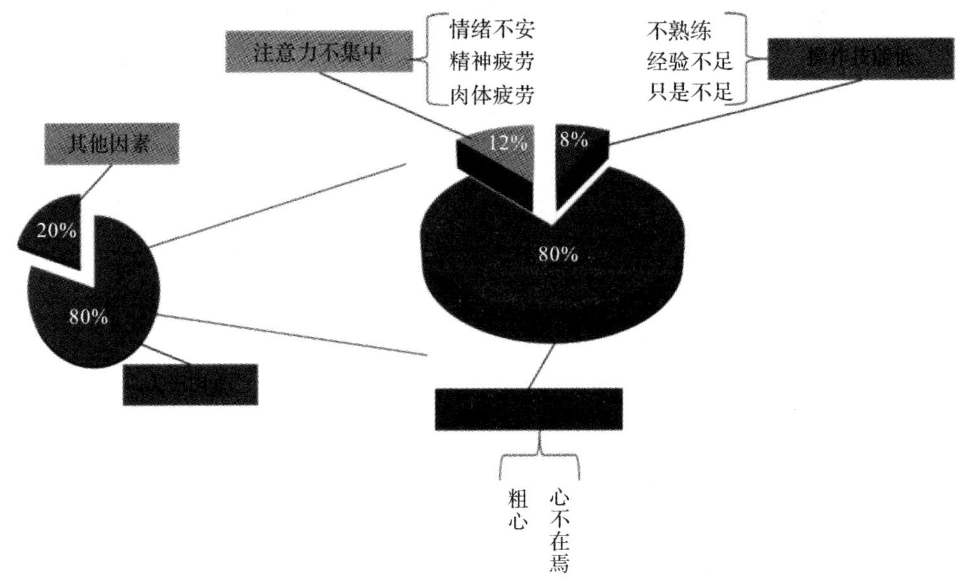

图 4－30 造成质量问题的人为因素占比

人为因素是因为人具有主观性和个体差异性，所以人的活动的结果一致性和稳定性不高。因此降低人为因素导致的质量问题，就是要通过一定的方法和手段减少甚至消除人的主观性和个体差异性(包括生理差异和心理差异，如男女有别，有的人身手矫健，有的人思维敏捷，等等)。在工程实践中，有效杜绝人为因素的方法和手段是工艺防差错。质量管理体系—汽车行业生产件与相关服务件的组织实施 ISO900：2000 的特殊要求，工艺防差错为防止制造不合格产品而进行产品和制造过程的设计和开发，是防错、防误、防呆三类预防措施的统称，防差错是一种改善系统，是一种思想，也是一种工具。

在防差错领域，有一个著名的定律——墨菲定律，即如果有两种选择，其中一种将导致灾难，则必定有人做出这种选择。换一种说法，凡是会出错的事一定会出错；或者是常担心的某种情况会发生，它就真的发生了；或者是如果事情有变坏的可能，不管这种可能性有多小，它总会发生。

所以，简单来说，工艺防差错就是采取工艺预防措施，减少甚至消除在工艺设计、工艺实施、工艺管理的过程中，因人的主观性和个体差异性造成出错的可能性，不管这种可能性有多小，要做到错不了，不会错。

工艺过程是飞机全寿命周期的重要过程，是飞机从设计到制造的中间环节，是将设计变为产品现实的桥梁和纽带。工艺对促进飞机制造业技术的进步、加快产品更新、推动企业发展起着重要作用。随着设计制造一体化的推进，工艺从新机型技术开发阶段的调研设计开始直到飞机交付结束，贯穿于飞机产品开发制造的全过程。而在这个全过程中有某一个或几个要素的变化，便会引起差错。所以，在飞机制造的全过程中，重点是工艺防差错，因而，在飞机装配工艺设计过程中，重点是工艺防差错设计，对生产过程中易出错的过程、状态或操作予以识别和控制。

一、防差错概述

防差错，从狭义上理解，就是如何设计一个方案，使错误绝不会发生；从广义上理解，就是如何设计一个方案，使错误发生的机会减至最低程度。通过防差错设计，使过程、状态和操作达到以下能力：

1)不需要注意力，具有即使有人为疏忽也不会发生错误的能力；

2)不需要经验与直觉，具有外行人来做也不会错的能力；

3)不需要专门知识与高度的技能，具有不管是谁或在何时工作都不会出差错的能力。

(一)错误的来源

生产和生活中常见的差错来源有以下八个方面：

1)操作错误，是指操作人员在操作过程中，未按照相关要求、标准和程序进行操作导致的错误；

2)操作遗漏，是指操作人员在作业过程中，因疏忽、遗漏某些操作程序、动作、物品等，导致过程的遗漏或产品的缺失等问题；

3)方法错误，是指操作流程和方法本身错误、存在缺陷或无正确的标准等，作业人员按错误的方法操作造成的作业错误；

4)理解的错误，是指操作人员在作业过程中，由于方法具有歧义性，或者作业人员对方法和要求的不理解、识别错误等原因而造成的作业错误；

5)感觉的错误，是指操作人员在作业过程中，由于外界环境(如光照、噪声、温度等)的影响导致的感觉错误(如听错、看错、感觉错等)，影响作业人员的判断造成的作业错误；

6)误操作，是指操作人员在作业过程中，因思想麻痹等原因，看错相关作业要求或误触碰某些作业按钮导致的作业错误；

7)意外出错，是指操作人员在作业过程中，作业装备(工装、设备、工具、刀具等)无任何预兆和警示的情况下发生故障导致的作业错误；

8)故意出错，是指操作人员在作业过程中，为图方便、省事、走捷径，或抱有侥幸心理，自恃艺高人胆大，故意违反操作程序造成的作业错误。

从这些差错类型来看，分析其产生的原因，无外乎人的主观内因和条件缺陷的外因两方面。人的主观内因具有随机性、不易觉察性，很难有统一的解决方案。但条件的缺陷具有客观性，可在分析的基础上采取相应的措施进行避免，且这些措施要尽可能不受人的主观因素的影响方能产生最佳的效果。

(二)防差错原则

防差错是要做到错不了、不会错，这是两个方面的含义。“不会错”具有客观性，是指防差错方法具有不对称性，只能按照规定的方法执行，按照其他方法执行则会自动报错；“错不了”具有主观性，指防差错方法具有对称性，一般不会因主观因素造成差错。所以，工艺防差错的原则就是采用完全不对称或完全对称的方法和手段，使操作人员在执行过程中，通过对外在条件的制约，尽可能排除人的主观因素的影响，使作业相对轻松高效，作业过程相对安全，作业过程不依赖或不过度依赖人的主观能动性，作业人员不需要较高的技能水平等，就能做到“错不了”和“不会错”。

基于上述原则，可以将防差错按效果分为以下三个等级：

1)采用标记、标识，对易出错的过程、状态和操作予以区分，便于识别，这种标记、标识越明显，防差错的能力就越高。

2)采用具有不对称性的方式对易出错的过程、状态和操作予以区分，使这些过程、状态和操作具有唯一性，能够阻止错误的发生，且这种不对称性越明显，阻止的特征就越明显，防差错的能力就越高。

3)采用具有对称性的方式，使易出错的过程、状态和操作具有通用性、标准性，在实施过程中可随意选择，不需防错，且这种对称性越高，通用性就越强，防差错能力就越高。所以，不对称性设计是对称性设计的低限，对称性设计是不对称性设计的高限。

防差错等级如图 4-31 所示。

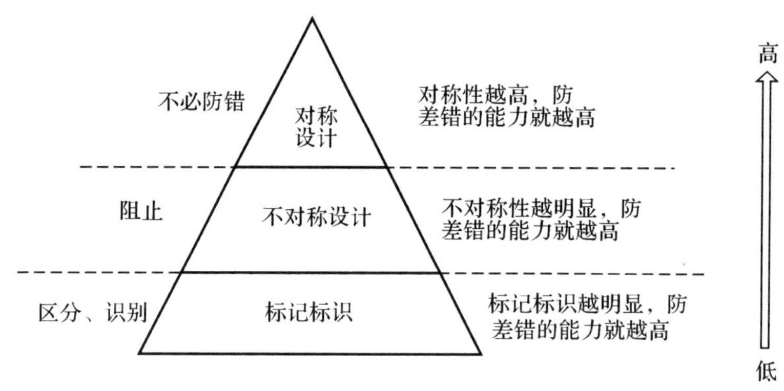

图 4-31　防差错等级

(三)防差错原理

防差错原理是依据可能出现差错的原因，采用相应的方法予以规避和预防，这些方法的共性形成防差错原理。

1. 断根原理

断绝形成错误的条件，从根本上排除出错的可能，使错误不再发生。如在飞机装配工艺装备中设置应急开关，采取零件定位夹紧限位措施等。

2. 保险原理

需要两个或两个以上动作或依序执行的操作才能完成的工作。在飞机装配中，大多操作是有严格的顺序要求的，在工艺设计中，应规划设计合理的操作顺序，防止出错。

3. 自动原理

以光学、电学、力学、机构学、化学等原理来限制或控制某些动作的执行或不执行，避免错误的发生。如在装备上设置声光电的报警装置，一旦发生异常，设备自动停止或自动报警。

4. 顺序原理

为避免确定的工作顺序或流程在执行中倒置或错乱，可以续编排序号排列予以辨识，提醒操作人员按顺序操作，防止出错。在飞机装配中，工艺设计指令设置的工序、工步需要设置先后顺序，对平行工序/工步应予以说明，指导操作人员按顺序和流程操作。

5. 隔离原理

隔离原理也称为保护原理，是指分割不同的区域，切断出错原因与结果之间的联系，达到防差错的目的，如飞机装配中多余物的隔离与保护，设备运动部位的隔离(切割锯的保护罩)等。

6. 相符原理

相符原理是指通过检核动作是否一致来防止错误的发生，可以以形状、符号、数学公式、声音、数量等方式来检核。

7. 复制原理

同样的操作，需要重复两次以上，最好采用“复制”的方式来完成，这样既省时又不会产生错误。

8. 层别原理

为避免将不同的工作做错，可采用不同的方法将不同的工作区别开来，例如可以用颜色标识工作状态、安全状态等，如绿色表示正常进行，黄色表示带问题运行，红色表示有问题停工。

9. 警告原理

当有不正常的现象发生时，能以声光或其他方式显示这种“警告”的信号，以避免错误的发生。如移动式工作梯上安装机载传感器，探测到快要碰撞时会发出警告声音。

10. 缓和原理

缓和原理是指通过采取措施，尽可能使错误发生后造成的危害程度降到最低或可接受的程度。如工作梯靠近产品的一侧接触的部位进行软包扎防护，可使工作梯与产品碰撞后，最大程度地减轻对产品的伤害。

上述这些原理在工艺设计过程中应根据实际情况，灵活、综合地运用，形成有效的防差错措施和方法，最大限度地降低出错的可能。

二、飞机装配工艺设计常见的差错

飞机装配工艺设计的主体是人，从上述差错来源来看，工艺人员的主观内因决定了工艺设计的质量，人是生产过程发生差错的重要源头。

(一)工艺设计错误表现

基于上述来源的类型，在实践中，工艺设计的常见错误表现在以下几方面：

1)对设计数模、技术条件等设计输入理解错误/遗漏，形成错误的工艺设计结果；

2)工艺流程设计不合理，流程串、并行关系不符合逻辑，甚至存在矛盾；

3)工艺流程不细致，或工艺文件规定不明确，易造成理解歧义；

4)工艺方法可操作性不强，操作者按照设计的方法不易操作或无法操作；

5)工艺方法错误，操作者按照设计的方法操作产生错误的结果；

6)工艺设计内容缺失，未完全贯彻设计要求，或者未完全贯彻相关工艺规范、标准的要求。

(二)工艺防差错设计

防差错是一个庞大的系统工程,贯彻产品设计、工艺设计、产品制造全过程,是提高飞机安全性和可靠性的基础工作,对提高产品质量、降低制造成本、保障飞机安全具有积极影响。其中工艺防差错设计应在坚持传统设计理念,注重可加工性、可装配性、经济性及省时性的同时,更加强调在不改变产品质量的基础上降低加工和装配难度,提高质量可靠性。

基于上述工艺设计可能存在的差错问题,在工艺设计的各个阶段应采取不同的策略,关注不同的重点。

1. 预研阶段(概念设计阶段)

预研阶段是技术储备阶段,工艺防差错设计重点也在于在顶层规划,特别是在对新工艺、新技术的研究过程中,应充分贯彻防差错思想,在确定研究项目、规划研究路径、实施研究内容、进行研究总结等阶段,按照防差错的原则和原理,对相关研究方案、方法进行策划,确保技术研究的成效。

2. 研制阶段

研制阶段是工艺设计的主要阶段,也是工艺设计防差错实施的主要阶段。

(1)顶层工艺规划

顶层工艺规划属于工艺策划阶段,工艺设计防差错重点在于针对型号策划防差错策略,并将这些策略落实到顶层工艺指令性文件中。一般来说,工艺设计防差错遵循 PDCA 原则:P 代表防差错规划与设计,D 代表防差错措施与装置的实施,C 代表防差错设计的应用与验证,A 代表防差错设计的总结与改进。在该阶段,要制定防差错工艺设计的工作原则,系统性地策划工艺设计防差错管理系统,开展工艺防差错设计相关培训,提升工艺系统的防差错设计能力。工艺设计防差错管理系统如图 4-32 所示。

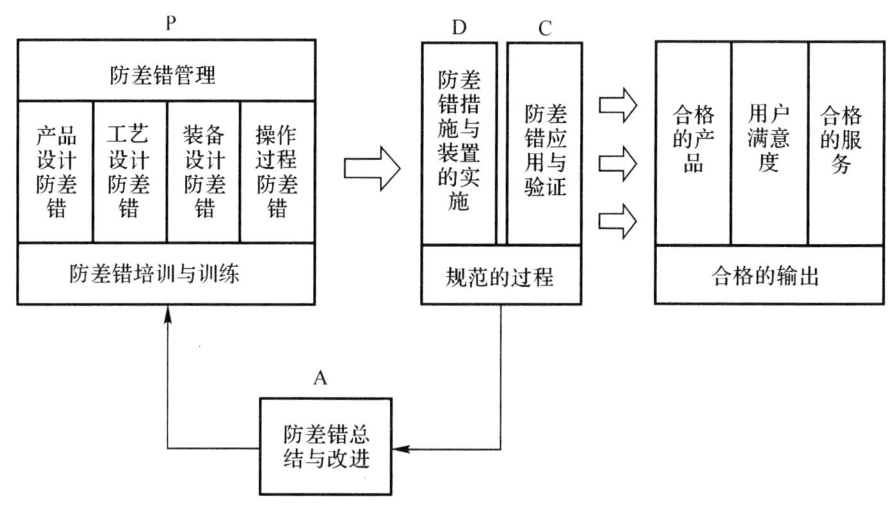

图 4-32　工艺设计防差错管理系统

(2)总体工艺设计阶段

总体工艺设计是制定工艺方案及生产线规划的阶段,该阶段工艺设计防差错的重点是关注流程与方案规划的总体设计,以及生产线的规划。该阶段是工艺设计的基础建设阶段。在该阶段，应充分开展设计方案审查，开展工艺性分析，全面、准确地理解设计意图，完整、充分地分析产品设计的工艺性，全面梳理工艺设计所需的各类设计文件、工艺文件，准确辨识工艺设计的标准和要求，基于工艺设计防差错管理系统，力求一次做好，一次做精，避免总体方案的反复。

(3)详细工艺设计阶段

详细工艺设计阶段是研制阶段的主要工作阶段，是制定详细、具体、可实施的工艺方案的阶段。在该阶段(也是具体实施工艺设计防差错的 P 阶段)，应充分运用防差错设计的原则和原理，从产品设计、工艺设计、装备设计、操作设计等方面全面开展工艺防差错设计，将防差错的理念和方法落实到工艺设计的过程中，确保工艺流程与方法的正确性、可行性和可操作性，能经得起工艺设计防差错的 D、C 阶段的验证。

3. 工艺定型阶段

工艺定型阶段是工艺方案进行优化稳健的阶段，对于工艺设计防差错来说，也是 A 阶段。在该阶段，应回头看，系统梳理工艺设计应用验证中存在的问题，分析原因，总结经验、教训，优化和完善工艺方案。

三、工艺防差错设计实践

工艺防差错设计是工艺设计的重要内容，也是工艺稳健化的保障。在遵循上述防差错设计原则的基础上，充分运用防差错原理，规划设计工艺防差错方法。

(一)颜色防差错

颜色防差错就是通过不同的颜色进行状态和过程识别。既可用相同的颜色识别相关联的状态和过程，也可用不同的颜色区别相似的状态和过程。颜色防差错运用的是隔离原理和层别原理。相同颜色防差错是利用对称性的防差错原则。如在制孔过程中，存在多种刀具分刀制孔的状况，将配套使用的刀具、钻模(钻套)用同样的颜色标识，表示其具有关联性，防止配套错误。不同颜色防差错是利用不对称性的防差错原则。如在制孔过程中，可对相近的刀具标注以不同的色环予以区别，防止刀具用错。颜色防差错示例如图 4-33 所示。

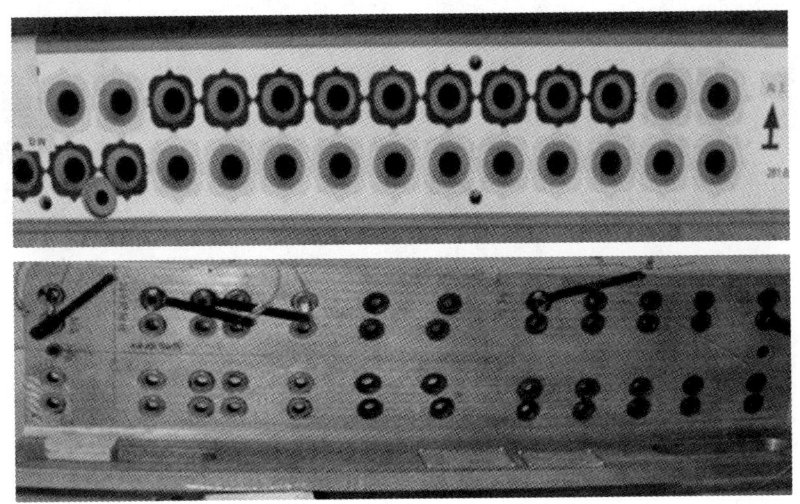

图 4-33　颜色防差错示例(不同颜色标识不同的孔类型/相同的颜色标识相同的孔类型)

（二）形状防差错

形状防差错就是通过不同的形状进行状态和过程识别，是利用断根原理防差错。一方面利用对称性的防差错原则，用相同的形状达到防差错的目的，或者利用不对称性原则，用不同的形状达到防差错的目的。如工装定位用的销轴，可按照非对称分布达到防差错的目的，如图4-34所示。

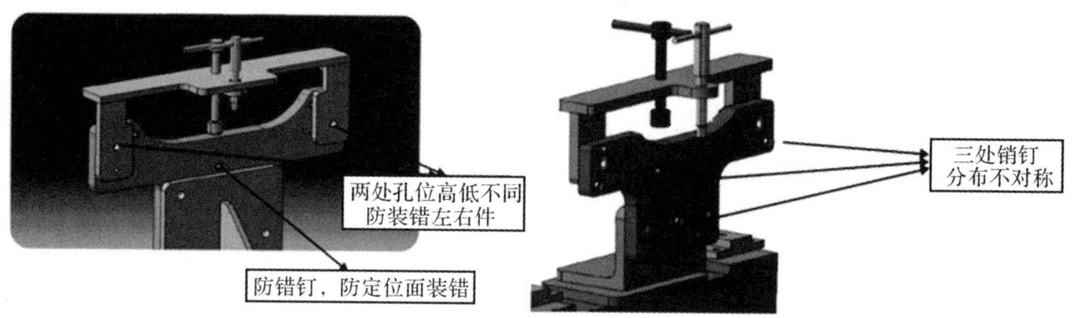

图4-34　形状防差错示例

（三）标识防差错

标识防差错是通过可辨识的标记、标识进行状态和过程识别，运用了隔离原理、层别原理、顺序原理等，利用了不对称性防差错原则。需要注意的是，标记、标识应具有通用性、可辨识性、无歧义性。标记、标识可以是图案，也可以是文字，还可以是图案和文字的组合，同时可以辅以颜色予以强化。如在工艺装备上刻印的图号、规格等标识，或者在钻模、样板上标注的航向、左右、上下、正反等标记，都属于标识防差错，如图4-35所示。

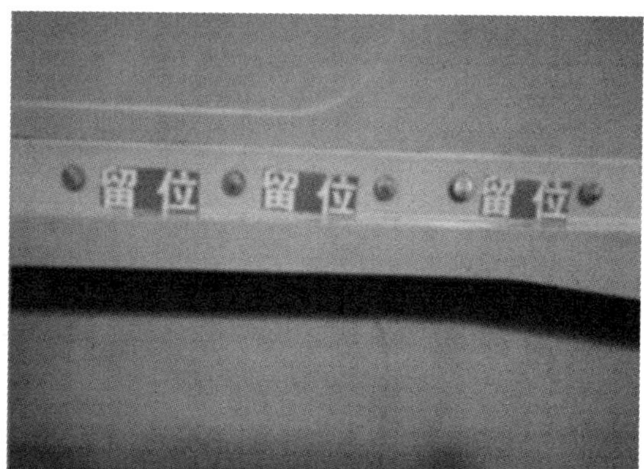

图4-35　标标识防差错示例

（四）工艺状态防差错

飞机上常见相同图号的零件安装在不同的位置，但可能存在连接孔位、孔径、连接件不相同的情况，若零件按照相同的状态制造，则可能会产生差错。工艺状态防差错就是利用断根原理和不对称性防差错原则，将这种情况用工艺状态进行区分，将设计的相同件改为不同件，防止装错。这些工艺状态可以是孔径、孔位、工艺余量、工艺耳片、工艺标识等，如

图 4－36 所示。

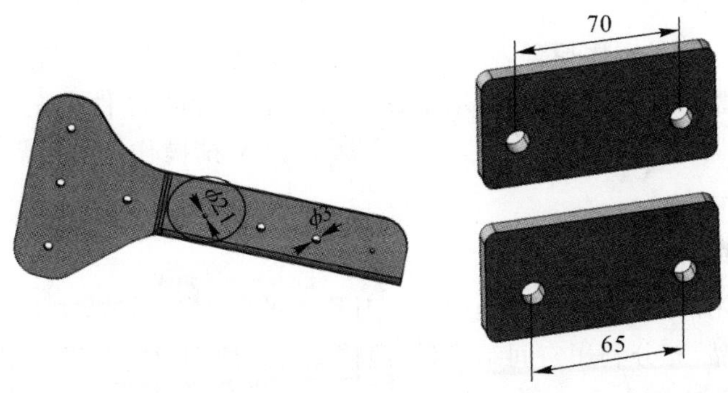

图 4－36　工艺状态防差错示例(不同孔径/不同孔距状态防差错)

(五)形迹/影子防差错

形迹/影子防差错是利用对称性防差错原则，将作业状态形迹化、可视化，利用的是断根原理、隔离原理、层别原理、相符原理等。如通过形迹化对工装附件、刀具等进行管理，使其在使用后能够恢复到规定的位置，防止因放置位置错误导致下次使用时拿错、用错；按照 MBOM 对零件进行形迹化管理，防止零件取用错误。形迹/影子防差错示例如图 4－37 所示。

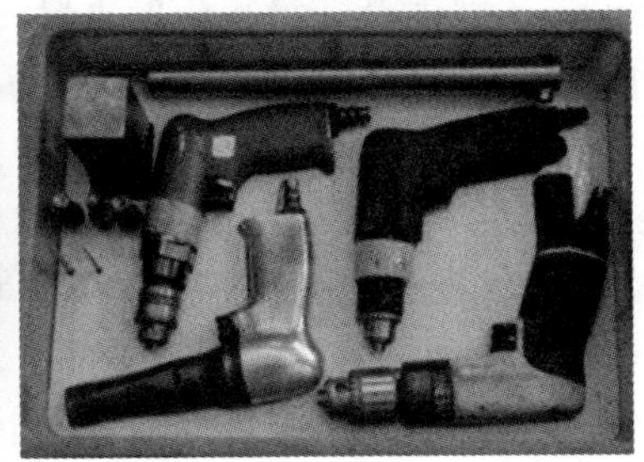

图 4－37　形迹/影子防差错示例

(六)提示防差错

提示防差错运用的是警告原理，是一种不对称性的防差错方法。即通过不同的方式向作业人员提出警告，提示避免错误的操作或相关注意事项，或者错误发生后能得到及时的响应以便采取措施予以终止。生产现场张贴或工艺指令中明确的注意事项也是一种典型的提示防差错。提示防差错示例如图 4－38 所示。

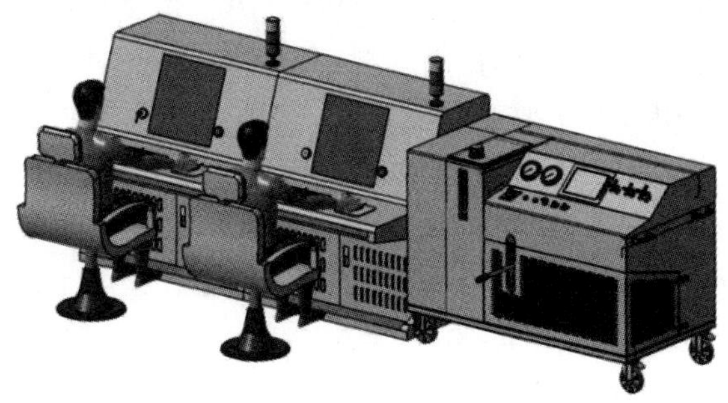

图 4－38　提示防差错示例(设备上安装报警灯)

(七)时间防差错

时间防差错运用的是顺序原理,是一种不对称性的防差错方法。工艺设计中,合理规划设计流程就是一种典型的时间防差错,应明确操作的顺序,如哪些零件应先装,哪些零件应后装,操作之间是否存在紧前、紧后、并列关系,等等。通过编排操作顺序,或用明显的序号予以标识。

(八)空间防差错

空间防差错运用的是隔离原理,是一种不对称性的防差错方法,主要用于物品放置,防止作业过程中拿错物品,充分利用空间结构,按照精益管理原则对物品进行定置,做到就近存放、易于辨识、取用方便,防止拿错。

(九)条件防差错

条件防差错运用的是隔离原理、保险原理,是一种不对称性的防差错方法。设定某一操作/动作的预设条件,只有具备一定的条件或条件实施后方可进行操作。如在装配系统设计时,将一些运动的过程进行逻辑控制,防止误操作引起质量安全事故。

防差错的原理和方法很多,在实际工作中,应根据工艺设计的实际和生产的实践灵活运用,并且,每一种原理和方法都不是单独运用的,而是应综合运用,相互提升、促进,弥补不足。

工艺防差错是产品制造质量预防的重要内容,也是全面适量管理的重要方面。通过工艺防差错设计,能够提升工艺方案的稳健化程度,在生产过程中能最大限度地预防和避免质量问题的发生。第二章基础篇中提出,工艺设计的内容是人、机、料、法、环、测,规划设计生产制造的流程和方法,而且这六个要素是动态关联和相互作用的,其制造的过程是复杂的,所以,在工艺防差错的内容上,也是围绕这六个要素开展相应的防差错设计,预防人为差错、工艺装备出错、环境诱导出错等。在产品的研制和生产中,防错技术集成了自动化制造、自动检测等先进技术,能有效地防止人为差错,减少加工过程中产生的缺陷,以简单的方法和手段,大幅度提高产品质量,切实提高企业质量管理与质量改进工作的主动性,显著提升企业的质量竞争力,为企业带来广泛的经济收益,降低成本,增加利润。

第三节　质量管理

对于航空制造业来说,产品工艺设计的基本要求是要达到“可操作、可量化、可检验、可重复”程度,以及“不同的人员、不同的地点、不同的时间”生产出产品的一致程度,减少对操作人员技能的依赖。而这一要求的达到取决于工艺设计对产品要求的实现程度及其自身的完善程度,程度越高,工艺越成熟,产生差错的概率就越小。因此,防止产生差错、提高工艺设计质量水平在飞机产品制造过程中具有重要意义。

产品质量的形成贯穿产品全生命周期,包括开发设计过程质量、制造过程质量、使用过程质量和服务过程质量等。其中制造过程质量是产品质量具体形成的阶段,这一阶段的过程质量一方面取决于开发设计过程质量,另一方面取决于制造过程的工艺设计质量和操作质量。所以,稳健的工艺设计是制造质量的重要保障。

质量问题同安全问题一样,基础在预防,重点在控制。本章第一节和第二节分别论述了飞机装配过程中常见的质量问题以及工艺防差错措施,是从技术层面对质量问题的叙述。本节将从管理的角度论述制造过程的质量预防和控制。

一、制造过程质量设计

好的产品是设计出来的，好的工艺方案也是设计出来的。所以，应高度重视工艺设计阶段的质量工作。从广义上来讲，质量包括工作质量，工作质量在一定程度上影响产品质量，所以，应以良好的工作质量开展工艺设计，确保工艺设计的质量。

（一）设计质量的转化

工艺设计是规划设计制造的流程和方法，是将工程设计转换为产品现实的重要途径，是工程设计和产品制造之间的桥梁和纽带。在工艺设计的准备过程中，需要对工程设计进行学习、消化，对产品设计图纸、数模、技术条件和设计规范等进行工艺性分析，以确定设计对产品质量的要求。当然，这些要求一般是通过具体的技术指标体现的，是对产品质量的定性或定量的描述和表达，是产品的最终质量状态。基于产品的性能要求，考虑到误差积累的协调环节，这些质量指标都有一个可控的范围，即公差。在工艺设计过程中，需要将这些质量品质体现并贯彻到工艺设计文件中，使生产人员知晓质量标准，贯彻质量标准。需要注意的是，贯彻这些质量品质不是简单的直接引用，而是需要通过工艺语言进行转换，使之成为可以执行并能满足标准的流程和方法。比如针对制孔的标准，在工艺设计过程中，不能简单引用孔径、垂直度、窝径、窝深等质量指标，而是应规划、设计保障实现这些指标的流程和方法。如通过刀具、工具的设计选型满足孔径的要求，通过钻模、垂直套等方法满足垂直度要求，并在方案中配置这些资源，等等（参见第三章设计篇）。

（二）制定质量控制方案

在确定保障质量的工艺流程和方法后，如何确保这些流程和方法在制造过程中得到贯彻，也是工艺设计时应该考虑的问题。过程控制就是在生产制造过程中，对流程的各个环节进行严格管控，确保各环节严格按照既定流程和方法执行，预防缺陷的发生，并能及时剔除不合格的过程和结果。控制过程需要回答一些问题：在哪些环节需要控制，控制的方法怎么样，谁负责控制，控制的标准是什么，等等。这些都是需要规划设计的。所以，制定控制方案也是工艺设计的内容之一，在控制方案里就要回答上述问题，使方案具有可操作性。

二、工艺设计质量管理

质量管理经历了质量检验阶段、统计质量控制（SQC）阶段和全面质量管理（TQM）阶段。质量检验阶段注重对质量的事后把关，确保质量缺陷不传递、不流转；统计质量控制阶段注重质量分析，是在对样本分析的基础上，分析质量缺陷的成因，制定预防的方法，是在制造过程中保证产品质量、预防不合格品的一种有效工具；全面质量管理也是全员质量管理，强调质量职能应由公司所有成员来承担。工艺工程师作为制造链上关键的岗位之一，自然承担了重大的质量职责，所以，对工艺设计的质量管理尤为重要。

工艺设计质量管理可以分为两个方面，一方面是工艺设计工作质量管理，另一方面是工艺设计本质质量管理。

（一）工艺设计工作质量管理

工作质量是指与质量有关的各项工作对产品质量、服务质量的保证程度。对企业来说，就是企业内部组织或员工的管理工作、技术工作对提高产品质量、服务质量和提高企业经济效益的保证程度。简言之，就是企业内部的管理机制和员工工作的态度、方法、技能等对提高产品质量、服务质量和提高企业经济效益的保证程度。工作质量是产品质量的前提条件，在一定程度上决定产品质量。

工作质量取决于员工的职业素养，包含质量意识、工作责任心、业务技能水平等。作为工艺工程师，养成良好的职业素养是做好工艺设计的前提。要充分理解工艺工程师在产品制造中的角色定位，要全面掌握工艺设计的相关知识和方法。同时，企业应建立健全工艺工作程序、工艺工作标准等，使工艺设计工作有章可循，有法可依，有标可套，易于考核。

（二）工艺设计本质质量管理

工艺设计本质质量是指工艺设计产出物的质量。工艺设计产出物就是工艺方案，是产品制造的流程和方法，以及配套的工艺装备、工具、刀具等方案设计的总成。可以说，工艺方案就是工艺工程师的产品，同一般的产品一样，也具有相关的质量属性要求，即质量标准，工艺设计本质质量主要包含以下几方面。

1. 正确性

正确性是指工艺方案能够正确地表达设计的思想，能将设计的要求准确地传递到操作的环节，特别是产品设计质量的相关指标要求，使操作者能清楚认识和理解合格产品的质量标准。

2. 可行性

可行性是指工艺方案具备可实施的特性，即按照工艺方案能够制造出符合设计品质的产品。在可行性方面注意技术资源条件的边界，应全面、系统地考虑工艺方案所涉及的所有技术问题，尽可能采用成熟技术，重点关注“四新”的应用，在引入新技术、新方法、新设备、新材料时应经过充分的工艺验证，确认可行。

3. 可操作性

可操作性是可行性的具体落地实施，是根据可观察、可测量、可操作的特征来界定变量含义的方法，是从具体的行为、特征、指标上对变量的操作进行描述，将抽象的概念转换成可观测、可讲演的项目。在工艺设计过程中，应将设计语言转换为工艺语言，将设计表达转换为工艺表达。比如，在工程设计中，一般以构造水平面、对称面、孔轴线等来确定产品设计的基准，这是可行的。但在实际操作过程中，这些基准是看不见、摸不着的，不宜作为装配的基准。工艺设计就是要将这些基准进行转换，转换为看得见、摸得着的基准，如零件边缘、孔内壁、孔端面等。

正确性、可行性和可操作性是递进的关系，正确性是基础，可行性是保障，可操作性是目标。在工艺设计过程中，应充分从5W2H（What，When，Where，Why，Who，How，How much）展开设计（详见第一章综合篇），确保方案的正确性、可行性和可操作性。

三、制造过程质量控制

质量控制是质量管理的一个重要方面，是通过采取一系列作业技术和活动对质量形成的各过程实施控制，排除会使质量受到损害而不能满足质量要求的各项因素，以达到规定的质量要求，预防不合格品产生的重要手段和措施。质量控制应贯穿于产品形成的全过程。制造作为产品形成的重要环节，在质量控制方面尤应重点关注。该环节的质量控制应在工艺设计阶段同步开展，通过工艺方法达到控制的目的。

在工艺设计过程中，应能分析和识别质量隐患，确定这些隐患所处的环节，继而制定方法和控制计划。识别质量隐患的方法有很多，可以基于历史经验进行识别，也可通过 P－FMEA 进行识别，还可以通过控制图进行识别(P－FMEA 和控制图的方法可查阅专门的资料，此处不赘述)。当然，质量隐患的分析和识别是循环递进的过程，适用于 PDCA 原则。

四、质量改进

质量改进是质量管理的重要组成部分，致力于增强满足质量要求的能力。质量改进是为了消除系统性的问题，通过不断采取纠正和预防措施来增强组织的质量管理水平，在控制的基础上使现有的质量水平得到进一步提高。

质量改进与质量控制是有联系的。质量控制的重点是预防差错或问题的发生，质量改进的重点是提高质量保证能力。

质量改进是在对现有质量能力分析的基础上，通过一定的方法和手段，提升质量控制过程的能力。这些方法和手段包括质量管理的“老七种工具”(因果图、流程图、检查表、柏拉图、直方图、控制图、散点图)和“新七种工具”(亲和图、过程决策程序图、关联图、树形图、优先矩阵、活动网络图、矩阵图)在工艺设计过程和生产实践中，应充分运用这些工具，不断改进和提升提升工艺设计能力，提升工艺设计流程和方案的稳健性。

本 章 小 结

质量是产品的灵魂，质量是企业的生命，质量是企业赖以生存和发展的基础。在国家层面，质量强国具有重要的战略意义；在企业层面，就是落实到具体的产品上，就是要保障和不断提升产品的质量，以满足用户的需求。

质量是设计和制造出来的。作为产品质量实现的过程和产品全生命周期的重要环节，制造在产品质量形成的过程中是至关重要的。工艺设计是制造的前提和基础，是制造质量的重要保障。作为工艺设计人员，必须掌握相关的质量管理知识，充分运用专业技能，规划设计能保障产品质量的流程和方法。

质量管理必须是技术与管理的结合。工艺设计作为生产制造的重要环节，也是安全预防的重要环节。在工艺设计过程中，工艺工程师应从技术防范的层面，从源头预防、过程控制和持续改进等方面贯彻质量管理要求。

第五章 安 全 篇

安全保证生产，生产必须安全。生产作为产品制造的一个重要环节，是产品从设计到现实的一个重要过程。在这个环节中，人和产品共生，如何营造一个安全生产的环境，保证人员的安全和产品的安全，是工艺设计需要重点关注的问题和重要的内容。所以，将安全生产的理念融入工艺设计的过程是十分必要的，在工艺设计过程中就要设计一个安全、舒适、健康、高效的生产环境，以有效地保障人员、产品的安全。

第一节 人员的安全

人是生产中最活跃的因素，也是生产中最重要的资源。保障人的安全是安全生产的第一要务。在飞机装配过程中，由于大量人工作业的存在，且影响人身安全的因素无处不在，因而对人的保护是至关重要的。按照人因工程原理，人-机-环境共同构成了作业人员的生产环境，工艺设计中应研究机器的设计和环境条件的控制以适合人的生理、心理特征，从而构建安全、舒适、健康和高效的作业环境。

在装配环境下，机器（包含厂房、产品、工艺装备等硬件）形成作业人员作业空间，以及操作所用的各类工具、刀具等，共同构成作业人员的作业场景，外界环境因素包括温度、湿度、照明、声音、色彩、气体、振动等。因此，保障人的安全就需要在这些硬件环境中采取相应的措施。在工艺设计过程中要综合考虑，统筹规划。厂房环境主要决定了生产布局、物流等生产环境，工艺装备和产品共同构成人员的操作环境。保障人员的安全重点要从生产环境和操作环境方面采取相应的防护措施。

《中华人民共和国安全生产法》第三条规定：安全生产应当以人为本，坚持安全发展，坚持安全第一、预防为主、综合治理的方针，强化和落实生产经营单位的主体责任，建立生产经营单位负责、职工参与、政府监督、行业自律和社会监督的机制。其中以人为本、安全生产方针和职工参与是工艺设计的重要原则。工艺设计的出发点和落脚点都是人的安全，要坚决贯彻安全生产方针，识别安全风险，从源头预防，强化过程控制，同时要广泛征求并采纳员工特别是操作人员的意见和建议，并在工艺设计过程中加以贯彻。

工艺设计的重要方面就是要设计一个操作者操作的生产环境。这个环境是由人、装备、产品和厂房共同构成的。在工艺设计过程中，要充分运用人因工程原理，充分研究人和装备、产品、厂房的相互作用及其合理结合，使装备、产品、厂房形成的环境系统适合人的生理、心理特点，以达到在生产中提高效率、安全、健康和舒适的目的。其实现的主要方式就是保护，即针对作业环境，制定相应的保护、防护措施，防止作业环境对作业人员造成伤害。

一、厂房分析及安全保障措施

厂房构成生产作业的大环境，是安全生产的第一道屏障。在厂房的建设过程中，工艺设计环节也是至关重要的，所以，应当将厂房建设工艺设计纳入装配工艺设计的范畴，作为一项重要的工作予以推进。

厂房建设包含产线布局、装备系统基础、物流、安全通道、环境的温湿度、除尘、光照、通风、风电网水管线的布局等方面。要在基于满足产品特性要求、生产方式要求以及满足国家关于建筑的规范标准的前提下，设计适合人的生理、心理特点的厂房环境。

(一)产线布局

按照工艺流程规划产线布局，绘制平面布局图(详见第八章产线篇)。

(二)装备系统基础

装备系统基础是厂房地面建设的重要组成部分，最好与厂房同规划、同设计、同建设、同验收，最大限度地避免后续对地面进行二次开挖。依据工艺平面布局图确定基础的位置、大小及其他相关要求(详见第八章产线篇)。

(三)物流

保证地面物流通道通畅，统筹物流通道与消防通道规划；对于空中物流，应按照工艺规划合理设置行吊，确定行吊的吊高、吊重、吊运方式(单点、多点)等。一般说来，行车的技术要求是厂房的基础、框架、网架等结构设计的重要输入；在物流通道设置中还需重点考虑厂房大门，根据运输物品的大小合理设置大门的开度、高度以及开启方式，并从安保的角度设置其防护等级；若按需要在厂房内设置物流存储点，需要同步考虑存储点的设置(详见第八章产线篇)。

(四)环境温湿度

环境温湿度在很大程度上取决于厂房所在地区的气候条件。但在飞机装配中，有些操作环节对环境温湿度有较高的要求，比如涂胶环节。在厂房工艺设计阶段，要充分考虑当地的环境气候状态和产品装配质量要求，结合人体对温湿度的适应能力，提出具体的要求。若当地环境气候条件不能满足要求，则需要额外增设温湿度干预要求，如设计空调、除湿、加湿等装备，在具体的工位设计上，可能还需要增加影响环境温湿度的装置，形成满足需求的小气候环境。

(五)除尘

除尘要求主要针对装配过程产生的粉尘(金属屑、非金属粉尘、漆雾等)清除的需求。在装配过程中，由于切削而产生大量的粉尘，或者局部喷漆产生的漆雾，若不及时清除，将会严重影响产品质量和人员的身心健康。除尘装置设置一般可以分为三级：厂房级、站位级和工位级。厂房级和站位级除尘属于集中除尘方式。对于小型厂房，可采用厂房级除尘方式，站位级除尘一般针对大型的、产生较多粉尘(如复材装配)的站位除尘；工位级除尘一般通过移动式吸尘器即可满足要求。在实际生产过程中，上述三类除尘方式是相互补充、综合应用的。需要根据生产的实际状况来设置。

(六)照明

人从外界接受各种感觉信息，其中视觉信息占 80%以上。照明条件的好坏直接影响视觉获取信息的效率和质量。良好的照明环境，能提高近视力和远视力，提高工作效率，减少差错率和事故的发生。照度和亮度是影响视力的主要因素。在厂房照明要求上,应重点关注这两个参数。人的眼睛能够适应从 10^{-5} ~10^{-3}lx 的照度范围。厂房照明设计应遵循安全、健康、视觉舒适的原则,并注意节能,一般采用自然照明和人工照明相结合的方式。自然照明是指厂房自然采光,在厂房规划设计时,应合理设计厂房的朝向(一般采用坐北朝南),合理设置房顶、墙面采光通道(天窗、侧窗),最大限度利用自然光照;人工照明应按照照明的范围和效果,选择一般照明、局部照明、综合照明、特殊照明的方式。一般照明又称为全面照明,不考虑特殊局部的需要,为照亮整个假定工作面而设置的照明,在厂房设计中,多为天灯照明,应从节能环保的角度出发,合理设置天灯的分布和数量,选择节能的灯具;局部照明是为增大某些特定地点的照度而设置的照明,一般在工作站位中考虑,在装配系统工作平台中基于工作面设置照明装置,需要注意避免眩光和周围变暗造成强对比的影响;综合照明是由一般照明和局部照明共同构成的照明,常用于要求照度高,或有一定的投光方向,或固定工作点分布较为稀疏的场所,其比例以近似为 1∶5 为好,对于较小的工作场所,一般照明的比例可以适当提高;特殊照明是指用于特殊用途,需要特殊效果的照明方式,如方向照明、透过照明、对微细对象检查的照明、色彩照明等,根据各自特殊的要求选取光源。

(七)通风

通风是把局部地点或整个厂房内污染的空气(必要时经过净化处理)排出室外,把新鲜的(或经过处理的)空气送入室内,从而保持室内空气的新鲜和洁净。通风是保证工作场所空气质量的重要手段,良好的空气质量满足人们正常的活动和舒适的需要,对于提升操作效率、保障人员身心健康至关重要。对于一些产生粉尘、有害气体,高温,高辐射的特殊操作环境,还应考虑空气调节的要求,创造有一定温度、湿度和舒适度的洁净空气环境。工作场所通风有自然通风和机械通风两种方式。自然通风是依靠室内外空气温差或压差使室内外空气进行交换,从而改善室内空气环境。自然通风对于需要大量换气的厂房是一种经济、有效的通风方法,但无法对空气进行预处理,自然通风要求厂房设置相应的通风通道。机械通风是借助通风设备产生的动力使空气流动的方法,可按需设置对空气进行预处理的功能。机械通风需要较大的投资和运行管理费用。在厂房设计时,应基于厂房所在地的空气环境及工作需求,合理选择通风方式。

(八)风、电、网、水管线布局

风、电、网、水的管线布局需要依据厂房的平面布局设定,要依据生产需要确定风、电、网、水的走向、接口分布、接口数量等。预埋在地下的管网最好与厂房同规划、同设计、同建设、同验收,最大限度避免后续对地面进行二次开挖,沿厂房框架走向的管线布局也需要与厂房同规划、同设计、同建设、同验收,确保一次做好。厂房管网设计应同步考虑能源供应站点的设置,集中、就近设置能源供应站点,提高能源利用效能。

总的说来,厂房建设是生产线建设的重要组成部分。在工艺设计过程中,要高度重视厂房建设,依据生产线布局统筹规划设计,营造安全、舒适、健康、高效的施工大环境。

二、操作场景工艺安全设计

工艺装备、产品构成飞机装配过程中操作人员的操作场景,对操作人员的身心健康有着最直接的影响。所以,在工艺设计过程中,应充分应用人因工程的知识,规划设计一个适合人的生理、心理特点的操作环境，以达到在生产中提高效率、安全、健康和舒适的目的。

(一)高处作业场景

国家标准 GB/T 3608—2008《高处作业分级》规定：凡在距坠落高度基准面 2 m 以上(含 2 m)有高处坠落风险的作业，都称为作业。在飞机装配中，由于机体部件尺寸较大，高处作业是一种常见的作业场景。高处作业的安全隐患就是高空坠落造成人员伤害和高处坠物造成低处人员伤害，其预防方式主要包括安全带、带标准高度护栏的作业平台、踢脚板、登高工作梯等。

针对高处作业，在工艺设计时，要从以下几方面予以防护：

1)依据作业内容，确定高处作业人员数量和工作部位，设置安全带的挂点。挂点的数量设置要有冗余，位置布局和设置符合作业人员分布以及安全带“高挂低用”的原则，如图 5-1 所示。

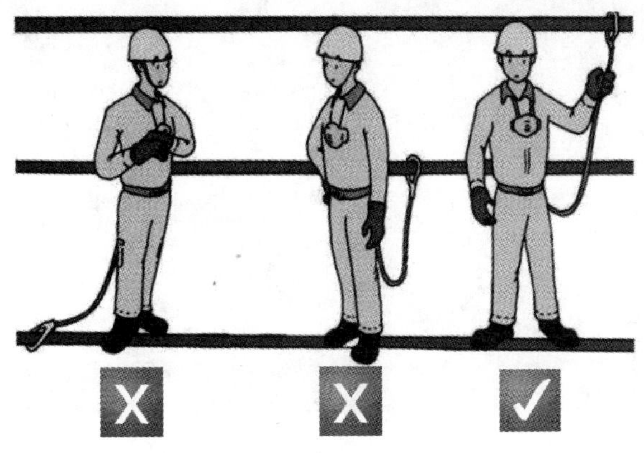

图 5-1 安全带的使用

2)依据作业内容，合理设置操作平台。平台的分层、层间高度、平台的承重能力、承重面积(形状)、平台边缘距产品的距离，既能满足作业要求，又能有效防护产品，且符合人因工程原理，同时，在操作平台上要布置符合相关标准的护栏、踢脚板。

3)依据操作平台分层，合理设置登高工作梯，在各层平台之间形成通道。工作梯宽度、角度符合人因工程学原理。

4)根据作业部位，设置安全防护网(见图 5-2)，防止人员意外跌落时受到伤害，或者阻挡高处坠物砸伤低处人员。

图 5-2 安全防护网

(二)狭小空间作业场景

狭小空间是指工作空间较小,工作人员在该空间内作业时无法采用正常的体位(如站姿、坐姿等)工作,如图 5-3 所示。在狭小空间里,操作人员采用非正常体位操作,身体在较长时间内保持同一种非正常的姿势,身体肌肉、关节长时间处于拉伸或压迫状态,易产生疲劳,降低劳动效率,影响产品质量。研究表明,人在长时间不断重复使用身体部位,会造成该部位的肌腱、神经等软组织损伤,严重的会造成骨关节变形,且这些损伤是不可逆转的,形成“累积损伤疾病(Cumulative Trauma Disorder,CTD)”。所以,在作业设计中,需要尽可能降低这种损伤的影响或延缓这种损伤的进展。

图 5-3 狭小空间作业

由于飞机产品结构的特殊性,这种作业环境是不可避免或不能改善的,在工艺设计中,为有效减少和降低安全隐患,避免人身伤害,常采用的措施有以下几方面。

1. 保护

保护即对作业人员进行保护,对因身体姿势屈曲而受压迫的部位(关节)进行支撑、防护,如采用软垫防止身体硌伤,采用辅助支撑对身体进行支撑,以减轻身体支撑部位的压力,如图 5-4 所示。随着科学技术的进步,可以预见在不久的将来,可穿戴外骨骼会推广应用,可以将其应用到飞机装配中,用于狭小空间作业对人体的支撑、助力和防护,如图 5-5 所示。

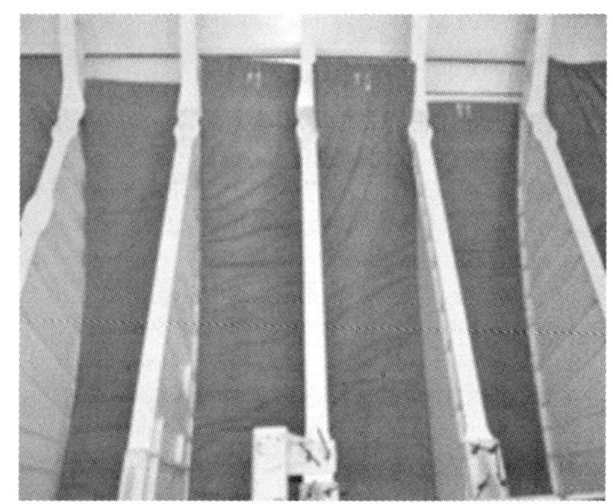

图 5-4 狭小空间作业防护

图 5-5　可穿戴外骨骼助力飞机装配

2. 合理设置工作时长(安排班次)

合理设置工作时长主要是在工作内容的划分和工序的设置上,针对狭小空间的作业环境,按照人体疲劳容限,合理设置劳动时长,保证工作人员在一定的劳动时长(一般为 45～60 min)后,能得到 5～10 min 的休息,使身体肌肉和骨骼得到充分的放松,以缓解和恢复身体机能。

3. 有效的照明和降噪措施

狭小空间往往意味着不能有效采用自然光照和厂房照明,需要增设局部照明措施,保障作业空间照度要求(照明措施一般要有防爆功能)。同时,狭小空间内噪声不易传出,需采用相应的降噪措施,防止噪声对作业人员的伤害。

(三)有限空间作业

国家标准 GB 12942—2006《涂装作业安全规程　有限空间作业安全技术要求》规定,有限空间是指仅有 1～2 人孔,即进出口受限制的密闭、狭窄、通风不良的隔间,或深度大于 1.2 m 的封闭和敞口的只允许单人进出的围截的通风不良空间。在飞机装配中,常见封闭或部分封闭,进出口较为狭窄有限的工作环境,如各类舱体结构[如发动机舱、设备舱、油箱、翼盒、(民机)行李舱等],可认为是有限空间,如图 5-6 所示。这类作业环境一般同时具有狭小空间作业环境的特征,且自然通风不良,易造成缺氧、中暑等人身伤害。更有甚者,在作业过程中结构密封涂胶、使用化学试剂等会挥发出有毒、有害气体,这些气体聚集则构成人员中毒、爆炸等严重安全隐患。所以,有限空间作业环境在安全防护上,除应遵守狭小空间作业的安全防护相关规定外,还应遵守下列规定。

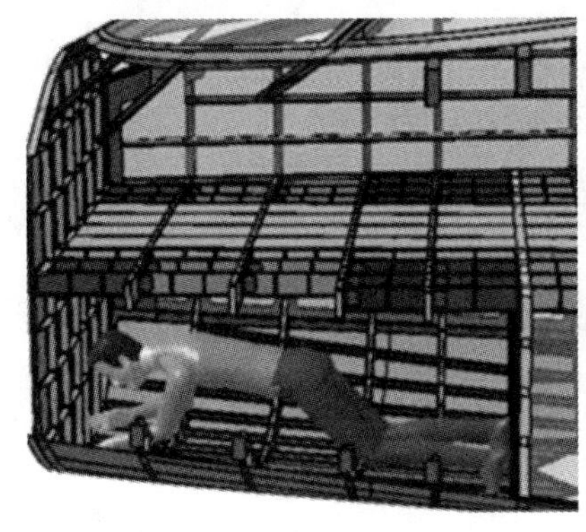

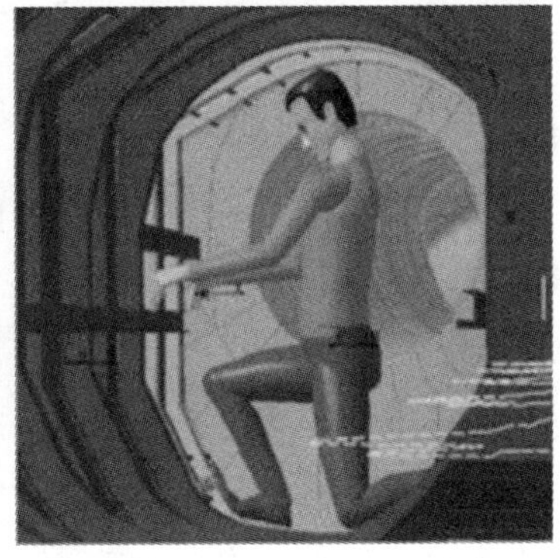

图 5-6　有限空间作业

1. 通风换气

始终保持作业空间内的空气环境与外界大气环境对流，形成大气循环状态，以保证作业环境有足够的氧气，并能及时将有害气体排出（可采用循环通风机、工业空调系统等），同时使作业环境的温湿度保持在作业人员可接受的生理、心理范围内。

2. 防爆

有的密闭空间可能存在易燃、易爆气体或粉尘，在工艺设计中，应采用防爆照明设备和防爆工具，及时清理作业空间内的易燃、易爆气体或粉尘，防止爆炸的发生。

3. 合理设置作业人员数量（安排班次）

在设计密闭（有限）空间作业时，合理设置作业人员数量，在条件许可的情况下，至少设置两人作业，可起到相互照应的作用。

此外，随着科学技术的进步，一些便携式的救生装置也可以用到密闭（有限）空间的作业环境中，更好地对作业人员起到防护作用。具体装置有以下几种。

1. 氧浓度监测装置

在作业过程中，氧浓度监测装置时刻监测作业环境的氧气浓度，一旦发现异常立即采取相应的措施。

2. 生命体征监测仪器（如腕带式）

生命体征监测仪器（如腕带式）可监测人员的脉搏、血压、呼吸等生命体征，在作业过程中时刻监测作业人员生命体征，一旦发现异常立即采取相应的措施，如图 5－7 所示。

图 5－7　腕带式生命监测仪

3. 通信系统

采用通信系统，使密闭空间内的作业人员与外界配合人员等随时保持信息畅通（如对讲机），一旦发现异常立即采取相应的措施。

（四）带电环境作业

飞机装配中的带电作业不是一般意义上的带电作业（“一般意义上”指高压电气设备不停电进行检修、测试的作业方法）。在飞机装配中，工艺装备上布置电网，用于作业过程中照明、给能等功用。由于这些装备大多由金属材料制成，一旦发生漏电现象，即会对作业人员造成严重伤害。为有效避免这种伤害，在工艺设计中，应采取下列措施。

1. 特低压电压(安全电压)防护

在工艺装备设计过程中，对必需的照明和给能，应采用安全电压(36 V、24 V、12 V 等)，尽量避免在工艺装备/工作平台上布置高压电压。

2. 高压电压防护

对必须布置高压电压(220 V，380 V)的情况，应采取有效的漏电保护措施和良好的接地措施。不同电压的线缆应分路布置，用醒目的颜色和标记予以标识，便于识别和维护；在电源插口/插座的设置上，应将不同电压的插口/插座分开设置，用醒目的颜色和标记予以标识，防止使用过程中插错。同时，要对线缆的走向进行合理规划、固定，线缆具有良好的绝缘效果，采用防护套等措施，避免线缆拉拽、磨损。

3. 静电防护

静电的产生和聚集会产生静电电场力，并因静电放电而产生电火花，可引起火灾或爆炸，以及引起电击伤害人体，或者引起设备故障。在我国北方的冬季，由于空气干燥，更容易产生静电。因而，静电的防护是十分重要的。

静电防护一般遵照工业静电防护规范，根据静电产生的危害形式、现场环境条件、生产工艺和设备、产生静电的材料性质以及发生静电危害的可能性和严重程度等因素，采取最合理的静电防护措施，以减少静电的产生，加快静电的消散，或者消除静电放电的条件。

(五)搬运作业

搬运作业是指产品搬运移位的作业。在飞机部件装配过程中，产品搬运移位一般有两种方式：空中运输和地面运输。空中运输是指采用厂房行车吊运产品运送的方式，地面运输是指采用地面运输工具(运输车)实现产品的运送方式。

1. 空中运输

空中运输存在的主要人身安全隐患是高空坠物造成地面人员伤害。所以，在工艺设计过程中，应对下列环节予以关注：

1)根据运输产品的质量、形状等合理设置行车，包括行车的吊重、行程、吊高、吊运方式等(详见第八章产线篇)。

2)合理规划运送路径，一般应沿着物流通道运输，避开运输通道的人员、产品(详见第八章产线篇)。

3)运送过程中做好人员防护，参与运送的人员应全程佩戴安全帽，穿着防护服等必要的个人安全防护用品。

4)合理制定吊运方案，特别是吊挂的设计、吊点的选择，确保产品吊运过程中重量分布均匀，重心稳定，防止吊挂损坏或产品倾覆造成人员的伤害和产品的损伤。一般情况下，吊点位置应同产品设计人员共同确定，一般位于产品强度、刚度较强的部位(否则需要工艺加强处理)，按产品形式对称分布，重心位于吊点形成的平面/立体空间内，保证力矩平衡；一般按照产品水平飞行的姿态起吊(在实际操作中也存在吊运过程产品翻转的情况，其吊挂专门设计或在行车设计时即考虑翻转的问题)。

2. 地面运输

地面运输存在的主要人身安全隐患是运输过程中对地面人员的伤害。所以，在工艺设计过程中，应对下列环节予以关注：

1)根据运输产品的质量、形状等合理设置运输车，包括运输车的承重、行程、形式、承载方式、安全防护等(详见第八章产线篇)。

2)合理规划运送路径，一般应沿着物流通道运输，避开运输通道的人员、产品(详见第八章产线篇)。

3)运送过程中做好人员防护，参与运送的人员应全程佩戴安全帽，穿着防护服等必要的个人安全防护用品。

4)合理制定运输方案，特别是运输车的设计。依据产品尺寸规格、外形、重量等输入要求确定运输车的形式，依据产品骨架刚度和强度选择支撑位置，确保产品运输过程中重量分布合理，重心稳定，防止支撑装置损坏或产品倾覆造成人员、产品的伤害。一般情况下，支撑位置应与产品设计人员共同确定，一般位于产品强度、刚度较强的部位(否则需要工艺加强处理)，按产品形式对称分布，重心位于支撑部位形成的平面/立体空间力，保证力矩平衡；一般按照产品水平飞行的姿态运输(在实际操作中也存在不按产品飞行姿态运输的情况，需要另行考虑翻转问题)。

三、作业环境工艺安全设计

作业环境是指劳动者的工作的环境，包括温度、湿度、照明、声音、色彩、气体、振动等环境因素。这些环境因素直接或间接作用于人体，通过人体感官的感知或吸收，对人的作业活动和健康造成影响。所以，作业环境的安全设计就是要采取改善和控制不良环境的措施，来保护操作者免遭因作业环境引起的疾患、伤害。

飞机装配作业环境一般是指厂房的室内环境，由于装配工作的特性，飞机装配作业环境特点是高噪声、高振动、含有较多金属屑/粉尘。

(一)高噪声环境

飞机装配中的一个主要方面是连接，其中以铆接所占的比重较大。铆接尤其是锤铆时铆枪撞击钉头时将产生强烈的噪声，且在装配作业场所，多点同时铆接的情况是常态。据相关资料分析，飞机装配现场铆接噪声强度可高达 122 dB，远高于《工业企业噪声卫生标准》规定的 85 dB 的限的限制。噪声可引起作业人员的听力疲劳，严重的可能造成噪声性耳聋等听力损伤的职业疾病。所以，铆接噪声是影响装配作业人员身心健康的一个重要环境因素。

我们知道，声音的形成是由振动的发生和振动的传播这两个环节组成的。降低声音等级可从降低振动的发生或者减少振动的传播这两个方面入手。在工艺实践中，有效控制铆接噪声以减少噪声源(减少振动的发生)和增加作业人员听力防护(减少振动的传播)是高噪声作业环境安全设计的重要内容。

1. 减少振动的发生

1)采用压铆代替锤铆。铆接噪声主要是由锤铆产生的，所以，改变锤铆方式即能有效降低噪声。在工艺设计实践中，可根据工艺总方案、设计方案等的输入，采用压铆的方式代替锤铆，包括手工压铆、机械压铆、电磁铆接、自动钻铆等方式。压铆的特点是通过静压力作用于钉杆，使钉杆变形形成镦头。在镦头形成的过程中，在合理设计参数的情况下，可实现一次性成型，无铆枪连续击打的情况，所以产生的噪声较小。

2)采用消音铆枪。采用带有消音装置的铆枪，可在一定程度上消除铆接产生的噪声。

2. 减少振动的传播

正确佩戴听力防护用品，包括耳塞、耳套等，其主要作用是改变声音传播的介质，降低声音传播的强度，以达到降低噪声的目的，如图 5-8 所示。

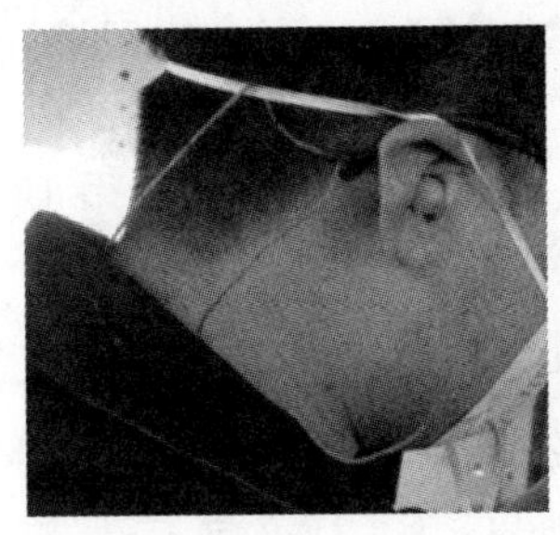
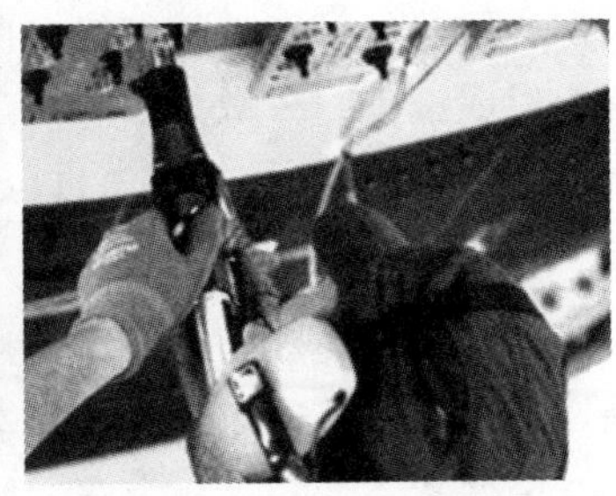

图 5-8 听力防护用品

(二)高振动环境

飞机装配在制孔、连接中大多使用风动工具，风动工具的应用将产生局部振动。当手部直接接触冲击性、转动性或冲击-转动性工具时，振动波由手、手腕、肘关节和肩关节传导至全身。据相关资料记载，铆接时产生振动的加速度($a_{hw(4)}$等能量计权加速度)可达 20.8 m/s^2，顶把振动加速度(a_{hw})可达 176.7 m/s^2，均超过了《作业场所局部振动卫生标准》(GB/T 10434—1989)规定的 5 m/s^2 的卫生限值。

长时间的操作，会使操作人员身体发生局部振动危害，对手甚至臂部的骨骼、神经及血管造成伤害，发生手臂触觉、痛觉及温热感觉迟钝，手部皮肤温度下降，手指发白、麻痹，手臂无力，肌肉疼痛和萎缩，骨质疏松甚至关节变形等症状，医学上称之为“白指病”或“白手病”。所以，抑制振动是工艺设计过程必须考虑的问题。

一般说来，从飞机装配作业环境的振动源来看，主要是风动工具的应用。振动的负荷剂量为振动量×振动时间，所以，降低振动的影响可从降低振动量和减少振动时间两方面开展工作。

1. 降低振动量

振动同声音传播一样，有振动源，通过一定的介质进行传播。降低振动量的主要措施就是抑制振动源振动(减小振幅和降低频率)和控制振动的传播两方面。

1)抑制振动源振动。实践表明，小铆枪、大顶把的配合可以有效降低振动源的功率。小铆枪输出的功率较小，大顶把稳定性较好，吸振能力较强。所以，在能够保证铆接质量的前提下，设计小铆枪配合大顶把的铆接方式可以有效降低振动源的功率。

2)可采用隔振、阻尼、吸振等方法来减少振动的传播。在实际工作中，可采用吸振铆枪和吸振顶把，有效减少振动的幅度，但同时，这会降低铆接力，影响铆接质量，延长铆接时间，如图 5-9 所示。

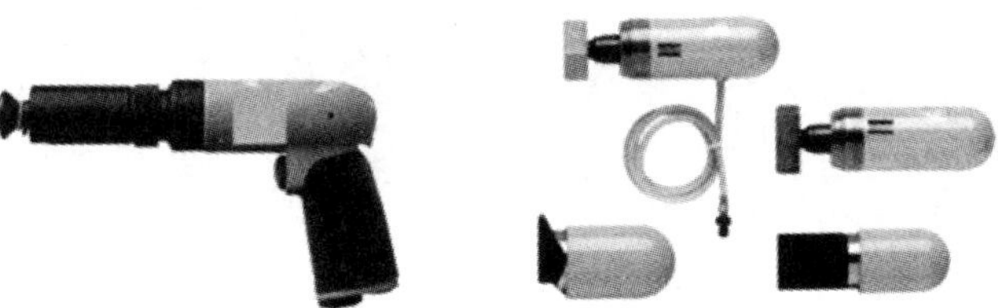

图 5-9 减振铆枪和减振顶铁

2. 控制振动的传播

采用压铆代替锤铆。振动主要是锤铆产生的，所以，改变锤铆方式即能有效避免振动直接作用于人体。在工艺设计实践中，可根据工艺总方案、设计方案等的输入，采用压铆的方式代替锤铆，包括手工压铆、机械化压铆、电磁铆接、自动钻铆等方式。压铆的特点是通过静压力作用于钉杆，使钉杆变形形成镦头。在镦头形成的过程中，在合理设计参数的情况下，可实现一次性成型，无铆枪连续击打的情况，且基本由机械完成，振动不直接作用于人体，能有效保障人员免受振动的伤害。

3. 控制振动时间

限制接触振动时间，可降低振动的危害。科学研究及大数据分析认为，操作者接触振动的时间以每周不超过 40 h，每次不超过 2 h 为宜。所以，在工序安排上，应合理设置工作步骤和工作时长，使操作人员在一定时间间隔能得到充分的休息，以缓解振动对身体的影响。

此外，提升个人防护，也能提升个人抗振能力。个人防护包括采用个人防振保护措施，如穿防振鞋、戴防振手套等，可防止全身振动和局部振动；将环境温度控制在 16℃以上，对防止振动的危害也有一定的作用；每隔 2 h，可用 40～60℃热水浸泡手部，使手部血管处于舒适状态；加强体育锻炼，提高机体的抵抗力等。

(三)较多金属屑/粉尘的环境

飞机装配过程中制孔切削会产生大量的金属屑或者粉尘(复合材料)。金属屑可能会造成人员皮肤划伤，或者伤害作业人员眼睛，造成不可逆转的伤害；粉尘对作业人员消化道、呼吸道等器官造成伤害。在密闭空间作业环境里，粉尘还存在爆炸的安全隐患。所以，抑制金属屑、粉尘的产生以及对人员的安全防护是非常重要的。

1. 抑制金属屑的产生

抑制金属屑的产生可三个方面进行：断屑、排屑和集屑。

(1)断屑

断屑是指在制孔切削过程中，利用刀具将金属屑切断，使其不产生较长的金属屑，有利于金属屑的收集，能有效避免对人员的伤害。

金属切削过程中产生的切屑受到力的作用，如果该力超过切屑能承受的断裂应变，则切屑会折断。多数情况下，人们常在前刀面上磨出或压制出卷屑槽，增加切屑的附加变形，迫使切屑产生卷曲变形和断裂。由于制孔刀具多为螺旋状，其前刀面自然形成卷屑槽，有利于断屑。

(2)排屑

排屑是指在制孔切削过程中，产生的切屑能够顺利排出孔外，或者不附着在刀具刃部，避免对孔壁的损伤以及对人的伤害。由于制孔刀具多为螺旋状或平刃状，自然形成排屑槽，有利于排屑。

(3)集屑

集屑是指在制孔过程中，及时对切屑进行收集(特别是复材制孔产生的粉末)，防止集屑长期留存在制孔部位造成人员伤害或产品损伤。一般集屑有集中式集尘和分布式集尘两种方式。

1)集中式集尘是指采用固定式大功率集尘设备，对某一区域进行集中集尘，在该区域不同的作业部位分设多个集尘端口。集尘系统可分为厂房级集尘系统和站位级集尘系统。集中式集尘系统使用方便、高效，集尘设备可与厂房、站位装配系统规划建设同步进行，但受集尘端口布置的影响，集尘范围受限。

集中式集尘系统如图 5－10 所示。

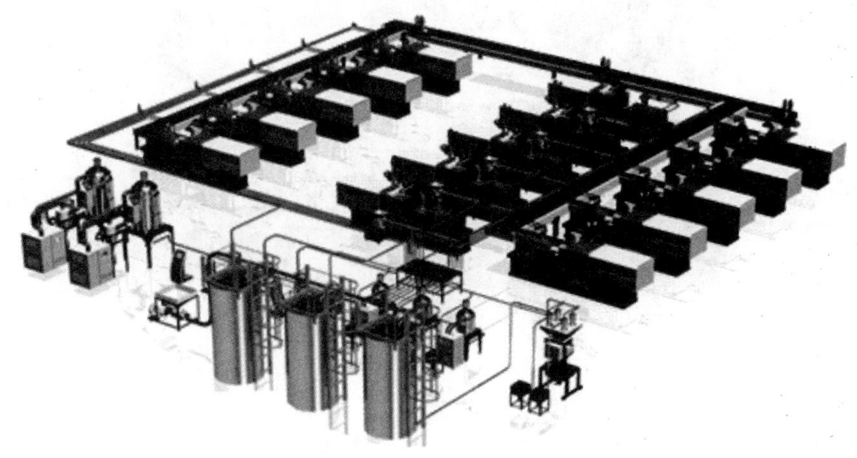

图 5－10　集中式集尘系统

2）分布式集尘系统是指采用单体吸尘器进行吸尘的方式，它更加灵活，适应性强，但在使用过程中会存在临时接电现象，且电缆不固定，有拉拽现象，存在安全隐患。

此外，对于自动化制孔，往往将集尘设备与制孔设备集成设计。集成端口设置在刀具伸出端，制孔过程将集尘端口对准刀具，能够及时对产生的切削和粉末集中进行收集，如图 5－11 所示。

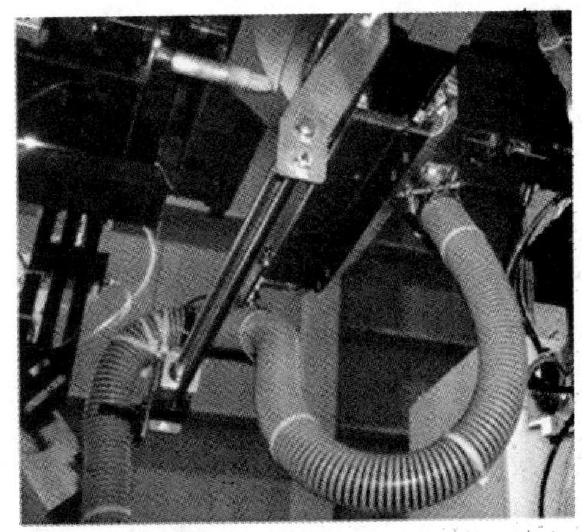

图 5－11　自动化制孔设备集尘装置

2. 对作业人员的防护

在制孔切削过程中，必须对作业人员进行有效防护，要求作业人员穿戴专用防护服，佩戴防护眼镜。进行复合材料制孔时还应佩戴防尘面具（见图 5－12），进行有效隔离，防止切屑和粉尘对作业人员的伤害。

图 5-12　佩戴防尘面具

(四)微气候环境

微气候环境是指工作场所区域环境的局部气候条件,主要是指生产环境局部的温度(空气的冷热程度)、湿度(空气的干湿程度)、气流速度(空气流动的速度)以及工作现场的设备、产品、零件和原材料的热辐射(物体在绝对温度高于 0 K 时的辐射能量)等条件。微气候又称为生产环境的气候条件。气候条件直接影响作业人员的工作情绪和身体健康,从而对工作质量和工作效率产生很大的影响。如:高温环境容易使人中暑,低温环境易使人冻伤,高热辐射环境可产生与高温环境类似的结果,高气流环境易使人注意力不集中,等等。所以,改善和控制作业环境的微气候是十分重要的。装配作业环境一般是室内环境,或者密闭(有限)空间形成的舱内环境,改善和控制作业环境的微气候就是对厂房室内和舱内微气候环境进行改善和控制。

1. 人体热平衡

人体在自身新陈代谢过程中,一方面不断吸收物质,制造热量,提供人体生命运动的能力,另一方面不断对外做功,消耗热量,同时又经皮肤和各种生理过程(排汗、呼吸、排泄等)与外界进行热交换,将产生的热量传递给周围环境。按照能量转换和守恒定律,使人体实现热平衡,就取决于这几方面的代数和,可由下列公式表示:

$$S=M-W-H$$

式中:S——人体内单位时间蓄热量,

M——人体内单位时间能量代谢量,

W——人体单位时间所做的功,

H——人体单位时间向体外散发的热量。

当 $M>W+H$ 时,人体将感觉到热;

当 $M=W+H$ 时,人体将感觉到不冷不热;

当 $M<W+H$ 时,人体将感觉到冷。

美国暖房换气学会经过大量实验研究总结出,夏秋与冬季,人们感受的舒适环境不同。大多数人冬季感觉舒适的微气候条件是相对湿度在 30%～70%,有效温度为 16.8～21.7℃所围成的区域(冬季快感区域);大多数人夏季感觉舒适的微气候条件是相对湿度在 30%～70%,

有效温度为18.8～23.9℃所围成的区域(夏季快感区域)。

温度、湿度、热辐射和气流速度对人体的影响是可以相互替代的，某一条件的变化对人体的影响，可以由另一条件的相应变化所补偿。如人体受热辐射所获得热量可以被低气温抵消，当气温升高时，若气流速度增大，会使人体散热增加。

2. 装配作业微气候环境的构建

基于上述认识，在飞机装配工艺设计中，构建作业微气候环境需从以下几方面考虑：

1)基于当地气候条件，并结合飞机装配质量要求(如涂胶的温湿度要求)提出厂房建设需求，充分考虑通风、隔热、加湿(除湿)、加温(降温)等技术需求。

2)对于密闭(有限)空间，可采用营造区域微气候的方式调节微气候环境，如采用通风机、空调机、加湿机(除湿机)等。

3)按不同作业的需要，供给工作帽、防护眼镜、面罩、手套、鞋套、护腿等个人防护用品；合理安排作业负荷、作业周期，保障作业人员的充分休息。

(五)照明环境

前已述及，照明与工作质量、工作效率、安全及人的舒适、视力和身体健康都有着重要的关系。工作精度越高、机械化程度越高，对照明也相应提出了更加科学的要求。因此，照明条件设计是作业环境设计的一个重要方面。照明的主要衡量指标是照度(lx)，按照我国工业企业照明设计标准(GB 50034—2000《建筑照明设计标准》规定，可将飞机装配作业纳入“一般精细作业”)，识别对象最小尺寸在 $0.6 < d < 1.0$ mm 范围，属于Ⅳ级视觉作业，其照度要求见表5-1。

表5-1 飞机装配作业照明要求(供参考)

<table>
<tr><th rowspan="2">视觉作业特性</th><th rowspan="2">识别对象的最小尺寸 d /mm</th><th rowspan="2" colspan="2">视觉作业分类(等级)</th><th rowspan="2">亮度对比</th><th colspan="6">照度范围/lx</th></tr>
<tr><th colspan="3">混合照明</th><th colspan="3">一般照明</th></tr>
<tr><td rowspan="2">一般精细作业</td><td rowspan="2">0.6< d <1.0</td><td rowspan="2">Ⅳ</td><td>甲</td><td>小</td><td>300</td><td>500</td><td>750</td><td>100</td><td>150</td><td>200</td></tr>
<tr><td>乙</td><td>大</td><td>200</td><td>300</td><td>750</td><td>75</td><td>100</td><td>150</td></tr>
</table>

在工艺实践中，符合下列条件之一或以上的，工作面的照度值应采用照度范围的高值：

1)当眼睛与识别对象距离大于500 mm时；

2)连续长时间紧张的视觉作业，对视觉器官有不良影响时；

3)识别对象在活动面上，但识别时间短促而辨认困难时；

4)工作需要特别注意安全时；

5)当反射比特别低或小对比度时；

6)当作业精度要求较高，由于生产差错造成的损失较大时。

在工艺设计实践中，照明设计可采用一般照明和局部照明相结合的综合照明方式。一般照明是指厂房照明，包括厂房天灯照明和窗户自然照明，在设计中满足一般作业照明要求即可。局部照明是指工作站位照明，可在工作站位工作平台、装配系统上布置照明光源，需要注意的是在满足照度要求的前提下，采用节能、冷光源照明措施，若非必要，采用特低压电压(安全电压)提供照明能源。在密闭(有限)空间作业时，可采用移动照明装置(头灯、灯带、手电筒等)照明，如图5-13所示。

图 5-13　局部照明

当然，在实际作业中，还存在更加精细的作业场景，比如精度较高的计量、测量、检测等工作，需要识别对象的最小尺寸小于 0.6 mm 时，可采用局部补光增加照度的方式，以满足生产需求。

（六）气体环境

气体环境是指空气中的污染物形成的环境。空气污染，会造成人体皮肤、感官受到不良刺激，感受不舒适，影响工作效率。严重的可能引起疾病或中毒，危害人的健康。同时，一些易燃易爆的粉尘、液雾、气雾在空气中聚集一定的浓度，存在爆炸的风险。因此，应高度关注气体环境。

排除自然环境对空气污染的影响。在飞机装配中，气体环境主要污染有以下几方面：复合材料切削（打磨、制孔）产生的粉尘，产品清洗所用各种化学试剂（乙酸乙酯、丙酮、汽油、酒精等）的挥发，结构密封涂胶所用胶液、隔离剂等的挥发，局部喷涂（漆、缓蚀剂等）形成的漆雾，等等。粉尘污染控制一般采用集尘，对于局部喷涂（漆、缓蚀剂等）形成的漆雾和化学物质挥发，主要采用通风和空气调节的方式对空气进行净化。通风可采用自然通风（即厂房结构形成的通风措施）或机械通风。机械通风中常用通风设备有换气扇、通风机、空调等。对于密闭（有限）空间作业，必须采用机械通风措施，及时将作业空间污染的气体排出，将新鲜的空气引导入，实现空气的对流。此外，也可以合理安排作业计划，将可能产生空气污染的作业安排在周围环境无作业的环节（如晚班），不影响周围作业人员的身心健康。特别需要注意对易燃易爆的气体环境的净化，严格采用防爆器械，严控静电的影响。

（七）安全警示

安全警示是指在作业场所适当部位张贴提醒、警示标语或图片，提醒作业人员注意安全防护，如需要佩戴安全帽、安全带的警示标语或图片，以及注意坠落、跌倒等提醒说明，如图 5-14 所示。

图 5-14　安全警示

在作业现场张贴、悬挂纸质安全规章制度、安装操作规程、安全作业指导书等，也可归类为安全警示的做法。

上述安全设计方案在实际中是综合运用的，要充分结合作业部位的特点，合理运用相应的安全防护措施和手段，特别要注意一些硬核的安全防护措施的运用，最大限度地保护作业人员的安全。

第二节　产品的安全

产品的安全是指产品在装配过程中，因人的不安全因素、物的不安全状态以及管理的缺失造成的损毁现象。常见的有擦划伤、磕碰伤、砸伤以及装配过程中由于工艺方案不合理造成的损伤等。产品安全表现形式是产品质量受到影响，本质是产品安全防护不到位。

同人员安全管理一样，产品安全管理的核心仍然是预防，即根据产品可能存在的安全隐患采取相应的预防措施，防止安全问题的发生，从而保护产品不被损毁。这些预防措施的规划和设计是工艺设计的重要内容。

一、产品表面擦划伤

产品表面擦划伤是指机体表面在尖硬物作用下形成的划痕。轻微的可能造成产品表面防护漆层的损伤，严重的可能形成产品表面镀层、材料结构损伤等不可逆转的损毁，如图 5－15 所示。

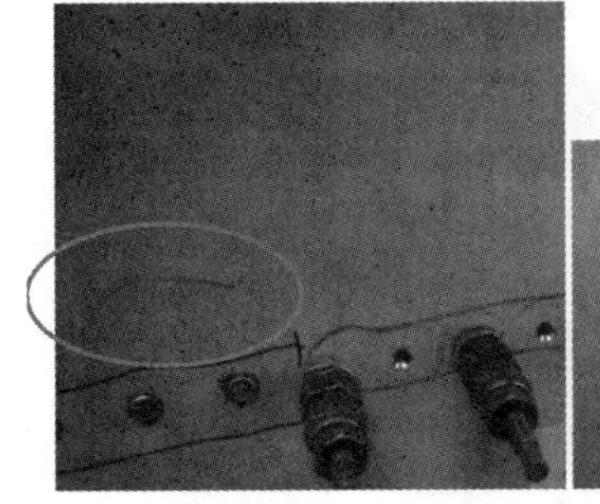

图 5－15　产品表面擦划伤

对于产品表面划伤，最好的预防方法就是将尖硬物与产品隔离，其次是对产品表面进行防护，使坚硬物与产品不发生接触。

(一)隔离法

在设计时，围绕产品的工装、设备、工作梯与产品不接触部分应留有安全距离。特别是工作梯平台，既要保证人员安全，又必须要保证产品安全，如图 5－16 所示。

图 5－16　工作梯与产品间的安全距离

(二)防护法

防护法可从两个方面进行:一方面是被动防护,即对产品进行防护,防止产品被尖硬物划伤,如可在蒙皮表面覆盖塑料布、软垫等,如图 5-17 所示;另一方面是主动防护,即对尖硬物进行防护,防止尖硬物划伤产品,如在工装、设备、工作梯等凸出部分或与产品接触部分进行包扎防护,将工具、刀具放置在工具盒内,使其不直接接触在产品等,如图 5-18 所示。

图 5-17 产品表面防护

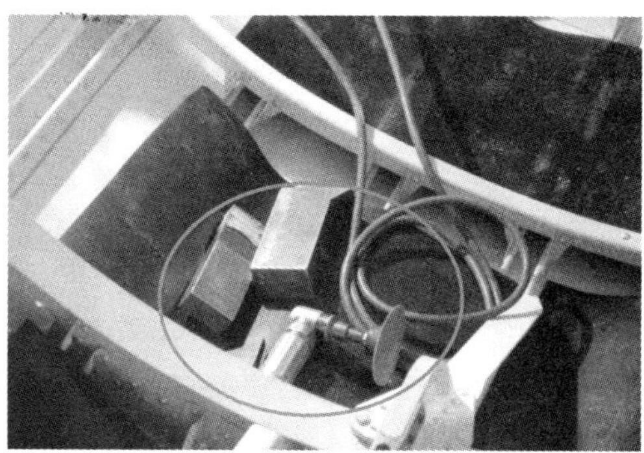

图 5-18 尖硬物的防护

二、产品磕碰伤

产品磕碰伤是指在产品生产运输过程中,或者在生产现场其他物品搬运过程中(如大型工作梯的移动),产品与其他物品发生碰撞,造成产品材料结构发生不可逆的损伤(见图 5-19)。

图 5-19 翻转平台

对于产品的磕碰伤，可从主动防护和被动防护两方面进行预防。主动防护就是产品在运输过程中，使产品与运输路径上可能发生的碰撞物之间间隔一定的安全距离；被动防护是指其他物品运输时，应使其在运输路径上与产品保持一定的安全距离。

（一）主动防护法

1）在产品生产、运输过程中，最容易发生碰撞的环节是产品下架脱离工装、设备的环节。在该环节，应重点考虑产品与工装（特别是定位器、工作梯）、设备之间的安全距离。一般说来，安全距离越大越安全。但是，安全距离过大，可能会造成操作不方便，或者由于工装/设备与产品之间的间隙过大，存在高处人员/物品坠落的隐患。所以，依据 TRIZ 理论（发明问题解决理，Theory of Inventive Problem Solving，欧美简写为 TIPS）的条件分离原理，可将与产品接触的部分设置为可开合的结构形式。如工作梯平台，主体结构可设置为固定平台，与产品接触部分可设置为翻转或伸缩平台，使用时可翻下或升出，产品吊离时可翻上或缩回。如图 5-20 所示。

图 5-20　翻转平台

2）合理规划产品运输方式。一般来说，地面运输方式安全性高于空中运输方式（Automated Guided Vehicle，AGV）。所以，对于大部件的运输，优先采用地面运输的方式。在条件允许的情况下，可采用 AGV 等运输设备，有效保障运输过程的安全，如图 5-21 所示。

图 5-21　AGV 运输设备

(二)被动防护法

在其他物品运输过程中,保持其与产品的安全距离,防止对产品造成磕碰伤。典型的是在装配过程中,由于工作的需要,在工作梯的移动过程中造成产品的磕碰伤。所以,必须采取有效的措施进行预防:

1)合理规划移动路径。在工作梯移动过程中,合理规划移动路径,避免与产品接触,并采取相应的限位措施,使其在移动过程中不偏离规划路径(如采用轨道形式,见图 5-22)。

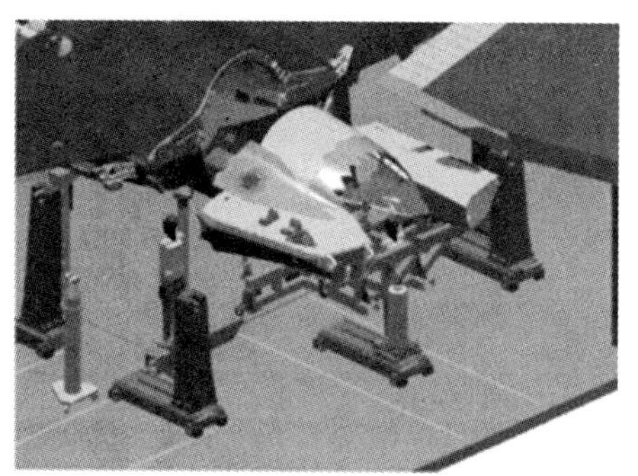

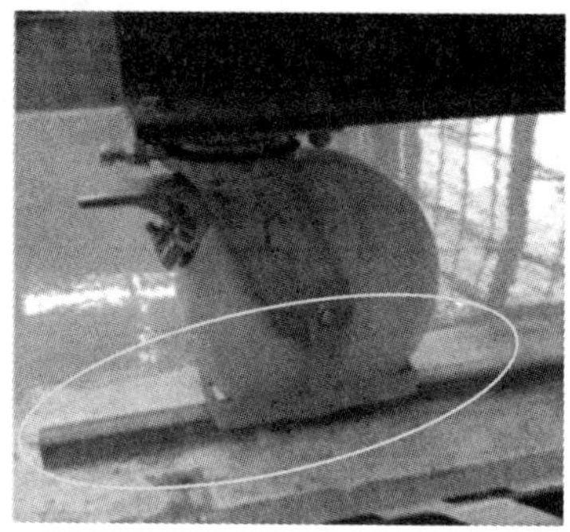

图 5-22 工作梯移动轨道

2)设置限位措施,使工作梯在移动到规定位置后能限位停止,避免与产品发生碰撞,如图 5-23 所示。

图 5-23 限位措施

3)工作梯移动时采用动力装置,尽量避免采用人工搬运。

4)条件许可的情况下,可采用气垫车、AGV 辅助搬运工作梯,如图 5-24 所示。

图 5-24 气垫运输装备

5)设置防碰撞装置,如雷达、传感器等,在工作梯距离产品一定距离时发出警报,或使其自动停止。

三、产品砸伤

产品砸伤是指产品在装配过程中,因高处坠物导致的机体结构损伤。对于产品的砸伤,可从预防物品坠落和对产品加以防护两方面进行预防。产品防护是被动预防,在工艺设计中应确保防护可靠;预防物品坠落属于主动防护,在工艺设计中应优先使用。

1)合理设置工作平台。工作平台边缘设有踢脚板,与产品之间的缝隙既能保证不碰伤产品,又能防止较大物品的坠落,必要时可加挂防护网。

2)合理设计高处作业工艺方案。对可能存在坠落的物品要妥善放置,采取定置放置管理(如较大型工装附件、临时存放的零件等),或通过安全绳悬挂(如高处用的销子、小型的定位器等可用保险绳悬挂在使用位置的近处)。

3)高处作业时,作业人员手持的工具(如风钻、铆枪、顶铁等)应采用安全绳系挂在手腕上,防止使用过程不慎脱手坠落;夹持在工具上的窝头、刀具等应采取可靠的防松脱措施,防止使用过程中脱落。

4)合理规划吊运产品的运输路径,避免在运输路径上存放产品。

四、装配方案不合理造成的损伤

有些产品损伤是由装配方案不合理,特别是流程不合理造成的。如产品下架时,未设置拆除相关工装定位器的操作工步内容,导致产品的撕裂伤,或者在飞机自动化调姿定位过程中,未合理规划调姿路径造成产品的撕裂伤等(见图 5-25)。预防该类产品安全事故的有效方法就是合理设计工艺方案,并采取工艺仿真等方式进行验证,确保工艺方案的可靠性。

图 5-25　工序不合理造成产品损伤

第三节 安全管理

安全管理方针是“安全第一，预防为主，综合治理”。人的不安全因素、物的不安全状态以及管理的缺失在生产过程中都可能造成安全隐患，引发安全事故，造成不必要的损失。“安全第一”是针对安全的重要性而言的，“预防为主”是从技术层面说明如何预防安全事故的发生，“综合治理”则是从管理的角度说明如何防范安全事故的发生。技术和管理是相辅相成的，安全管理必须是技术与管理的结合。如果只有技术没有管理，技术就很难得到落实并发挥作用，如果只有管理而没有技术，则管理就只能成为无水之源、无本之木。本章第一节和第二节从技术层面分别对人员安全和产品安全的预防进行说明，本节从管理的角度予以说明。

一、安全风险识别

安全风险管理是通过识别风险，制定预防管控措施，使风险易于识别，且使发生的概率、影响的程度降到最低，甚至杜绝风险的发生。常用的方法是潜在的失效模式及后果分析(Failure Mode and Effects Analysis，FMEA)，针对工艺设计而言，可采用过程潜在的失效模式及后果分析(Process Failure Mode and Effects Analysis，PFMEA)。

PFMEA是指负责制造和装配的工艺工程师/小组为确保尽最大可能考虑并记录潜在的失效模式和相关的原因/机理而使用的一种分析技术。它是一组系统化的活动，其目的是发现、评价产品/过程中潜在的失效及其后果，找到能够减少或者避免这些潜在失效发生的措施。

前述章节已叙述，工艺设计就是对产品制造的过程和方法的设计。所以，PFMEA就必须在工艺设计的过程以及应用中进行实施，特别是在工艺设计的过程中实施。将PFMEA与工艺设计结合起来，在工艺设计的过程中就能识别风险并开展预防。PFMEA在工艺设计中的位置如图5-26所示。

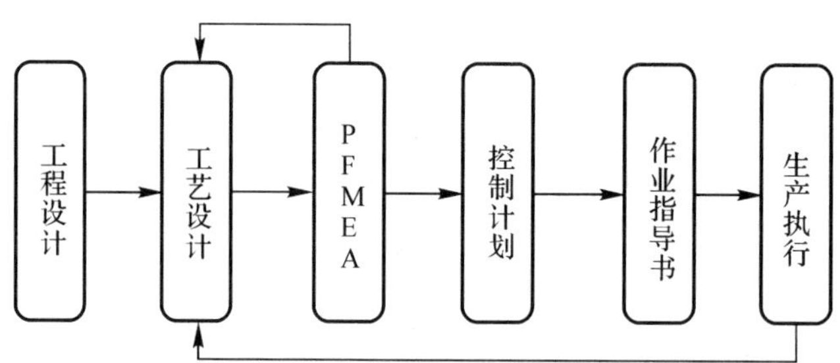

图5-26 PFMEA在工艺设计中的位置

从图5-24可以看出，PFMEA是工艺设计的延伸，通过PFMEA的实施，可以进一步优化工艺设计(包括流程和方法)。同时，基于PFMEA设计，可以衍生出相应的控制计划和控制方法，用于生产执行控制。

针对PFMEA的方法，有专门的书籍介绍，本节不予赘述。下面仅对飞机装配工艺设计PFMEA的应用注意事项作一说明：

1)PFMEA的实施不是“一个人在战斗”，工艺工程师应充分利用团队的力量，包括上下级、平级的同事，以及操作人员、管理人员等，甚至可以纳入产品工程师、用户代表等相关人员，组建项目团队。

2)所有的风险和隐患都是蕴含在流程之中的，需要针对流程的每一个环节进行风险识别，以确保不遗漏。

3)在识别风险的过程中，充分运用相关管理工具(如“头脑风暴”“试验验证”等)，确定风险项目及评定指标[严重程度 Sev、发生频度 Occ、觉察能力 Det 的等级，计算出合理的风险顺序数(Risk Priority Number，RPN)]，作为风险等级划分的依据。

4)依据分析结果，可以对识别的失效模式(风险)进行分级管理，如可界定为高、中、低三级，视情编制相应的控制计划，制定控制方案(如点检表、作业指导书等)，制定与之相适应的风险管理策略。

5)PFMEA 实施，可以借助相关的软件进行，以提升效率，降低出错概率。

6)PFMEA 是一个动态的过程，遵循 PDCA 循环原则，贯穿产品制造全过程。当工艺设计发生变化、生产要素发生变化，或者产品质量状态发生变化时，都应该重新进行 PFMEA 分析，持续完善提升。

二、安全风险管理

安全风险管理是指针对已识别的生产经营活动中存在的危险、有害因素，运用定性或定量的统计分析方法确定其风险严重程度，进而确定风险控制的优先顺序和风险控制措施，以达到改善安全生产环境、减少和杜绝安全生产事故发生的目标而采取的措施和规定。在飞机装配工艺实践中，可按照下列步骤开展安全风险管理。

(一)确定风险等级

风险等级的设定依据主要是其危害程度，可以 PFMEA 分析确定的风险顺序数 RPN 作为主要评判指标确定风险等级。一般可将风险划分为高、中、低三个等级进行管理，不同的等级采取不同的管控措施。

“低风险”是指危害易于发现和识别，发生频次不高，发生后危害不严重的风险，一般管控级别可控制在班组范围内，即由班组长作为风险控制者即可，如一般工序中可能发生的人员轻微磕碰伤、产品的擦划伤等。

“中风险”是指危害较为不易发现和识别，危害程度发生频次较高，发生后危害较为严重的风险，一般管控级别可控制在单元(工段)范围内，即由单元长(工长)作为风险控制者即可，如设备制孔、调姿工序、关键工序等过程中可能发生的人员、产品的伤害。

“高风险”是指危害不易发现和识别，危害程度发生频次高，发生后危害严重的风险，一般管控级别需控制在车间(厂)范围内，即由车间主任(厂长)作为风险控制者，如大部件上下架、转运中可能发生的人员、产品的伤害。

(二)确定管控节点

风险来源于流程和方法，风险识别也是识别流程和方法中的风险。所以，风险管控也是管控流程和方法中的风险。因此，确定风险管控的节点，就是管控可能发生风险的流程环节，如

图 5-27 所示。

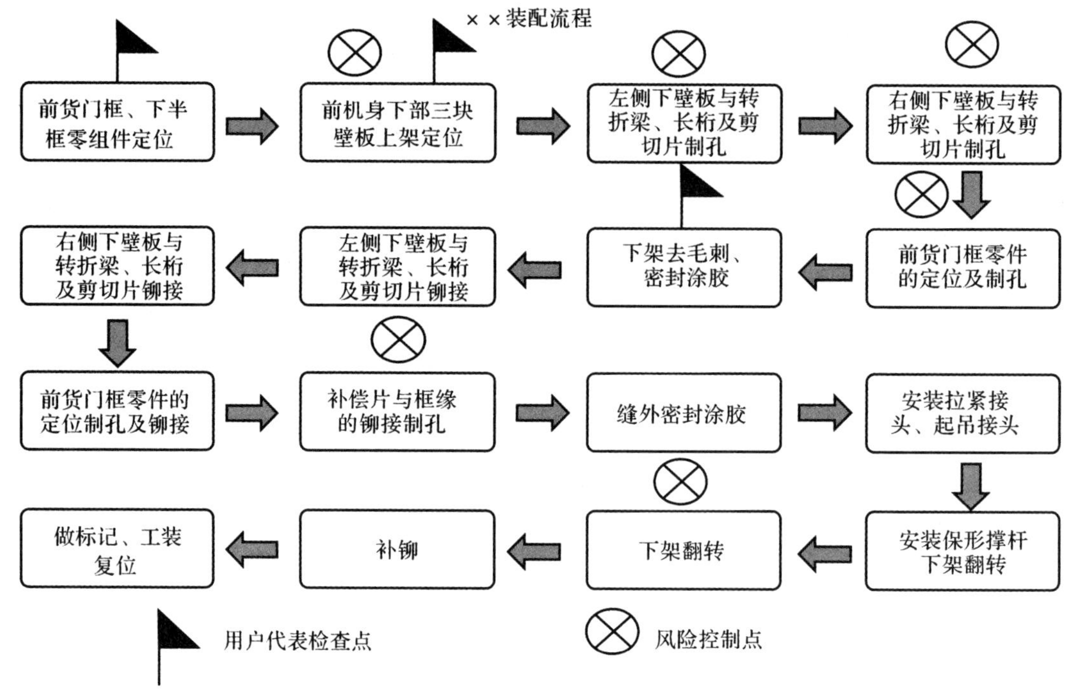

图 5-27 流程风险管控

风险管控需要遵守预防为主的原则，即在流程即将开始和方法即将实施之前进行管控。除前面所述的工艺设计阶段采取的预防方法外，还可采用检查表进行风险管控。

检查表就是将预防风险发生所采取的措施汇列成表，确定各项措施的具体负责人以及检查的频次，并依据不同的风险等级由不同等级的管理者确认的一种方法。这种方法能够确保措施的落地执行。检查表的式样可参考表 5-2。

表 5-2 风险检查表

编号：

装配单元		工序号		
序号	检查项目	检查情况	检查人	复查人
1				
2				
⋮	⋮	⋮	⋮	⋮

(三)确定管控方法

管控方法是指预防风险发生所采取的措施。在制定管控措施时应考虑措施的可行性、安全性和可靠性。要确保措施可执行，且在执行的过程中不形成次生的安全隐患或发生次生的安全事故，措施应具有针对性，能对症下药。管控措施和方法应包括技术措施、管理措施、培训教育措施以及个体防护措施。其表现形式可以是安全规章制度、安全操作手册、安全操作规程、安全操作标准作业指导书、现场警示标语和图例等。

此外，安全教育是风险管理的重要举措之一，生产线各类人员必须知安全、懂安全，有安全风险意识，具备安全防范技能，掌握安全生产方法。

本章小结

生产必须安全，安全保障生产。安全生产是企业经营活动的重中之重，是不可逾越的红线之一。本章针对飞机装配生产过程，分别从人员安全和产品安全两个方面，分析了各类安全隐患以及采取的防范措施，力图从消除人的不安全因素、物的不安全状态以及管理的缺失等方面进行防控，从源头消除安全隐患，预防不安全事件的发生，最大限度地保障生产过程中人和产品的安全。

安全管理必须是技术与管理的结合。工艺设计作为生产制造的重要环节，也是安全预防的重要环节，在工艺设计过程中，工艺工程师应从技术防范的层面，将安全预防贯穿到设计过程之中，从流程控制、预防方法等方面采取强有力的措施。

第六章　标　准　篇

工艺标准化是指基于生产的特点，运用标准化的手段把产品制造的工艺过程、方法、工艺要素和工艺文件等进行规范、统一和简化，从而实现工艺的标准化，达到提高工艺文件质量、缩短工艺文件编制周期、加强工艺设计过程管理、提高工艺设计质量和效率的目的。依据工程实践，工艺标准化可分为工艺管理标准化、工艺技术标准化。工艺标准化是工艺知识化管理的基础，通过工艺标准化实施，形成标准化的工艺知识，开展知识化管理，使工艺设计基于知识展开，促进企业工艺设计能力的提升。

第一节　工艺管理标准化

工艺管理是指对工艺设计的科学计划、组织、实施的全过程，是对工艺设计的各方面、各环节进行有效管理和控制，使工艺设计能有序、高效地展开，并能持续优化发展。工艺设计是工程设计的延伸。在第一章综合篇中提到，工艺设计可与工程设计并行开展，并在此过程中，将工艺需求转换为设计技术要求的一部分，实现设计与工艺的融合。该过程属于工艺设计的前期工作，更多是基于工艺设计管理方面所做的工作。所以，工艺管理标准化对该阶段起指导性作用。

一、工艺管理内容

工艺管理内容可按照工艺设计管理流程进行梳理，工艺管理内容包括以下几方面。

(一)预研阶段

预研阶段重点是紧密联系设计，适时了解和掌握设计进程及设计方案，分析并梳理工艺需求，特别是涉及新工艺、新技术、新装备、新材料的需求。

工艺需求分析是基于设计方案进行的。在需求分析过程中，首先应对当前工艺技术水平和能力有充分的认知，评估当前工艺技术水平和能力是否满足所设计的产品制造要求。若满足需求，则可基于工艺技术的发展适当开展相关新技术的研究和应用；若不满足需求，则需要有针对性地开展工艺技术研究，进行技术储备。在工艺分析的同时，应适时与工程设计人员协调沟通，在必要的情况下应与设计人员共同开展工艺研究，持续优化、完善设计方案和工艺研究的内容。

工艺需求分析包含两大方面的内容：产品分析和工艺分析。产品分析是针对产品设计的分析，梳理产品的特点及相关技术指标、要求，是工艺分析的输入；工艺分析是建立在产品分析的基础上，重点分析工艺需求和评估工艺能力，为开展工艺研究奠定基础，如图 6 - 1 所示。

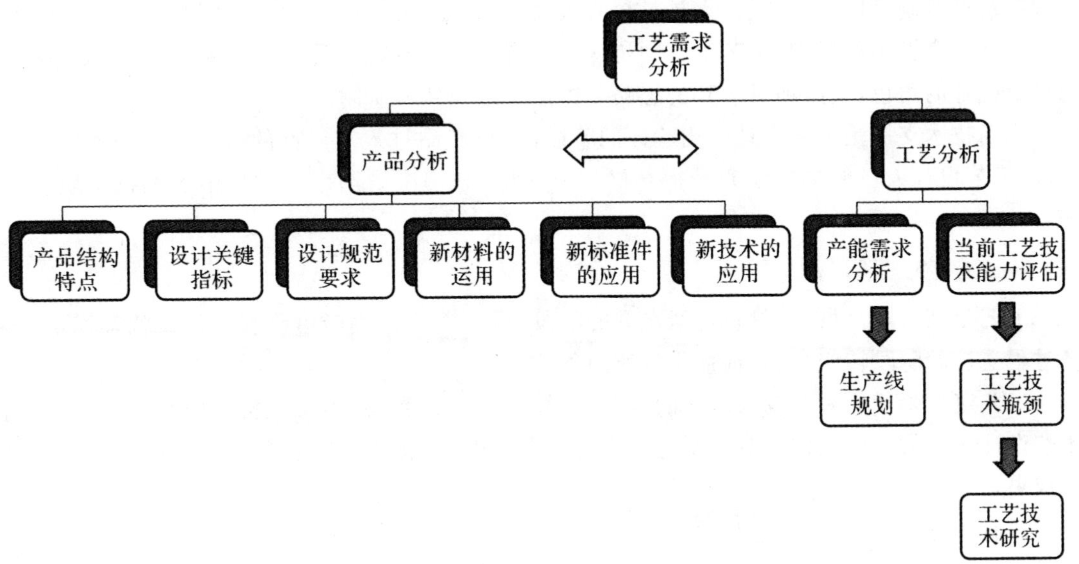

图 6-1　工艺需求分析

1)产品结构特点分析:了解产品结构尺寸、特征,分析产品有无特殊结构(如封闭区、高精度交点等),了解有无特殊结构的零件(如大型机加件、钣金件、特殊材料零件等);了解长桁、框、肋、梁等主体骨架的设置;了解外表面蒙皮(壁板)的分块情况;了解结构分段情况以及分离面的结构特点等。

2)设计关键指标要求:外形准确度要求,交点精度要求,连接件制孔精度要求,涉及飞机功能、性能的指标要求等。

3)设计规范要求:若选用新的设计规范,则应分析新规范的要求,按照新规范确定相关的工艺研究内容。

4)新材料的运用:若选用新材料,则应重点考虑新材料的制孔加工工艺方案,规划相应的工艺试验。

5)新标准件的应用:若选用新标准件,则应重点考虑标准件的安装工具的选型。

6)新技术的应用:若有新技术的应用,则应重点考虑新技术的实现方式,以及是否涉及新的装备需求等。

7)产能需求分析:产能关系到生产线的建设,按照产能需求规划生产线的水平和能力。

8)当前工艺技术能力评估:准确评估当前工艺技术水平和能力,如其是否满足新产品的制造需求。结合对产品的工艺分析,梳理不能满足制造需求的技术瓶颈,规划工艺研究内容。

9)新材料、新技术、新工艺、新装备需求:按照当前设计要求及技术瓶颈,规划涉及“四新”应用的需求,必要时应规划工艺技术研究。

10)技术研究、储备:按照确定的工艺研究内容,立项相关研究的攻关、课题,组织专业化团队开展工艺研究,做好技术储备工作。

(二)新机研制阶段

新机研制阶段是工艺设计的主要阶段,大量的工艺设计工作都在这一阶段开展。其相关内容在第三章设计篇已进行了说明,此处不赘述。

在新机研制阶段，工艺设计人员是核心人物，承担了从工艺设计到生产组织的多重职责。在第一章综合篇中就提到，工艺工程师是一个具有多行业专业素质的综合体，特别应该是一个项目工程师的角色，按照项目运营的思路和方法来组织新机研制。

现场技术支持是工艺设计应用验证的阶段，也是产品进入实质性的研制生产阶段。在该阶段，工艺设计人员的主要任务是指导操作人员生产、解决研制生产过程中各类技术质量问题等。

(三)工艺定型阶段

工艺定型阶段是设计定型、生产定型的阶段，标志着飞机生产由研制向设计状态稳定、生产过程受控的阶段转变，达到批量化生产的条件。

工艺定型阶段是一个较为漫长的过程，一般需要经过数年、多架飞机的研制。在此阶段，工艺设计人员的重点工作是对研制过程进行总结分析，开展工艺精益化改进工作，固化工艺设计成果，积淀并形成工艺知识库。

1)研制过程总结分析：适时对研制阶段进行总结，梳理研制过程中发生的各类技术、协调、质量问题。分析工艺设计中存在的问题、产品制造过程中存在的问题、产品质量状态等，并将问题分类汇总进行分析，确认问题的原因，制定相应的改进措施，“拉条挂账”予以解决。

2)工艺精益化改进：工艺精益化改进是持续优化改进的过程，详见第七章精益篇。

二、工艺管理标准化

工艺管理标准化就是将工艺管理各阶段工作的业务流程、方法进行规范化、体系化、标准化，形成程式化的工作条例、图示化的工作流程和表单化的工作方法。需要注意的是，表单化的工作方法不仅仅是表单化，包括在工艺设计过程中形成的报告、方案、图表等制式性、文档化的资料，这些可作为工艺设计人员开展工艺设计工作的指导教程和新员工的培训教材。同时，这种方式能有效避免工作中的错漏和缺失，工作过程中的表单化记录的相关内容也是后续工艺技术标准化工作的素材。

工艺管理标准化的工作包含且不限于表6-1所示的部分，其表现的业务流程、表单格式在各主机厂存在差异性，是单位的业务体系构成的一部分。

表6-1　工艺管理标准化清单

<table>
<tr><th>序号</th><th>业务域</th><th>子业务域</th><th>业务流程</th><th>业务表单</th><th>阶段</th></tr>
<tr><td>1</td><td>设计需求分析</td><td>设计需求分析</td><td>设计需求分析</td><td>分析报告</td><td rowspan="11">预研阶段</td></tr>
<tr><td rowspan="10">2</td><td rowspan="10">工艺需求分析</td><td rowspan="5">2.1 产品分析</td><td>2.1.1 产品结构特点分析</td><td>分析报告</td></tr>
<tr><td>2.1.2 设计关键指标要求</td><td>指标清单</td></tr>
<tr><td>2.1.3 设计规范要求</td><td>规范清单</td></tr>
<tr><td>2.1.4 新材料的运用</td><td>分析报告</td></tr>
<tr><td>2.1.5 新标准件的应用</td><td>分析报告</td></tr>
<tr><td rowspan="5">2.2 工艺分析</td><td>2.1.6 新技术的应用</td><td>分析报告</td></tr>
<tr><td>2.2.1 产能需求分析</td><td>分析报告</td></tr>
<tr><td>2.2.2 当前工艺技术能力评估</td><td>评估报告</td></tr>
<tr><td>2.2.3“四新”应用需求</td><td>分析报告</td></tr>
<tr><td>2.2.4 技术研究、储备</td><td>课题研究</td></tr>
</table>

续表

序号	业务域	子业务域	业务流程	业务表单	阶段
3	顶层工艺设计	3.1 工艺性审查	工艺性审查	审查报告	工艺设计阶段
		3.2 工艺总方案	工艺总方案制定	工艺总方案	
		3.3 工艺协调方案	工艺协调方案制定	工艺协调方案	
		3.4 XBOM 的构建	XBOM 的构建	XBOM	
		3.5 工艺协调性图表	工艺协调性图表编制	工艺协调性图表	
		3.6 指令性状态	指令性状态制定	指令性状态	
4	工艺方案设计	4.1 装配单元划分	装配单元划分	装配单元树	
		4.2 装配站位划分	装配站位划分	装配站位清单	
		4.3 装配基准设计	装配基准设计	装配基准集	
		4.4 装配流程设计	4.4.1 装配级流程设计	流程图	
			4.4.2 站位级流程设计	流程图	
			4.4.3 工序级流程设计	流程图	
		4.5 定位方式设计	定位方式设计	定位方案	
		4.6 制孔、连接工艺设计	4.6.1 制孔工艺设计	工艺方案	
			4.6.2 连接工艺设计	工艺方案	
		4.7 工艺方案	工艺方案	工艺方案报告	
5	详细工艺设计	5.1 工艺装备技术条件编制		工艺装备技术报告	
		5.2 零、组件交付状态制定		交付状态表	
		5.3 工具选型		工具清单	
		5.4 刀具选型		刀具清单	
		5.5 工艺指令编制		装配 AO	
		5.6 工艺评审		评审报告	
6	现场技术支持	6.1 跟产记录		跟产记录	现场技术支持阶段
		6.2 首件鉴定		鉴定报告	
		6.3 质量评审		评审报告	
7	工艺定型	7.1 研制总结		总结报告	工艺定型阶段
		7.2 工艺改进		改进记录	
		7.3 工艺标准化			

注：表中所列“业务表单”是业务所需系列资料文档的集合，非单指某一类型文档。

第二节　工艺技术标准化

工艺技术是指产品制造方法，包括工艺路线、工艺流程、工艺方法、工艺指标、操作要点、工艺控制等。工艺技术是工艺设计的核心能力，是企业技术能力的集成体现。开展工艺技术标准化，对提升企业制造能力、规范技术发展、保障产品研发具有重要的意义。

工艺技术标准化就是从工艺技术的梳理上入手。在第二章基础篇和第三章设计篇中，详细介绍了工艺技术的相关内容。工艺技术标准化就是将这些工艺技术进行分类整理，形成结构化、参数化的工艺知识。

产品的分族分类是实施标准化的基础。由于分族分类的标准不同，有不同的分类分族方法和结果。

一、产品的分族分类

在第二章基础篇和第三章设计篇中，提到了飞机部件装配的流程和方法，一般来说，不同类的飞机部件装配基本具有相似的流程和方法，所以，按照流程和方法进行分族分类没有技术意义。对于飞机部件的分族分类，一般按照产品结构进行。按照结构的相似性，飞机部件一般可分为以下几种类型：

1）壁板类：形成飞机外表结构的部件，如机身壁板、机翼壁板。壁板类组件一般由骨架、蒙皮、连接片等结构件构成。

2）框梁类：是飞机机体的主传力结构，或飞机部件结构的主体骨架。

3）舱门口盖类：主要是飞机的舱门、口盖等组件，这些组件一般为互换件，具有相对完整的结构，由内外蒙皮、内部骨架等结构件构成。

4）部件类：由多个组件组成，是飞机机体结构的次级组成部分，如机头、中机身、翼盒等部件。

5）其他异形构件：无法归类于上述各类的组件，如一些系统安装架、主要安装交点等。

基于产品的分族分类，可以对某一族类产品的工艺设计进行标准化，制定相同（或相近）的工艺流程和方法，用以指导同类产品的工艺设计。

二、工艺流程标准化

飞机装配的主要流程可概括为定位—制孔—连接。但针对不同类型的产品，在流程上还是有差异性的。如：在定位、制孔、连接方面存在顺序、范围的差别；基于不同的功能需求，在流程环节还可能增加其他操作，如定位钉的安装、余量铣切、打磨，结构密封涂胶，清除多余物，过程的检查、测量、测试等。所以，在标准化方面，可以按照不同类型的产品进行差异性制定。

流程顺序确定的原则是基于协调基准的，一般应先定位作为基准的零件，先从具有协调关系的部位开始制孔连接。本节以壁板类产品为例对流程标准化进行说明。

壁板类产品定位应基于协调基准确定。以外形为基准的定位，应先定位外表面蒙皮，再定位内部骨架；以骨架为基准的定位，应先定位内部骨架，再定位外表面蒙皮。对于有多个分块的蒙皮，应先定位基准蒙皮，再按顺序定位其他蒙皮，将误差积累到具有协调的关系的零件上；在骨架定位上，同样应先定位作为基准的骨架，如加强框、加强长桁等。这样，壁板类组件装配的标准流程一般如图 6-2 所示。

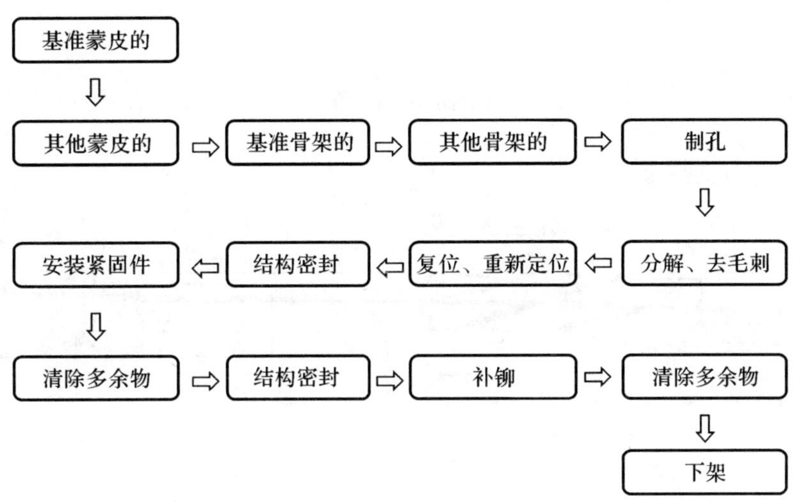

图 6-2 壁板类组件的标准工艺流程

当然,上述流程属于基本的高阶流程,流程的每个环节还可以向下分解,形成详细的低阶流程,以指导具体的装配流程设计。

三、工艺方法标准化

工艺方法是指工艺流程的每一个环节具体实现的方法。在第二章基础篇、第三章设计篇中,已对各类工艺方法进行了详细的说明,在第四章质量篇、第五章安全篇、第七章精益篇、第八章产线篇等章节中对这些方法在具体运用中如何联系实践做了说明,此节不再赘述。对于工艺方法标准化,就是要针对产品族类,制定通用、标准的方法,以指导同类产品的工艺设计。

在工艺方法标准化方面,针对不同族类的产品,形成结构化的工艺方法。如针对蒙皮的定位方法,对于蒙皮的外形(内形)定位,可采用蒙皮外形(内形)卡板、真空吸盘的方式,对于蒙皮的边缘定位,可采用边缘挡件、蒙皮耳片等方式。在工艺标准化过程中,可按照蒙皮大小、定位基准等输入条件选取相应的定位组合形式。

四、工艺参数标准化

工艺参数是指完成某项工作的工艺的一系列基础数据或指标,这些数据或指标构成工艺设计的主要内容。大多工艺参数是基于大量的工艺试验和工程实践得来的,具有一定的经验性和实践性,不可能 100%通过理论分析和证明。在工程实践中,应将这些工艺参数进行标准化,用以指导工艺设计。

以手工制孔工艺设计为例,工艺参数标准化包括下列内容。

(一)确定工艺参数类型

制孔工艺设计包括工具选型设计和刀具选型设计。选型过程就是对工具、刀具参数进行确定的过程。

工具参数类型包括工具的转速、进给速度(自动进给钻)、输出功率等,刀具的参数类型包括刀具的类型(钻头、扩孔钻、铰刀等)、尾柄形式(直柄、锥柄、螺纹柄等)、切削量、公称直径、刀刃长度、前引导直径、前引导长度等。这些参数也是刀具设计的标注,如图 6-3 所示。

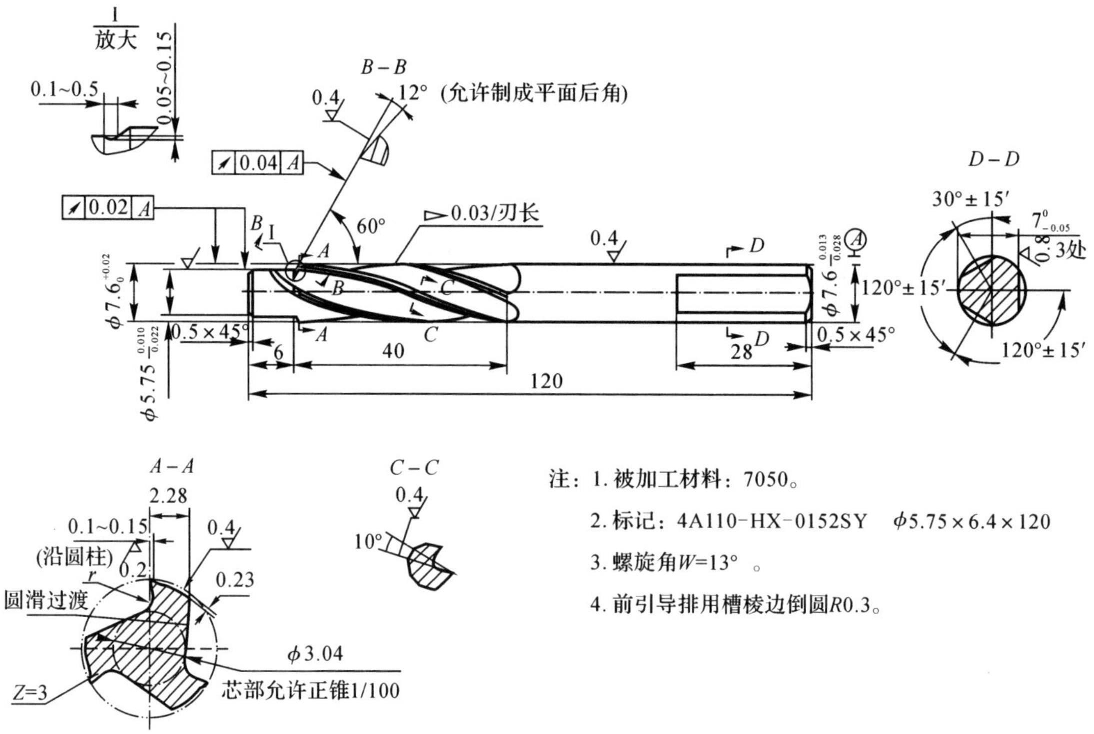

图 6-3　刀具参数及其设计标注

(二)确定工艺参数

工艺参数一般是通过大量的工艺试验和工程实践获得的。在工程实践上,一般采用正交试验的方法获取工艺参数。所谓正交试验,就是基于多因素、多水平的试验方法,根据正交性从全面试验中挑选出具有代表性的点进行试验,以确定最优的参数组合(关于正交实验,请参阅相关资料,此处不赘述)。

(三)参数的结构化

参数的结构化就是基于所制孔的要求,将上述参数进行结构化表示,如列表表达,形成参数表。在工艺设计过程中可以查表,获得所需要的工艺参数,以此作为刀具设计的输入以及刀具选型的输入。

五、工艺装备标准化

工艺装备标准化表现在两个方面,一是工艺装备标准化管理,二是基于产品结构特征的标准化工艺装备。

工艺装备标准化管理是指在工艺装备设计、制造及使用方面进行的一系列标准化的活动,是工艺标准化的重要组成部分。通过工艺装备标准化的相关工作,建立相关的工艺装备设计、制造和使用标准,对工艺装备进行简化,压缩不必要的品种和规格,发展和使用组合式(模块化)工艺装备,缩短工艺装备研发周期,扩大工艺装备的使用范围;尽量使用标准化的工艺装备，特别是针对连接标准件所用的刀具、量具，企业应当形成标准化的刀具库、量具库。

标准化的工艺装备是指工艺装备标准化的指导性结果。开展标准化的工艺装备设计、制造，尽可能采用标准化、模块化的零件组成相应的工艺装备，使工艺装备形成模块化、标准化、系列化的产品，供工艺设计选用。

六、工艺文件标准化

工艺文件是工艺设计的集成成果，是指导操作人员操作的文件体系，包含工艺规程、工艺指令、作业指导书等。工艺文件标准化是工艺设计的结构化表达，对工艺文件的种类、格式、内容等进行标准化，形成成套、完整、统一的文档。在工艺设计过程中，可以直接引用，进行适应性的修改即可。

以装配指令为例，在工艺文件标准化的过程中，各主机厂基于CAD的思想，开发了相应的工艺设计系统，在指令的格式上已进行了统一的标准化，但在指令内容上还主要依靠工艺设计人员的经验和技术水平编制。所以，开展指令内容标准化是工艺文件标准化的主要内容之一。

装配指令是由工艺设计人员编制的，指导操作人员操作的操作性工艺文件，是对工艺流程和方法的结构性表达。其一般内容包含操作依据、操作内容和操作结果三部分，即依据相关设计文件、工艺文件、管理文件，采用相应的方法进行相应的操作，达到相应的目的。在指令内容标准化上，就是对这些内容进行结构化、制式表达，以便于工艺设计的引用。具体见表6-2。

表6-2 指令标准化(节选)

项目名称	序号	零件定位(工装定位)	备注
AO内容	10	依据产品数模××××，设计文件×××-JT530-×××、工艺规范×××12×××，利用工装4A××××定位安装零件×××-××××××××××-××1	
操作规程	10.1	将工装4A×××或其上的定位器、销×××等)的×××端与零件×××-××××××××××-××1贴合(平齐、夹紧、插入定位销等)，注意定位的航向(方向)，利用工装4A××××(或其上的定位器、销×××)将零件×××-××××××××××-××1定位安装在×××部位上(之间)[具体定位见图××(按需:标明定位基准和定位尺寸)]	按需附图
	10.2	检查定位零件×××-××××××××××-××1与工装定位器是否贴合(平齐、夹紧等)，或检查零件与相关刻线(基准块等)是否贴合(平齐等)，其他尺寸是否符合要求等，或检查定位销转动是否灵活等。	
	10.3	利用零件×××-××××××××××-××1的导孔(明确数量、位置)将零件与零件固定在结构(零件、组件等)×××上，按零件上ϕ3.1 mm(或ϕ2.7 mm)的导孔，用ϕ3.1 mm钻头(ϕ2.7 mm钻头)4A×××通过零件;×××-××××××××××-××1向结构(零件、组件等)×××-××××××××××-××2透孔，共×个，并用ϕ3.0 mm(或其他尺寸)定位销将零件与结构(零件、组件等)×××-××××××××××-××2固定好(或用弓形夹等夹具)	
	10.4	待零件×××-××××××××××-××1与结构固定好后，将工装(钻模或小型夹具等)4A×××拆除，返回至×××(工具室、放置架等)	按需设置

第三节　工艺标准化管理

工艺标准化在提高工艺设计效率、缩短工艺设计周期、提升工艺设计质量，以及使工艺设计具有传承性方面具有显而易见的效果，对于组织工艺能力的提升具有重要的意义。

一、工艺标准化的意义

工艺标准化工作对管理和工艺设计具有非常重要的意义，包含但不限于以下几方面：

1)通过工艺管理标准化，对工艺设计过程涉及的管理业务进行流程化管理、结构化表达，有效搭建产品设计与工艺设计、各种工艺过程之间的沟通渠道，保证衔接配套，保证设计过程的可控，促进管理水平的提高，进一步保证工艺设计与工艺方案的质量。

2)通过工艺技术标准化，对产品进行分族分类，对具有重复性的工艺和工艺方案进行一次性设计，减少工艺设计的周期，提升工艺设计的效率，保障工艺设计具有延续性、继承性和发展性，有利于组织工艺能力的提升。

3)通过工艺文件的标准化，能够统一工艺文件的格式、内容，便于档案管理以及系统性的改进，便于提升工艺文件编制的质量。

4)通过工艺标准化管理，能够压缩工艺装备的品种规格，缩短生产准备周期，降低制造成本。

5)按照产品的族类，建立典型产品的工艺标准和操作标准，为组织的成组加工和专业化生产创造条件。

二、工艺标准化管理的原则

工艺标准化管理是企业标准化管理的一个重要组成部分，涉及面广、工作量大，尤其需要强化管理，才能使之正常运行，取得良好的成效。在工艺标准化管理工作中，需要遵循以下一些原则。

(一)与产品设计标准化工作相结合

工艺设计是产品设计的延伸，是产品全寿命周期的重要环节。工艺标准化工作必须与产品设计标准化工作相结合，形成产品标准化的前提。在工艺标准化过程中，应以设计标准化为依据，制定从产品设计到工艺设计的成套标准；针对设计要素识别相应的工艺要素，开展工艺标准化工作。如把产品所采用的标准件、通用件安装制定为典型的工艺规程，针对产品的结构要素制定相应的工艺标准，或将企业成熟的工艺标准推送给产品设计，使产品结构要素尽量通用和统一。

(二)工艺标准要适时修订，并保证相对稳定

工艺标准制定后，不是一成不变的，而是应根据实际情况进行适时的修订完善，但同时应保证相对的稳定，确保知识得以传承。

工艺标准修订的输入一般是设计输入和工艺输入。设计输入是指产品设计方提供的输入，涉及产品的变化，包括改进、改型、升级、换代等，以及设计标准的变化；工艺输入是指工艺

设计方提供的输入,包括组织变革、工艺技术提升、工艺标准变化等。

(三)工艺标准化应系统规划,统筹实施

工艺标准化是一项系统工程,应系统规划,统筹实施。主机厂工艺主管部门是工艺标准化的牵头协调部门,应按照公司的发展规划制定标准化的目标和实施路径,建立健全标准化组织,以型号研制为基础,统筹开展标准化工作,使标准化工作具有系统性。

三、基于知识管理的工艺标准化

工艺标准化管理的路径与方法是知识管理。

所谓知识,是经过人的思维整理过的信息、数据、形象、意向、价值标准以及其他社会化符号的产物。知识管理是组织的行为,需要组织文化、组织体系和技术体系作为支撑,对知识的鉴别、创造、获取、存储、共享和应用流程进行管理,是将隐性、离散、个人的知识进行显性化、结构化、参数化和组织化,将知识作为组织的战略资源,作为一种管理思想和方法体系。知识管理以人为中心,以数据、信息为基础,以知识的创造、积累、共享及应用为目标,实现组织的可持续发展,提高员工的素质及工作效率,增强客户的满意程度,提升组织的运营绩效。

飞机装配工艺知识可以分为工艺管理知识和工艺技术知识两大类。工艺管理知识是指工艺管理业务的流程和方法,表现为文件、制度、规范等,这方面一般主机厂都有大量的体系性文件作为支持,具备组织化的规模;工艺技术知识是指产品制造流程和方法,包括工艺路线、工艺流程、工艺方法、工艺指标、操作要点、工艺控制等。这些知识大多在工艺技术人员的头脑里,呈现隐性化、离散化、个人化的特征。工艺技术知识包括以下几方面:各种常用安装工具模型及这些工具的安装使用方法;装配测量操作知识,包括各种检具、量具模型及标准的测量动作;结构装配工艺知识,包括各类紧固件连接装配方法和参数、常见机构装配方法等;装配人机工程知识,包括人体模型及人体测量数据统计知识、人体姿势动作知识、各种姿势动作位置分析知识;典型部件和结构装配工艺知识,包括典型部件的装配工艺路线、典型结构的标准装配工序等。在标准化的过程中,工艺技术知识表现形式为标准工艺文件,包括工艺规程、装配指令、标准作业指导书、标准工艺参数库等。

信息化是知识管理的实现手段,知识管理需要构建一个开放的知识库,在装配工艺知识库中,根据需要对不同类型的知识进行数据建模,支持表格、图形、文字、流程图等多种不同形式的知识表达形式,其核心是用参数化、结构化的方式表达的知识规则,用户可以在应用过程中不断总结有价值的知识,按知识库的逻辑结构录入系统,不断丰富知识库内容。

通过对装配经验性知识的总结和提取,获取飞机装配设计中的原知识和具体知识,利用人工智能领域知识表达的研究成果,如产生式、框架等知识表达方法来描述装配专家知识,构建飞机装配专家知识库,实现 AO 数字化设计功能,统一规划装配知识库管理系统(既要实际考虑现有实际条件和应用,又要全面考虑数字化装配技术未来发展的需要),使装配知识库管理系统具有实用性和可扩充性,并为未来型号研制并行工作的全面实施提供实用可靠的基础数据库。

基于知识管理的工艺标准化,可以驱动工艺设计,使工艺设计显性化、流程化和模块化;基于信息化的知识管理,更能使工艺设计活动智能化、闭环化。

本 章 小 结

本章对工艺标准化工作进行了说明。工艺标准化包括工艺管理标准化和工艺技术标准化两个方面的工作。开展工艺标准化工作，是工艺设计工作的重要组成部分。在工艺设计中，不仅仅是要运用标准来驱动工艺设计，更需要适时总结、提炼标准。在工艺标准化的实施中，应基于知识管理工具，使隐性知识显性化，使个人知识组织化，使显性知识结构化、标准化，提升组织的知识能力。

第七章 精 益 篇

精益生产是为了适应市场多元化的需求，适用于多品种、小批量的一种生产方式。其基本要求是只在需要的时候，按照需要的数量，生产需要的产品。精益生产强调的是按销售订单进行生产，按市场需求进行生产，这种生产的核心是追求一种无库存的生产系统或使库存达到最小的生产系统，从而消除企业生产的各个方面的浪费。对于飞机产品来说，非常符合多品种、小批量生产的特征。作为飞机制造的工艺设计环节，是生产的基础，能否在生产过程中实现精益生产的方式，是在工艺设计环节应考虑的问题。

第一节 工艺设计精益化

工艺设计精益化就是在工艺设计过程中，充分贯彻精益思想，运用精益工具，设计符合精益思想、能指导精益生产的工艺流程和方法。工艺精益设计是精益制造的源头。在工艺设计精益化过程中，设计的对象是知识性的产品，参与设计的人员是具有相关知识的工程师。由于人具有主观能动性，以及掌握知识的程度各不相同，所以，在很大程度上，工艺设计精益化程度取决于工艺设计人员的理解力和感受力。

和传统的工艺设计相比，精益化的工艺设计是对整个产品的设计、制造实现全过程的把控，关注全过程的生产资源和要素，关注全过程的制造周期，关注全过程的价值流向，关注全过程物流布局，关注全过程的制造成本，关注全过程的计划协调，等等。所以，工艺设计精益化体现在流程、方法、布局、物流、价值流、计划协调等方面。

工艺精益化设计开展一般包括三个方面的工作：工艺精益化、工艺稳健化和工艺标准化（参见第六章标准篇）。这三个方面是具有逻辑关联的有机整体。工艺精益化是基础，工艺稳健化是保障，工艺标准化是巩固。华为在推行一系列引进的管理体系和管理规则时，提出了“先僵化、后优化、再固化”的策略，工艺精益化也遵循这一原则。应对原有的工艺设计进行实践验证（僵化），通过验证发现问题进行优化改进（优化），采取技术和管理上的措施（标准化）确保优化改进的工艺过程稳健运行（固化）。当然，这一过程也遵循 PDCA 法则，精益求精，持续改进。

一、工艺精益化目标

工艺精益化应设定改进指标和目标，指标围绕提高效率和产品质量以及降低成本等方面提取，例如生产周期、工序数量、一次交检合格率及在制品数量等。按照一般目标管理的要求，精益化目标的设定应遵循 SMART 原则，即：

1. S(Specific)：具体的

工艺精益化的目标应是具体的，应用具体的要求清楚地说明要达到的目标，如提高劳动效率、缩短生产周期、提升产品质量等。

2. M(Measurable)：可测量的

目标应是量化可测的，目标实现的绩效指标数据是可以获得的，如提高劳动效率 30%，缩短周期 10 个工作日，提升一次交检合格率 30%等。

3. A(Attainable)：可实现的

目标在付出努力的情况下是可以实现的，目标必须在现有基础上提升，但不能脱离实际，避免目标设立过高或过低。

4. R(Relevant)：相关性

精益化的目标与其他业务目标应是相关联的，能相互促进、相互提升。

5. T(Time-bound)：时限性

目标应在规定的时限范围内达到或完成，而不是作为愿景仰望。

二、工艺精益化改进方法

工艺精益化改进是基于当前工艺现状，识别改善机会，制定改进措施，评估改进成效的全过程。在精益改进中，一般可围绕价值流程图进行识别、分析、改进。

(一)价值流程图

价值流程图(Value Stream Mapping，VSM)是用来描述作业流、物流和信息流的形象化工具，其涵盖了所需要交付产品的所有行动，可以帮助我们发现业务流中存在的问题，进而制定改进措施，改进作业流、物流，提升价值流，是为顾客定义、创造、生产和交付价值所用程序的综合。

利用价值流程图对产品生产全过程(从原材料到交付用户)开展价值流分析，包括所有增值和不增值活动，了解物流和信息流的发展变化，发现问题，找到改善机会。

1. 价值流程图的特点

1)价值流图包含两个状态：当前状态(改进前状态)、未来状态(改进后状态)。

2)价值流图包含三个流程：信息(情报)流程，从接到客户订单或客户需求开始，到使之变成采购计划和生产计划、生产制造、生产交付的全过程；实物流程，从原材料入库到产品交付的过程，一般按照所处的产品寿命周期的环节进行分析；作业流，从接到客户订单或客户需求开始，到生产交付各环节的作业过程。

3)价值流图包含两种颗粒度：高阶价值流图、低阶价值流图。

2. 价值流程图的作用

1)帮助概览整个生产流程，而不是单个工序，可以展现产品的流动过程；

2)发现问题,找到价值流中问题的源头;

3)可以把作业流、信息流和物流联系起来,并清晰地反映三流之间的关系;

4)在价值流中标示各站位/工位的时间与顺序,对价值流的状况做出判断;

5)是形成实施改进计划的基础。

(二)价值流程图的绘制

1. 构建团队

在确定需要分析的工艺过程和产品对象后,确定团队负责人,确定团队成员,确定组织架构,确定团队成员分工,明确团队成员职责;团队负责人一般为考察工艺过程的工艺设计人员,团队成员包括生产计划人员、设计人员、财务人员、操作人员等与该工艺过程相关的人员。

2. 流程跟踪验证

流程跟踪验证就是按照既定流程,依据确定的工艺方法进行操作,精益改进人员在这个过程中进行流程跟踪,识别流程执行过程中存在的问题并予以记录。流程跟踪验证是对流程运行状态的实际调查和反映。没有调查就没有发言权,流程有没有问题,需不需要优化,最好的方法就是沿着流程"走"一遍。

这个过程所用到的精益工具一般是观察记录表或时间观察表,通过时间观察,沿着流程"走"一遍,记录流程每道工序、步骤或每个动作所用的实际时间。可以根据需要设计流程跟踪时间观察表,组织专人(包括工艺设计人员、操作人员、管理人员等)对生产执行过程进行跟踪观察,如实收集生产制造过程各环节的时间数据和相关信息。时间数据包括生产准备时间、加工时间、物流流动时间、无效等待时间、检验时间、换模时间等;相关信息包括围绕生产的人、机、料、法、环、测等要素信息以及异常信息(如设备故障、缺件缺料、质量问题等)。

观察记录表和时间观察表用于记录实际生产中每道工序、步骤或每个动作所用的实际时间,它具有以下的作用:

1)观察记录表用于记录每一条指令中每一道工序、步骤或工作的时间,主要记录各工序之间的时间,例如"镗孔"工序的等待、换模(换刀)和实际加工时间等。

2)时间观察表用于记录每道工序、步骤或工作中每个动作所用的时间,主要用来记录某些细节所用的时间,例如"镗孔"工序的定位面擦拭、零件装夹等时间。

3)观察记录表和时间观察表均主要用于记录生产过程中的时间,是绘制价值流程图、百分负载表和编制标准工作表的时间数据来源。

在使用观察记录表或时间观察表时,需要注意以下几方面:

1)只关注过程正常情况,可不必关注过程的例外情况(但需要如实记录)。

2)观察记录表和时间观察表主要用于时间数据的收集,是一个收集时间的工具。

3)时间观察记录表所记录的过程或工序,也可根据实际情况进行选择。不是所有的过程和工序都需要进行时间观察记录和时间收集。

观察记录表和时间观察表示例分别如图 7-1 和图 7-2 所示。

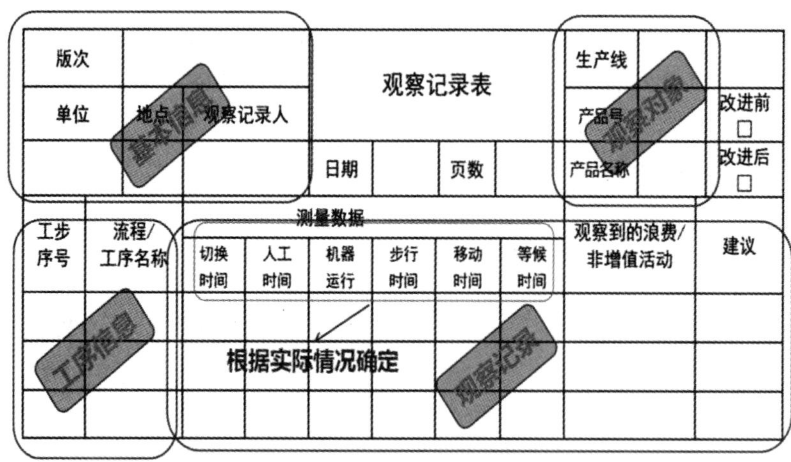

图 7-1 观察记录表示例

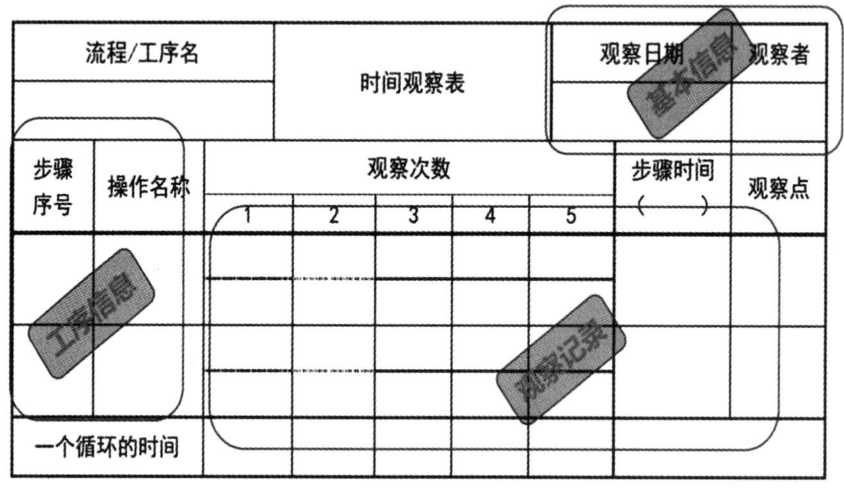

图 7-2 时间观察表示例

3. 时间分析

绘制价值流程图前，应对流程跟踪验证所记录的时间进行分析，确定价值流程图绘制所需的各类数据，一般包含(但不限于，根据需要选择)以下几方面：

1)交付周期/提前期(L/T)：从订货到交货的时间；

2)周期时间(C/T)：一个循环的时间，即从某个动作发生到下一次这个动作再次发生之间的时间，是生产线上每相邻两个产品产出的时间差；

3)生产节拍(T/T)：单位时间与顾客需求的比值；

4)批量大小(Batch)：每批产量的大小；

5)操作者人数(Operator)：工艺过程所需的操作者人数；

6)库存(Inventory)：主要是指流通库存，即满足连续生产的最低库存；

7)设备开动率(Machine Uptime):单位时间内设备实际使用时间的占比;

8)合格率(FTY):一次交付合格率,衡量特定工艺过程的良品产出率;

9)增值时间(V/T):工艺过程中有效的物理或化学变化的时间;

10)不增值时间(NVT):工艺过程中无效的物理或化学变化的时间;

11)每日班次(Shifts):每日设定的工作班次;

12)可用工作时间(A/T):每日规定的有效工作时间。

4. 价值流程图的绘制

为确保价值流程图绘制有效、高效,一般须由团队成员通力合作,群策群力,先绘制草图,对各类时间数据进行有效分析。具体绘制步骤如下:

1)了解顾客需求:基于所考察的工艺过程,顾客分为内部顾客和外部顾客。了解顾客的需求,其核心是了解顾客对产量、周期、品质等方面的需求,如图 7-3 所示。

图 7-3 了解顾客需求

2)绘制流程各步骤:按照工艺流程,绘制流程各步骤,反映作业流,并将流程各步骤、数据箱和库存等图表按照活动顺序排列,如图 7-4 所示。

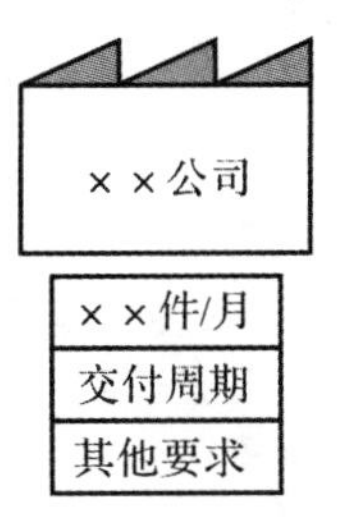

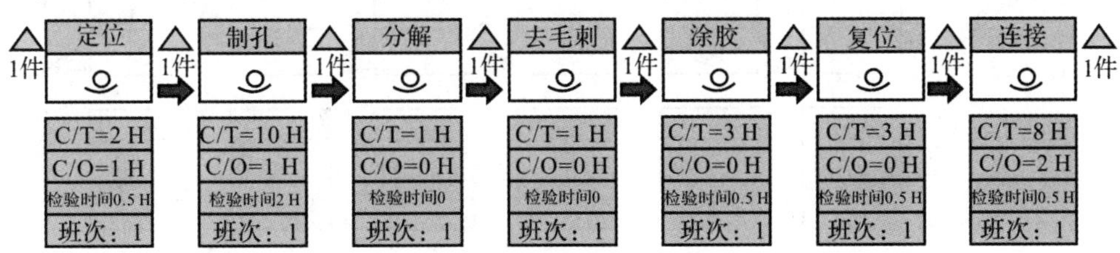

图 7-4 绘制流程各步骤

3)添加数据:将收集分析的数据添加到各步骤数据框,并加入时间线,如图 7-5 所示。

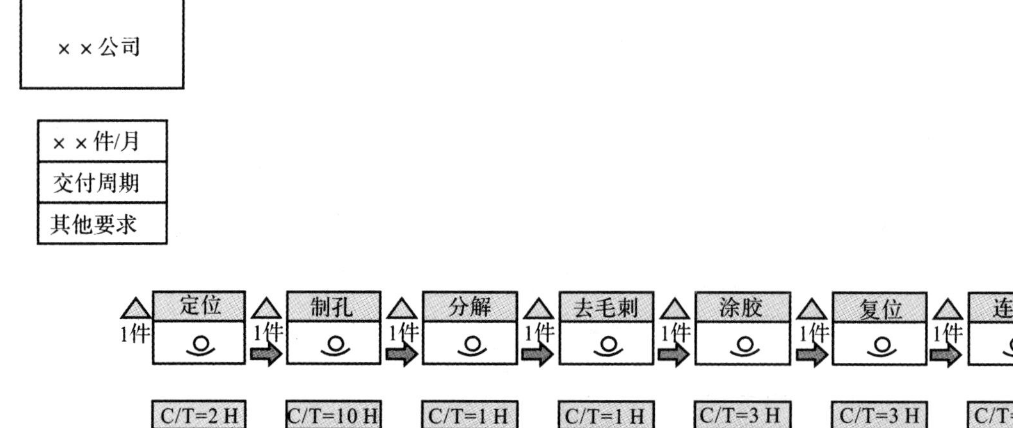

图 7-5　添加数据

4)加入供应和交付方式:包括供应流入和交付流出的方式,如图 7-6 所示。

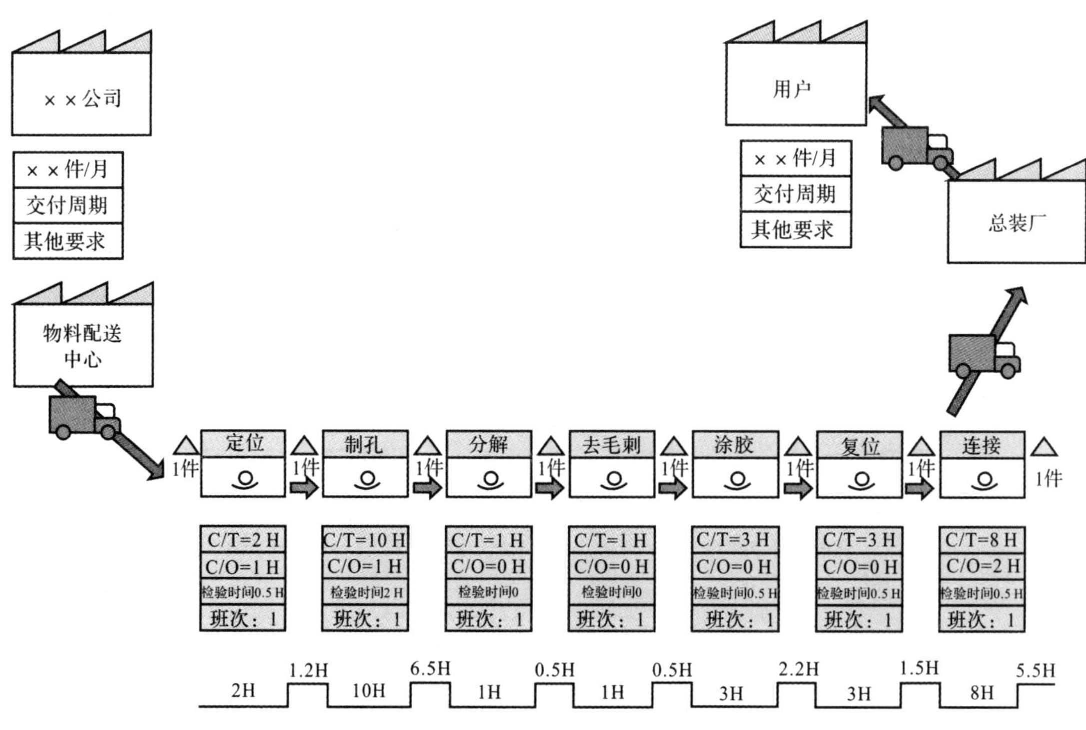

图 7-6　加入供应和交付方式

5)加入物流和信息流:与作业流统一,如图 7-7 所示。

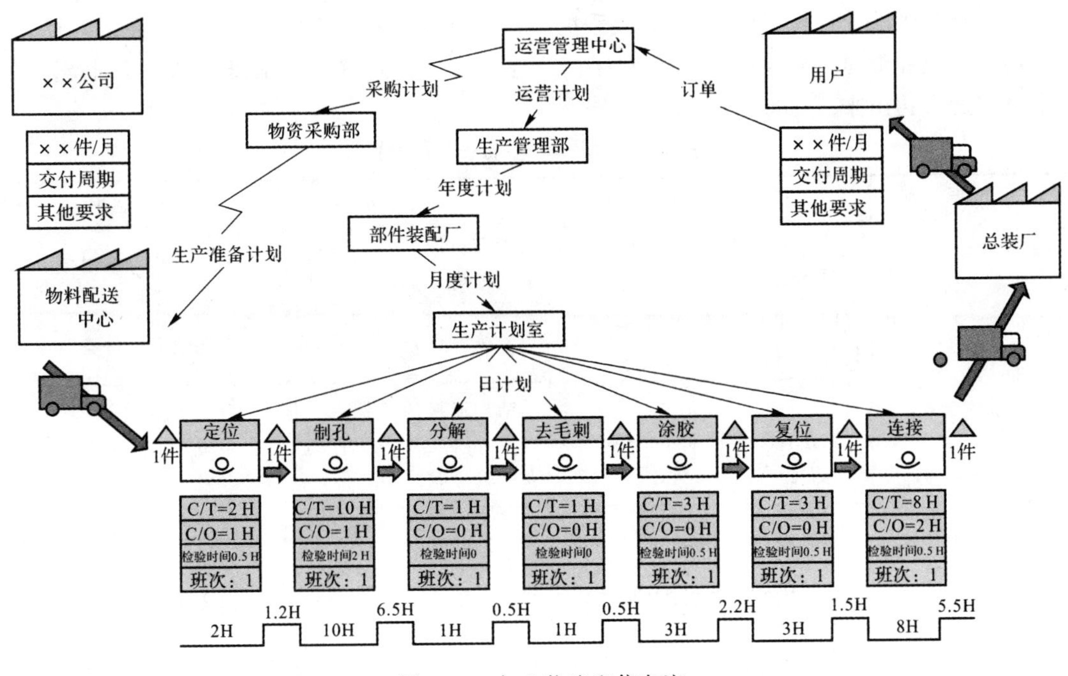

图 7-7 加入物流和信息流

6)发现问题:按照当前规划的工艺流程及上述步骤,绘制出价值流程图。通过对价值流程图的初步分析,找出问题点并予以标识,如图 7-8 所示。

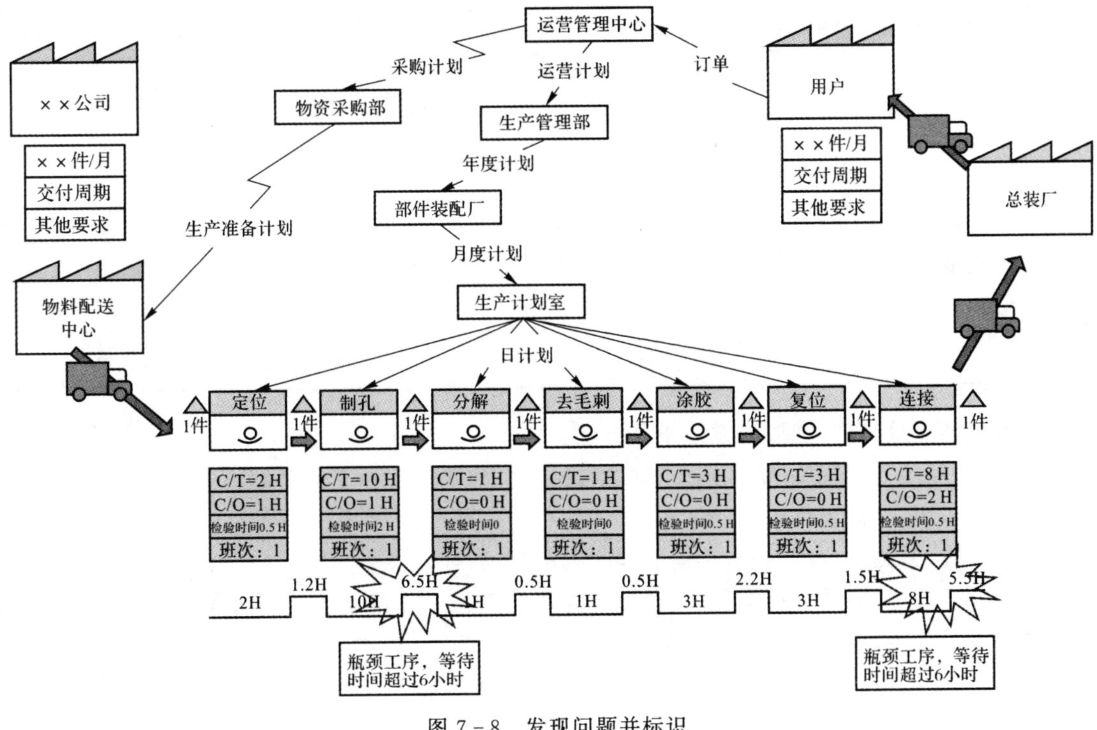

图 7-8 发现问题并标识

(三)寻找改进痛点

根据流程跟踪验证记录,认真审查流程的每一个环节,梳理流程各个环节存在的问题,将问题进行归类并汇总至相应的问题记录表中(见表7-1)。同时也在流程图(VSM)上相应的环节将问题表达出来。

表7-1 问题记录表(示例)

序号	问题类别	问题描述	原因分析	项目名称
1	生产管控	开工前准备、休息时间长,收工时间长	参会时间及准备时间要求不严格	缩短工作准备时间
2		壁板组件齐套性不好,不满足装配流程需求	未按节点完成组件装配	提升壁板组件齐套率
3		系统件安装周期长	结构连接后机器人工序以及补铆工序等工作时间安排较松散	缩短系统件安装时间
4		现场胶料损耗大	用胶工序未规划,胶料浪费	降低胶料损耗,实施胶料配送
5		生产计划及人员安排未达到最优		标准工作日、工作时间实施
6		生产配套、现场问题反应不及时		建立预警、快速响应机制
7	技术改进	钛合金结构、纵梁制孔周期长	钛合金和闭角区制孔困难	提升钛合金框纵梁制孔效率
8		对接部位制孔周期长	手工画线,定位和制孔效率低	缩短对接部位制孔周期
9		钛合金结构制孔强度大	未采用自动进给钻制孔	钛合金制孔的自动进给钻应用
10	质量提升	加强框掉漆问题造成生产过程等待	钛合金材料喷漆工艺存在缺陷	改善加强框掉漆问题
11		调姿过程造成蒙皮碰伤等质量问题	操作过程不规范,工艺流程不清晰	调姿工艺流程优化
12		机身内部防护不到位,造成质量问题,影响整体进度		机身内部防护措施改进

在改进痛点梳理中,需要注意以下几方面:

1)注意"问题"和"现象"的区别。"问题"隐藏在"现象"背后,是需要解决的原因;"现象"是问题的直观表现,是流程反映出的状态。如"流程周期长"是现象而不是问题,流程周期长是因为流程不合理、方法不合理、人员技能低等问题引起的。

2)为便于改进,应基于结构化的思想,对流程痛点按一定的属性进行分类,如按照管理类和技术类进行分类,或按照工艺类和生产类进行分类,等等。

3)应基于分析实际,对流程痛点影响权重进行分析,基于2-8原则,确定主要问题,有针对性地改进,持续改进。

(四)制定改进措施

依据问题分类梳理，选取相关的质量工具(5W2H、鱼刺图等)分析问题产生的原因。需要注意的是，问题仅是冰山露出海面的部分，其原因一定深藏在海平面之下，分析原因一定应定位准确，多问几个为什么，找到真正的原因而不是假象，改进措施应具有针对性。

对于流程类问题，可采取 ECRS 的方式进行改进。E(删除，Eliminate)：去除那些可以省掉的工艺要求或动作；C(结合，Combine)：合并时差大的工序，或不易拆分的作业；R(交换，Rearrange)：交换人员或作业顺序；S(简化，Simplify)：对烦琐的工艺要求加以简化。

对于工艺方案不合理问题，可通过改进工艺方案进行优化。改进方式可围绕人、机、料、法、环、测等生产要素展开：提升人员的技能，开发新设备/工装，优化资源配置，改进操作方法，改进操作环境，改进测量方法，等等。

对于管理问题，可采用相关精益工具予以改进，如看板管理、快响机制、TPM、内建质量等。

对于质量问题，可采用六西格玛、防错、QC 工具、标准作业指导书等方法予以提升。

对于工艺优化改进，需要结合实例予以说明。本书旨在说明改进工艺优化，改进是工艺设计的重要组成部分，对优化改进的具体做法不予赘述。

(五)制定改进计划

分析原因后即可制定改进措施，措施应具有针对性，制定改进实施计划，将计划落实到人、落实到具体时间，制定改进计划实施表(见表 7-2)。

表 7-2 改进计划实施表(示例)

序号	项目类别	项目名称	工具与方法	负责人	完成时间
1	生产管控	缩短工作准备时间	生产管控	单元长	20××.06.30
2		提升壁板组件齐套率	生产计划	单元长	20××.10.30
3		缩短系统件安装时间	生产管控	单元长	20××.06.30
4		降低胶料损耗，实施胶料配送	物料配送	工艺工程师	20××.06.30
5		标准工作日、工作时间实施	生产计划	计划员	20××.10.30
6		建立预警、快速响应机制	生产管控	计划员	20××.10.30
7	技术改进	提升钛合金框纵梁制孔效率	工艺改进	工艺工程师	20××.11.30
8		缩短对接部位制孔周期	工艺改进	工艺工程师	20××.10.30
9		钛合金制孔的自动进给钻应用	工艺改进	工艺工程师	20××.11.30
10	现场精益	现场精益化改进	精益改进	单元长	20××.05.30
11		提高刀具工具配套率	工艺改进	计划员	20××.09.30

(六)改进实施及验证

按照实施计划开展相应的工作，使得改进措施能得到落地执行，通过措施的实施，验证改进成效，固化相关文件。

(七)持续改进

精益改进遵循 PDCA 法则，通过持续改进，追求精益求精的成效。通过工艺精益化改进，可以实现工艺流程和方法的优化，提升工艺设计的能力和水平，为精益生产奠定基础。

综上所述，工艺精益化设计可总结为图 7-9。

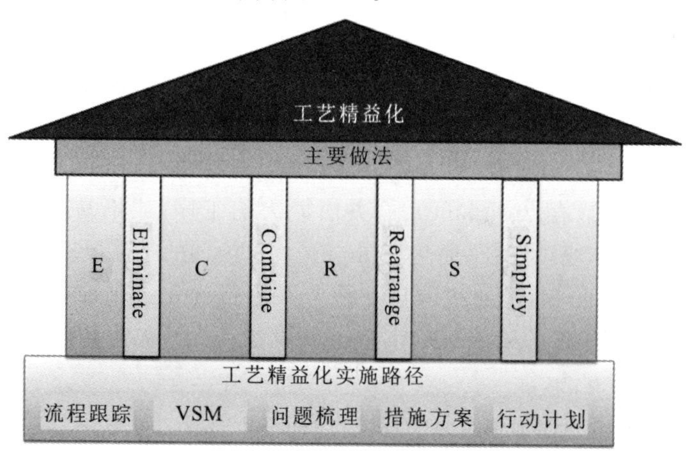

图 7-9　工艺精益化模型

三、工艺流程优化

流程设计是工艺设计的主要内容之一，也是精益改进的基础。精益的核心是消除浪费，浪费客观存在流程的各个环节，要想知道流程有没有问题，最好的办法就是沿着流程"走"一遍。这个"走"一遍的过程就是精益改进的过程。前面提到，流程优化可采取 ECRS 的方式进行。

流程优化是最有效的工艺精益改进方式。进行流程优化，往往会起到事半功倍的效果。现举例说明。

某型飞机中机身总装采用数字化装配技术，改进前工艺流程如图 7-10 所示。

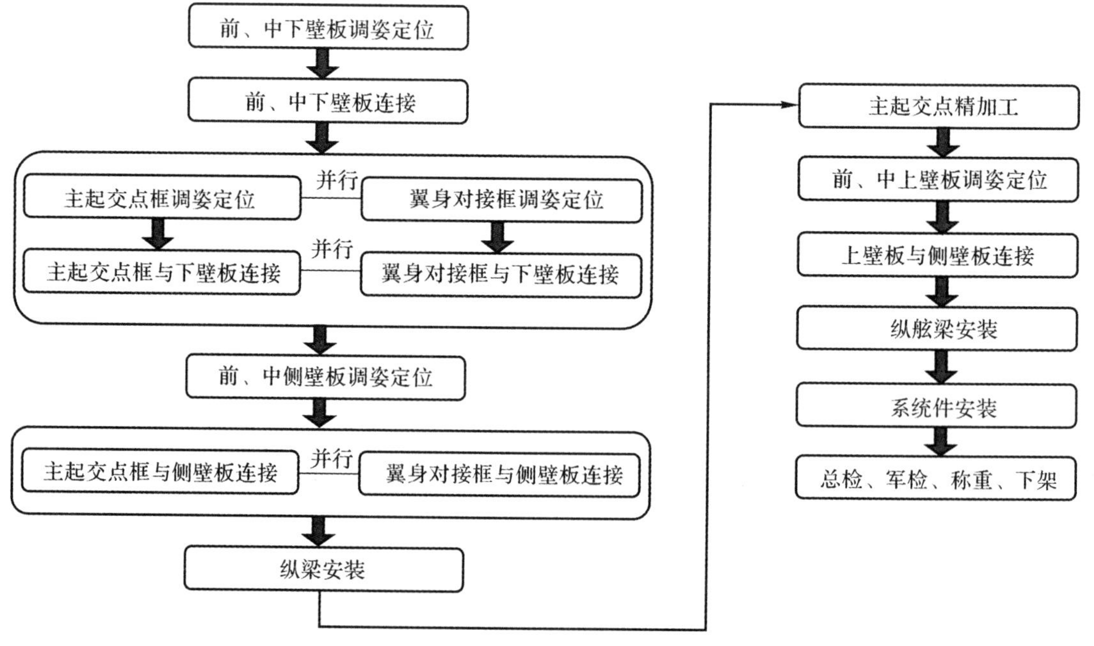

图 7-10　改进前工艺流程示例

从该工艺流程图可以看出，该总装过程主体采取串行操作方式，不同的壁板分别调姿定位、制孔连接以及进行其他外围工序。经操作实践发现，该流程制造周期长，达到 44 天，且质量问题较多，不能满足产能需求。主管工艺工程师通过流程跟踪，发现了流程中存在以下问题：

1）边调姿定位边连接，工序串行；

2）调姿协同性差，调姿精度不高，未能充分体现数字化装配的优势；

3）调姿连接交错进行，流程断点多；

4）制孔后去毛刺，需要多次调整数控定位器，使连接部位脱离，重复定位误差积累；

5）制孔连接和涂胶工序交错进行，金属屑易黏结到密封胶上形成多余物。

基于上述问题，主管工艺工程师与团队成员进行了充分的协调沟通，制定了流程优化方案。改进后的流程如图 7－11 所示。

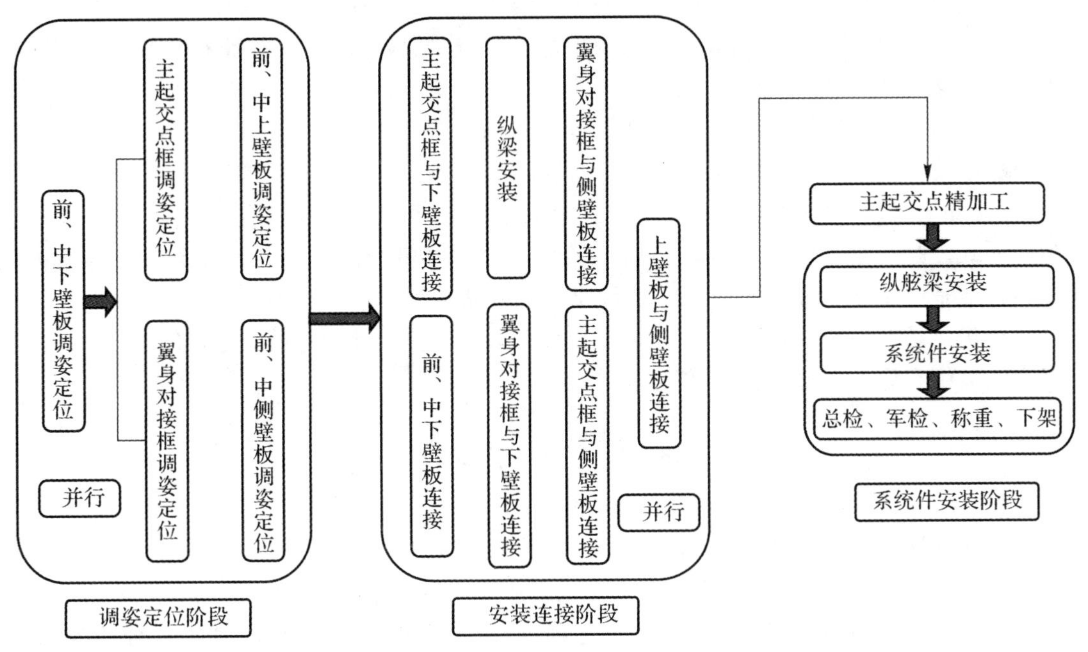

图 7－11　改进后工艺流程示例

从改进后的流程图来看，工艺流程划分为几个相对独立的阶段，各阶段内以并行操作为主。通过对优化改进后的流程进行再次跟踪、分析，可看出优化改进后的流程具有以下特点：

1）调姿工序集中进行，各组件可并行调姿，工序并行，有效缩短调姿定位周期；

2）各组件在并行调姿过程中协同性好，调姿精度高，充分体现了数字化装配的优势；

3）调姿定位和制孔连接分段进行，流程无断点，同类操作相对集中；

4）制孔后去毛刺，通过调整数控定位器，一次性使连接部位脱离，减少重复定位误差积累；

5）制孔连接和涂胶工序分段集中进行，在金属屑彻底清洗后再涂胶连接，能有效控制多余物。

通过对改进后流程的再跟踪，制造周期变为 25 天，缩短了 43.2％，且质量问题得到明显的控制，流程能力极大提升，满足产能需求。

通过上述例证可以看出，在流程优化过程中充分运用到了ECRS工具：

E(删除，Eliminate)：通过流程优化，去除了操作过程中多余物防护和清除的工序；

C(结合，Combine)：通过同类操作的调整结合，将调姿、制孔、连接等操作分类集中，一方面提升了流程的并行效率，另一方面同类工序集中，有利于生产计划排产和生产组织；

R(交换，Rearrange)：通过对原有串行工序的调整交换，使同类操作得以集中并行；

S(简化 Simplify)：将原来交错进行的各类操作归组分类，不同类操作同步切换，使得操作过程简单明了。

四、平面布局优化

平面布局是产线规划的主要内容。所谓平面布局，就是为了实现最大产能，对生产线的人、机、料、法、环、测等生产要素和工作区划进行规划和定位、定置。

在产线规划过程中贯彻精益思想，核心就是要优化平面布局，使布局合理，物流精益，最大限度利用生产空间，减少操作者在生产过程中的无效走动，减少物流运输路径和环节，最终达到提高生产能力、降低生产成本的目的。

平面布局优化分为两个环节：生产线设计和布局优化。飞机装配生产线一般采用脉动式生产线。脉动生产线是按节拍移动的一种装配线，运用精益制造思想，对装配过程进行流程再设计、优化和平衡，实现按设定节拍的站位式装配作业，达到缩短装配周期、满足客户需求的装配生产形式。脉动生产线是介于固定站位装配与连续移动装配之间的一种装配生产线形式，其典型特征是产品移动时不进行装配作业，装配作业进行时产品不移动。

布局优化是在装配单元划分、工艺流程设计和装配站位设计的基础上进行的，该部分在第八章产线篇中有详细介绍，此处不赘述。

第二节　工艺稳健化设计

工艺稳健性是指工艺流程与方法的稳健能力，工程上一般采用工序能力指数C_{pk}(Process Capability Index)表示。需要注意的是，应区分稳健性与可靠性。稳健性针对流程能力，指流程和方法相对稳定，质量波动较小，通过工艺稳健性优化减小实际质量特性参数分布的标准差；可靠性是质量特性的评价指标之一，通过可靠性优化实现质量特性参数向均值移动和标准差减小。

一、统计过程控制(SPC)

工艺设计的最终结果是为产品制造服务，确保能稳定地生产出符合质量指标的产品。所以，产品的质量符合性和稳定性是验证工艺设计稳健性的重要指标(其他指标如周期、成本、安全等)之一。这就要求在工艺设计过程中，通过技术方法和管理手段的运用，贯彻质量预防和质量控制的要求，在生产制造过程中及时发现并排除产品质量形成的各个阶段存在的问题，使生产过程处于受控状态，符合规定的质量要求，取得较佳的经济效益，确保工艺过程的稳健性。在工程实践中，引入统计过程控制(Statistical Process Control，SPC)来测量工艺过程的稳健性。

统计过程控制(SPC)是美国质量管理大师休哈特在1924年提出的过程控制的概念与实

施过程监控的方法，是一种借助数理统计方法的过程控制工具，它对生产进行适时的分析和评价，根据反馈的信息及时发现系统性因素出现的征兆，并采取措施消除影响，使过程在仅受随机因素影响的受控状态，以达到质量控制的目的。

控制图是统计过程控制(SPC)应用的重要工具。控制图要求从工艺实施过程(即生产制造过程)中获取近似等间隔的数据，这个间隔可以用时间和次数(零件的件数、产品的批次等)来定义。通常，在此过程中抽取的数据称为子组，每个子组由具有相同可测量单位和相同子组大小的同一产品组成。从每一子组得到一个或多个子组特性，如子组平均值 $\bar{X}$、子组极差 R 或标准差 S，控制图就是给定的子组特性值与子组号对应的一种图形，它的基本结构包括标题部分(企业、车间、班组名称，机床、设备、工位等名称、编号，零件、产品的名称、编号，检验部位、要求、测量器具、相关人员的名称，以及控制图的名称和编号等)和控制部分(控制线、中心线、质量特性值点)，如图 7－12 所示。

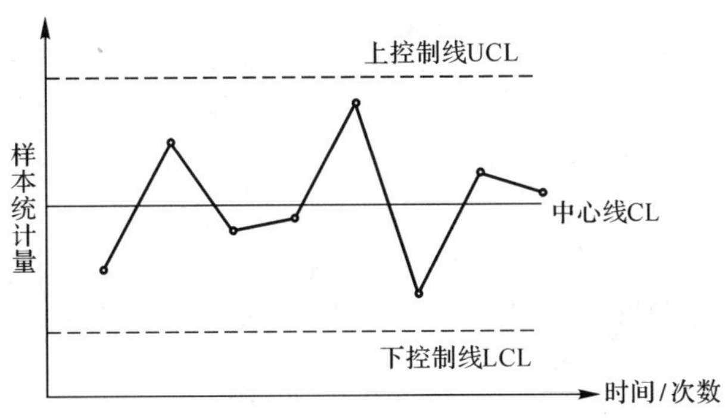

图 7－12　SPC 控制图

常用的控制图的种类可分为计量值控制图和计数值控制图。计量值控制图包括均值-极差控制图、均值-标准差控制图、中位数-极差控制图、单值-移动极差控制图等；计数值控制图包括不合格品数控制图、不合格品率控制图、缺陷数控制图、单位缺陷数控制图等。

控制图可以检验出典型分布的偏离，即能辨识出系统误差和随机误差：

1)及时发现工艺过程中的异常现象和缓慢变异，预防不合格品的出现；

2)能有效分析、判断工艺过程中生产质量的稳定性；

3)可查明工艺过程的实际精度，以便做出正确的技术决策；

4)使生产成本和质量成为可预测的参数，并能快速、准确地测出系统误差的影响程度；

5)保证产品质量，提高经济效益。

二、工序能力指数(Process Capability Index)

工序能力指数又称为过程能力指数，是指过程能力(包括流程与方法)满足产品质量标准(规格范围等)的程度。工序能力指数是评价工序/过程在一定时间里处于受控状态(稳定状态)的主要参数，表征的是工序/过程满足质量特性的能力。这个工序/过程包含人、机、料、法、环、测六方面因素的综合作用，它们也是产品的制造过程和质量形成过程的要素。

C_{pk} 与工序 / 过程准确度 C_a(Capability of accuracy)、工序 / 过程精确度 C_p(Capability of process) 相关联。

$$C_{pk}=(1-|C_a|)\times C_p \tag{7-1}$$

$$C_a = (x - \mu)/(T/2) \tag{7-2}$$

$$C_p = (T_U - T_L)/6\sigma \tag{7-3}$$

式中：x —— 平均值；

μ —— 规格中心值；

T —— 规格上限-规格下限$(T_U - T_L)$；

T_U—— 规格上限；

T_L—— 规格下限；

σ —— 标准差。

上述公式适合质量特性值分布中心 μ 与公差中心 M 相重合的情况，即 $\mu = M = T/2$，此时 $C_{pk} = C_p$，当 μ 与 M 不重合时，工序能力指数计算公式如下：

$$C_{pk} = \min\{(\mu - T_L)/3\sigma, (T_U - \mu)/3\sigma\} \approx \min\{(\mu - T_L)/3\ s, (T_U - \mu)/3\ s\} \tag{7-4}$$

式中：s—— 样本标准差。

工序能力的质量水平可根据工序能力指数划分为以下5个等级：$C_{pk} > 1.67$，特级，工序能力过高；$1.67 \geqslant C_{pk} > 1.33$，一级，工序能力充分；$1.33 \geqslant C_{pk} > 1.0$，二级，工序能力尚可；$1.0 \geqslant C_{pk} > 0.67$，三级，工序能力不足；$C_{pk} \leqslant 0.67$，四级，工序能力严重不足。

需要注意的是，工序能力是建立在统计结果分析的基础上的，需要在工艺设计和执行过程中进行迭代优化，不断提升工序能力。同时，应将流程能力控制在一个合理的水平，流程能力过高，可能导致生产成本的增加，流程能力过低，则会造成产品质量的不稳定，一般流程能力控制在一、二级的水平即可。对于 *SPC* 和 C_{pk} 相关的知识，请读者参阅相关专业的书籍，本章仅作概念性的说明。

三、工艺稳健化设计

工艺稳健化设计就是通过稳健化的工艺设计，使工艺流程和方法更加稳定，波动较小，工序能力指数提升，以确保采用这样的工艺过程能稳定地生产出合格的产品。工艺过程稳健性包含人、机、料、法、环、测六方面因素的综合作用，所以，工艺稳健化设计就是对这六方面要素进行优化设计（第一章综合篇中已明确工艺设计的内容即为这六个方面）。

人：明确执行工艺过程所需人力资源状况，包括人员数量、类型、资质、技能水平等，应与所承担工艺过程的难易程度、复杂程度相匹配。人作为生产制造环节最活跃的因素，特别是其技能水平，直接影响产品质量的稳定性。

机：在工艺设计过程中，要规划设计制造过程所用的工装、设备、工具、刀具等工艺装备，并在流程的适当环节予以配套应用；在工艺设计阶段应明确工艺装备的可操作性、可维护性、可点检性等，以确保工艺装备的稳定性。

料：确保工艺过程执行所需的原料（包括零件、标准件、工艺材料等）状态稳定。特别是零件状态，在工艺设计阶段应根据定位、制孔等工艺设计要求确定好零件工艺状态。

法：工艺过程方法应经过工艺验证，方法唯一、优化、稳定。对于一些复杂、关键、重要、复杂程度高、技术要求较高的工艺过程，可以编制标准作业指导书（Standard Operation Procedure, SOP）予以详细的说明；对于一些标准化、统一的工艺过程，可以编制典型工艺规程/工艺规范等予以说明。

环：工艺设计过程中，应对生产环境进行合理的规划（第一章综合篇中明确生产硬件环境、自然环境、人文环境等)。特别是对一些特殊过程(如热工艺、特种工艺)应明确具体的环境要求,确保在符合要求的环境中执行生产操作,以保证结果的可靠性。

测:在工艺设计过程中,需合理设置检测环节,设计测量系统,明确测量环节、测量方法、测量工具、测量标准等,开展测量系统分析(Measurement Systems Analysis, MSA),确保测量系统可靠、稳定,以保证测量结果的正确性、准确性和可追溯性。

本章小结

工艺设计精益化是精益制造的源头,通过在工艺设计过程中贯彻精益制造的思想和理念,并在设计过程中充分运用精益工具,可使工艺设计的流程和方法更加优化、稳定,一方面能保质保量完成产品的制造,另一方面能有效降低劳动强度、提升劳动效率、缩短制程周期。

本章概述了工艺设计精益化的流程、思路和要求,其设计表现在工艺过程的质量、安全、标准等诸多方面,贯穿于工艺流程、方法、产线设计等诸多环节。各方面的具体要求参见各篇章的介绍。

总之,作为工艺工程师,应学习和掌握精益制造的相关理念和方法,在工艺设计过程中充分贯彻精益思想和方法,规划设计精益、高效、稳健、标准的流程和方法。

第八章　产　线　篇

生产线是精细化劳动分工的结果，是指产品生产过程所经过的路线，即从原材料进入生产现场开始，经过加工、运送、装配、检验等一系列生产线活动所构成的路线。生产线是生产过程中作业流、物料流、信息流、价值流四流的统一流动路线。生产线的规划设计是工艺设计的重要内容之一，是工艺流程与方法落地实施的关键环节。本章主要对飞机部件装配——零、组件经装配形成部件的过程生产线的规划设计进行说明。

第一节　飞机部件装配生产线

飞机部件装配生产线是飞机部件装配所用的生产线。对于飞机装配来说，由于各型飞机的差异性，在装配环节一般采用专线生产（同型飞机的不同构型除外）。所以，规划设计飞机部件装配生产线是工艺设计的重要内容之一。按照节奏的快慢，可将生产线分为流水式生产线、站位式生产线和脉动式生产线。流水式生产线是指生产过程中产品在生产线上不断流动的一种生产方式，流水式生产线具有产品装配流转环节快、每个环节工作量均衡、工作内容单一等特点，适用于产品结构简单、工作内容细化、生产批量较大的产品，如电子、汽车、食品等行业。站位式生产线是产品在制造过程中不动，在固定的站位完成所有的制造工作。站位式生产线具有工作内容集中、工作人员集中等特点，适用于产品结构简单、操作人员较少、批量较小的产品制造，如试验件的制造等；脉动式生产线是介于流水式生产线和站位式生产线之间的一种生产线，其典型特征是产品移动时不进行装配作业，装配作业进行时产品不移动。可以说，当脉动环节足够多、脉动节拍足够小时，流动速度就会加大，生产线就越接近流水式生产线；当脉动环节足够少、脉动节拍足够大时，生产线就越接近站位式生产线。脉动生产线适用产品结构复杂、制造链条较长、批量适中的产品生产。

一、生产线规划设计总体要求

（一）生产线各流的统一

生产线规划设计可分为生产线布局设计、生产线物流设计等。在设计过程中，应充分融入精益思想，实现作业流、信息流、价值流和物料流的统一，如图 8－1 所示。

从图 8－1 中可以看出：作业流是指完成产品制造的所有作业活动的流程组合，是生产线各流统一的基础；物料流为所有作业实施提供物料保障，物料随着作业流动形成的制成品而流动；信息流是在作业过程中产生和传递的各类信息，是各项作业活动实施的支撑；价值流是作业过程中产品价值的增值演变。

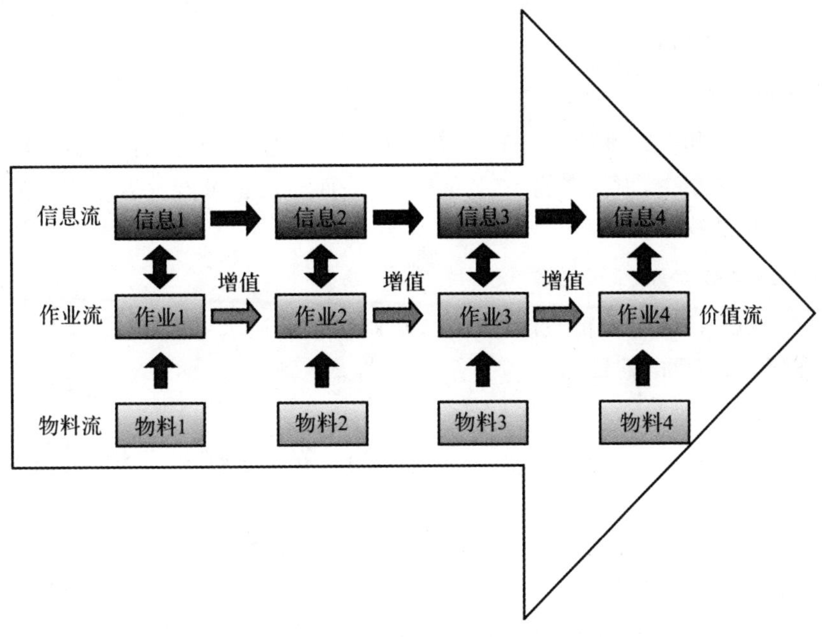

图 8-1　生产线各流的统一

(二)生产线布局原则

生产线布局原则是基于生产线的功能确定的,平面布局优化遵循以下七个原则。

1. 统一原则

通过精益布局,使生产过程的人、机、料、法、环、测等生产要素有机统一起来,并保持充分的平衡。生产过程中做到"人定岗、岗定责、物定置、法合规、环友好"。

2. 最短距离原则

生产线布局应确保人员、物料在生产过程中移动距离最短,通过平面布局的优化,生产站位、设备设施、物品物料定置有序。生产过程中"人"的移动距离最短,物料流动距离最短,以提升生产效率。

3. 物流顺畅原则

生产过程实质是作业流、价值流、信息流和物料流的统一流动过程。各流统一于作业流。所以,应基于工艺过程合理定置物料,生产线布局应确保物流顺畅,地面物流、空中物流路径规划设置合理,无阻挡、无反复,无交叉、无干涉等,如同流水从高向低流动一样顺畅自然。

4. 立体空间利用原则

生产线布局在满足产线功能的前提下,充分、有效利用立体空间,节约产线占地面积;平面布局不局限于在生产平面上做文章,而是对整个生产空间的优化布置,使生产线"立体"起来,在这个"立体"空间中进行人、机、料、法、环、测等生产要素的规划布局。

5. 安全原则

安全是生产活动的最基本要求。在平面布局优化过程中,必须遵循相关的安全法律法规。

生产线布局符合国家、行业相关安全标准，能有效保障生产线人员安全、产品安全，最大限度消除安全隐患，如安全通道的设置、消防设施的布置符合要求等。同时，还应从技术、管理方面采取措施，开展本质安全设计，提升人员的安全意识。

6. 灵活机动原则

满足产线功能及相关标准的前提下，平面布局不是一成不变的，精益改进没有最优，只有更优。在平面布局规划中，根据产能、工艺的变化，平面布局也可能发生适应性的变化，灵活、机动布置相关站位及物流。

7. 精益生产原则

生产线的规划设计应符合精益制造理念，生产线布置追求零切换、零库存、零浪费、零不良、零故障、零停滞、零事故的目标。

(三)生产布局形式选择

生产线布局方式是生产线的表现形式，主要有以下几种类型，在工程实践中应基于实际情况予以选择：

1)一字形布局：生产线脉动主体和物流按照作业流程自始到终呈一字形排列，布局和物流均表现为直线形，适用于物料入口和产品出口位于厂房生产面积相对两侧面的情况，或单条生产线即布满厂房生产面积的一跨的情况。直线形布局是最简单的一种布局形式，生产线长度与厂房生产面积长度相当，物流可随生产线布置为一个流，避免不必要的搬运，如图 8-2 所示。

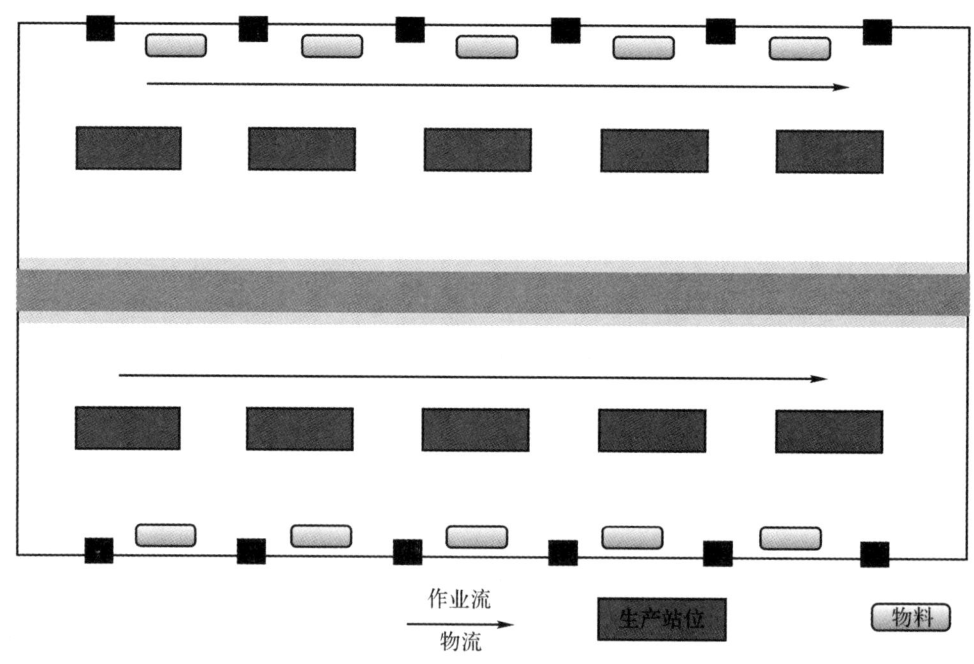

图 8-2　一字形布局

2)S 形布局：生产线脉动主体和物流按照作业流程自始到终呈 S 形排列，布局和物流均表现为曲线型。S 形布局同直线形布局，同样适用于物料入口和产品出口位置相对的情况，物流可随生产线布置为一个流，避免不必要的搬运，但能在有限的面积里，安排较长的生产线，如图

8-3 所示。

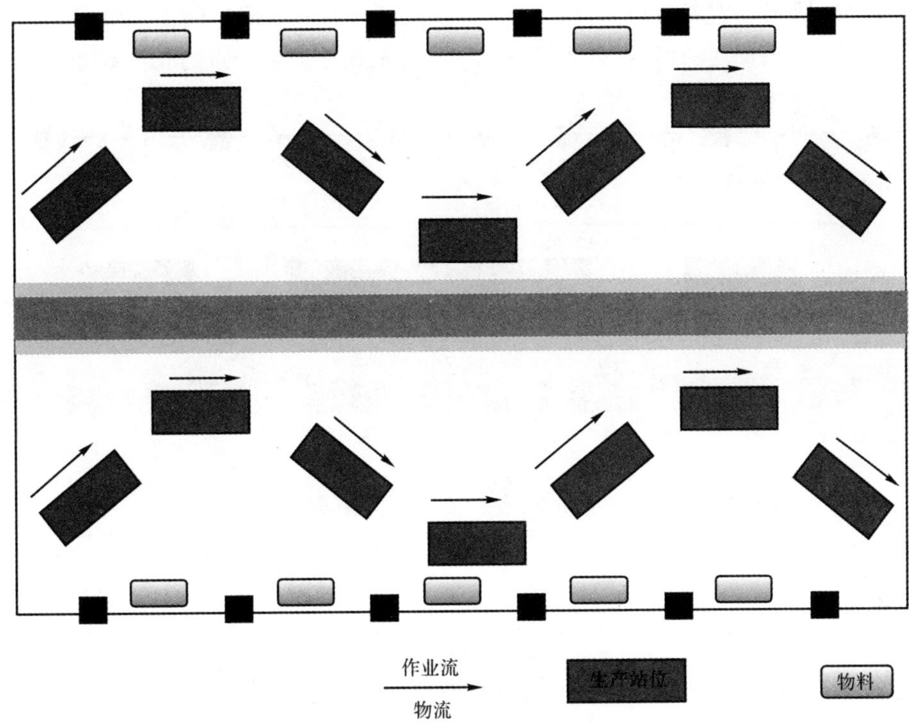

图 8-3 S形布局

3)T(L)形布局：生产线脉动主体和物流按照作业流程自始到终呈 T 或 L 形排列，布局和物流均表现为折线形，适用于布局场地不允许有直线流动的情况，产线脉动主体的布局与直线形布局相似，物料入口和产品出口分别位于建筑物两相邻侧面，如图 8-4 所示。

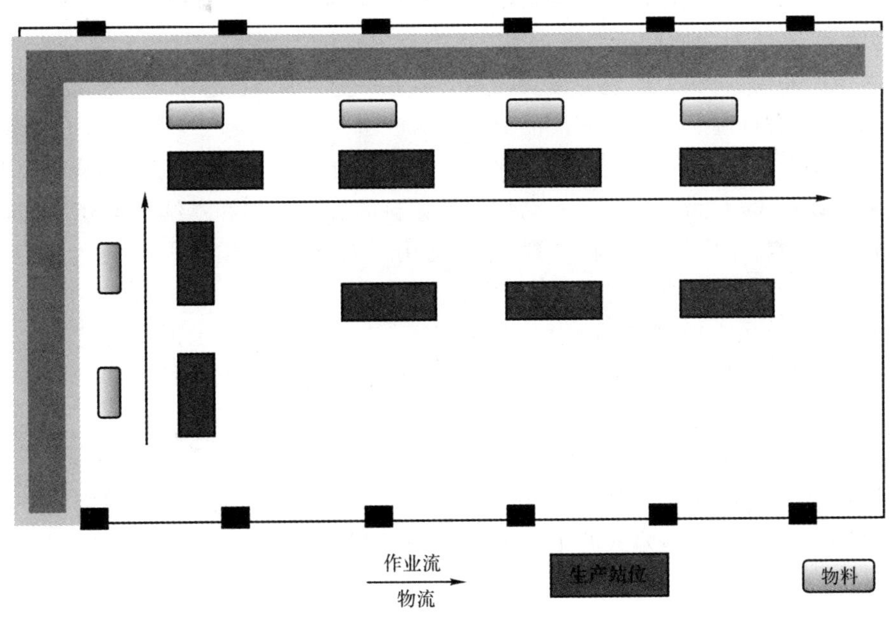

图 8-4 T(L)形布局

4)U形布局:生产线脉动主体和物流按照作业流程自始到终按呈U形排列,布局和物流均表现为U形,适用于物料入口和产品出口位置厂房生产面积同一侧面的情况,生产线长度相当于厂房生产面积长度的两倍,或者可在同一厂房的两个不同跨进行生产线布置,如图8-5所示。

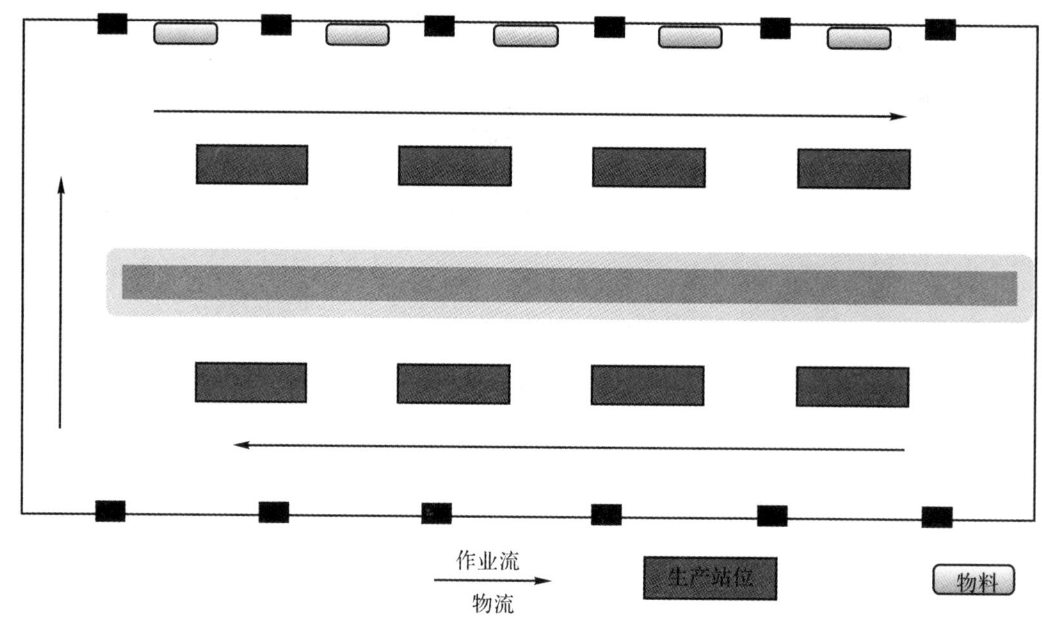

图8-5 U形布局

(四)生产线布局原则

生产线布置方式是指生产线中主体的设备设施、物流的布置方式,一般遵循以下四种原则:

1)定位原则布局:按照使用次序和移动的难易程度,将原材料和设备在产品的四周进行布置,适用于批量小、体积大的产品。该布局以产品为中心,不考虑物流成本和复杂程度。

2)工艺原则布局:将相似的设备或功能集中放在一起的布局,适用于生产设备密集、设备专业性强、自动化程度高、资本密集、产品重量轻的产品。

3)产品原则布局:根据产品制造的步骤来安排设备或工作过程的方式,产品的加工(生产)过程的路径是线形,也称为装配线。布局特点是物料的直线运动和连续的重复性、标准化、专业化的生产,原材料、半成品、成品的一致性高,适用于大批量、同质性生产,且生产工艺复杂、工序流程较长的产品,产品需求足够稳定,流水作业。

4)成组技术(单元式)原则布局:由一个或多个作业人员(设备)承担和完成生产单元内工序的生产方式,减少人员、搬运、调试空间等消耗,适用于小批量或单件生产。

二、飞机装配脉动式生产线

对于飞机装配来说,由于产品结构复杂,装配工作量大,一般批量不大,且围绕产品装配的人员较多,所以一般不采用流水式的生产线,而是采用脉动式生产线。

(一)脉动式装配生产线概述

脉动式装配线是按节拍移动的一种装配线。运用精益制造思想,对装配过程进行流程再设计、优化和平衡，实现按设定节拍的站位式装配作业，达到缩短装配周期、满足客户需求的装配生产形式。脉动式装配线是介于固定站位装配与连续移动装配之间的一种装配生产线形式，所以，对于整个脉动生产线来说，是按照一定的节拍流动的，但对于生产线中每一个脉动站位来说，在一定的节拍周期内相对固定的。脉动生产线将技术创新和管理创新相结合，是一种有效地实现飞机批量生产的新型生产组织模式，在世界主要飞机制造企业中得到广泛应用。

(二)飞机装配脉动生产线的构成

脉动式装配生产线主要由形成生产线的设备、设施等硬件和保障生产线运行的软件系统构成，按照功能可划分为以下 5 个部分：

1)脉动主体：脉动主体是构成生产线的各站位设施、工艺装备及其配套的其他硬件设施的统称，是生产线的主要组成部分。

2)物流供给系统：物流供给系统提供给各站位之间的转站、流动的设备设施，包括运输车(如 AGV)、传送带、行车、牵引系统等。

3)可视化管理系统：可视化管理系统主要是针对脉动生产线的有效、可靠运行而设置的生产管理系统，如 ERP、MES 等软件系统、工作场所固定或移动的终端等设施。

4)技术支持：基于工业技术的发展，围绕脉动式生产线以提升生产线技术水平和生产线能力而实施的相关技术，如数字化对接技术、数字化检测技术、精准移动技术、集成装配平台技术、物料精益配送技术等关键技术。

5)运营支持：运营支持是为充分发挥生产线技术能力，提升生产线效能而采取的管理措施，如人力资源管理、成本控制、生产计划管理、生产保障管理、TPM(Total Productive Maintenance，全员生产维护)等。

(三)脉动式装配生产线的特点

脉动式装配生产线使用模块化方式设计装配线，通过站位划分使生产过程按设定的节拍进行站位式装配作业，是介于流水式生产线和固定式生产线之间的一种生产线。所以脉动式装配生产线兼具这两类生产线的特点，同时也具有其自身特有的特点，且随着制造技术的发展，也融入了一些新的特点：

1)飞机部件装配脉动生产线各站位一般是按照部件的形成流程进行作业分工(系统集成阶段一般按照专业进行分工)的。所以，装配作业分工明确细致，工作量单一重复，工位专业化程度较高。

2)为保证生产线的持续脉动，需要确保各站位生产节拍均衡、节奏稳定，以此提升生产效率。

3)可基于各站位的工作内容及专业特点，充分融入相应的先进制造技术，提升生产线综合技术水平和生产效能。

4)生产线一般配备专业的物流供给线和移动设备设施，生产线作业流、物料流、价值流、信息流协调统一，可传递性和可继承性较高。

(四)构建脉动式装配生产线指导思想

脉动式装配生产线的最本质特征和最根本的目标是在满足产能的前提下使脉动节拍均衡。所以，在脉动式装配生产线的规划设计中，均是围绕这一本质特征和目标开展工作。指导这一生产线规划建设的思想就是精益制造思想。基于精益思想的飞机脉动式装配生产线已成为飞机结构装配生产新模式，世界各大航空制造企业竞相采用。飞机脉动式装配生产线既是长期精益实践的成果，又对整个航空制造供应链起着积极的拉动作用。适时地启动飞机脉动装配技术研究，在航空制造中深入推行精益生产的理念、方法和文化是中国飞机制造向世界水平迈进的必由之路。

脉动式装配生产线采用的是单件流的生产，上一站位的输出即是下一站位的输入。所以，脉动式装配生产线一方面要求物流输入能够连续供给，一方面要求产品输出能够节拍稳定，输入与输出同步，站位均衡流动。这样，站位移动节拍将拉动整个供应链的生产步伐，即生产计划管理由装配拉动，实现供应链的拉动式生产，并严格与装配节拍同步。这是符合精益制造的节拍生产、单件流和拉动式生产的基本原则。

在第七章精益篇中提到，工艺设计精益化主要表现在工艺精益化、工艺稳健化和工艺标准化方面。飞机部件脉动式装配生产线是基于工艺流程建设的，精益化的流程是建设精益化生产线的基础。基于精益化的站位流程确定各站位的工作内容，确定各站位的工艺装备等设备设施配置及软件资源的规划；基于站位设置开展站位布局及物流规划；基于工序流程确定相应站位的站位布局及线边物流设计。

基于精益思想指导的脉动式装配生产线能达到以下效果：

1)生产效率是可以设计的，$TT=T_a/T_d$（TT：生产节拍；T_a：可用工作时间；T_d：客户需求）。按照产能需求及工艺流程，确定合适的生产节拍和生产站位，对于不能满足生产节拍的瓶颈站位，可以通过精益改进等方式提升站位能力，或者通过均衡站位工作量，提升生产线线平衡能力，实现高效率部件装配，缩短周期和装配工时。

2)能基于生产线规划设计厂房及其相关的资源配置，能有效利用厂房面积及相关资源，且站位的资源配置相对集中，能提升资源的利用率。

3)由于站位划分是以流程、专业为基础，便于开展作业标准化工作，进一步指导站位的精益化生产。

4)生产线的规划设计在很大程度上考虑了装配工作站位环境的设计，更容易保证质量和生产安全。

5)飞机装配脉动线需要确保供应链的精准保障，所以，在生产线的运行中对整个供应链起到拉动和规范的作用。

6)在脉动线中采用新工艺方法和新工艺装备，促进飞机装配技术的发展。

第二节　飞机部件装配生产线规划设计

飞机部件装配生产线采用脉动式装配生产线，脉动式装配生产线兼具固定站位装配与连续移动装配的特点。飞机装配具有批量小、工艺流程长、工序复杂的特点。所以，在生产线的规划设计上，一般基于产品原则布局，选择一字形、T(L)形或U形的布局形式，在各自站位里又遵循单元式布局的原则。

生产线规划设计是基于工艺性分析展开的，所以，生产线规划设计也是工艺设计的主要内容之一。通过工艺性分析，确定工艺流程，继而基于流程开展站位计算、站位作业分配、生产线平衡及平面布局等工作，最后通过仿真及相关的评估对生产线的规划设计能力进行确认。工艺性分析及工艺流程设计在第三章设计篇中已作了详细的叙述，在此不赘述。

一、产能分析

产能分析是指对生产能力的分析。生产能力一般是指在一定的时间周期内，基于生产线的装备、人员、场地等负荷的最大生产能力，是有限生产能力。对于飞机脉动装配生产线来说，产能一般是以年为周期的生产能力。产能分析有两方面的作用：对于待建生产线，通过产能分析初步确定生产线建设的规模，形成生产线建设的方案；对于已投产生产线，通过产能分析确定生产线能力是否满足需求，是否需要优化调整。

(一)产能分析数据准备

产能分析建立在科学计算的基础上，涉及生产线建设的相关数据。这些数据分为两类：一类是自变量，是给定的数据；一类是因变量，是基于自变量变化而变化的数据。

1. 自变量

产能需求：在给定周期内客户需求的产能。对于飞机装配来说，一般为××架/年。

有效工作时间：以年或月为单位，不考虑法定节假日的有效工作时间，可以折算为工作日，一般每月有效工作日为22天。

工作日时长：每个有效工作日的时长，一般以小时为单位，一般可设定工作日长为8 h。

工作班次：给定的每个工作日安排的班次，一般为1个班次，对于全天候工作日来说，可以设置双班和三班。

2. 因变量

脉动站位：基于产能确定的脉动生产线的站位数量。

人员配置：基于产能确定的脉动生产线各站位的人员配置，包括生产人员、技术人员、管理人员和辅助人员等。

生产节拍：基于产能需求和有效工作时间确定的单个站位的生产周期。

(二)作业时间核算

作业时间核算是在详细的作业分解的基础上进行的。理想情况下，将作业分解到每个动作，再确定每个动作的时间，最后将所有时间加起来就能确定所有作业需求的总时间。但在工艺实践中，特别是在工艺设计阶段，要将所有的作业分解到每个动作是十分困难的，要确定每个动作的时间也是十分困难的。基于此，一般按照下列步骤来确定作业时间：

1)确定工艺流程，这也是工艺设计的一个重要环节。工艺流程反映的是作业的顺序及串并行关系，工艺流程可以从高阶向低阶分解，也就是将作业工序向操作动作进行分解(详见第三章设计篇)。需要注意的是，并行流程环节需要从时间上的并行和空间上的并行两方面进行考虑，只有两者同时具备条件才能算是真正意义上的并行流程。

2)在工艺流程分解的基础上，确定每个流程环节的作业内容，确定工作内容中如孔的数量、紧固件的数量等具体可量化的工作内容。

3)基于经验估算每个工作内容所需要的时间。这点很重要，基于经验不等于盲目估算，应充分考虑产品的工艺性。如常规的制孔时间在结构复杂、空间不开敞、特殊材料等的情况下，是需要进行适当调整的。

4)汇总各个工作内容的时间，估算确定流程环节的总周期。

上述各步骤如表8-1所示。

表 8-1 时间估算表(示例)

流程名称		×××机身壁板装配			
序号	作业名称	作业内容		作业时间/min	备注
1	站位准备	1.1	数控定位器的复位标定	60	
		1.2	工作梯的复位	30	
2	零件上架定位	2.1	15 根长桁的定位	30	
		2.2	8 个钣金框的定位	16	与 2.3 并行
		2.3	4 个加强框的定位	16	与 2.2 并行
		2.4	蒙皮的定位	20	
⋮	⋮	⋮	⋮	⋮	⋮
合计				240	

(三)确定生产节拍

生产节拍(TT)是指在一定的时间长度内,总有效生产时间与客户需求数量的比值,其计算公式为 $TT=T_a/T_d$。对于飞机装配生产线建设来说,一般指定的时间长度以年为单位,即生产线设计按照年产能进行设计。在确定的年产能输入下,以年度工作日为总有效生产时间,确定生产节拍。一般年有效生产时间为 250 个工作日,生产节拍 $TT=(250/T_d)$工作日,如年产能要求为 10 架,则节拍时间 TT=250/10=25(个工作日)。

需要注意的是,生产节拍不同于生产周期。生产节拍是一种目标时间,是随着客户需求(产能调整)变化而变化的,是人为制定的,生产节拍反映的是需求对生产节奏的调节,如果需求比较稳定,则节拍也相对稳定,当需求发生变化时,生产节拍也会随之发生变化,即需求减少,生产节拍随之加长,需求增加,生产节拍随之缩短。生产周期是表征生产效率的指标,具有一定的测算基线(即生产开始环节和生产结束环节),比较稳定,是受一定时期内生产能力(包括设备能力、劳动力配置、工艺方法等)影响的,只能通过管理和技术的改进才能提升。

生产节拍可用于生产调节控制。当生产节拍大于生产周期(特指节拍站位周期)时,说明生产能力过剩,按照生产节拍生产就会导致产品积压,形成库存;当生产节拍小于生产周期(特指节拍站位周期)时,则说明产能不足,需要加班加点才能满足生产需求,或者造成停工等待等现象。所以,通过生产节拍调控生产,使生产节拍与生产周期相适应,当生产节拍需要做出改变时,可以通过生产周期的优化进行调整,或者以生产节拍的调整拉动生产周期做出适应性的调整。

各站位中周期最长的站位(生产节拍最慢的站位)就是生产线的瓶颈站位。瓶颈站位不仅限制了一个流程的产出速度,而且也影响了其他环节生产能力的发挥。从广义上说,瓶颈就是整个流程中制约产出的各种因素。

生产节拍的典型特征是生产的均衡性。对于飞机脉动装配生产线来说,均衡性就是指生产线上各站位节拍的一致性程度,以线平衡率表示:

线平衡率=[各站位总周期/(瓶颈站位周期×站位数)]×100%

由上式可以看出,瓶颈站位周期越长,线平衡率越低。生产线的实际节拍等于该站位的周期,生产线的能力取决于瓶颈站位的能力。在工艺实践中,可以通过管理和技术的改进,调整各站位的负荷,削峰填谷,使各站位的生产周期尽量一致,提升生产线各站位的均衡性,提升线平衡能力。站位节拍平衡如图 8-6 所示。

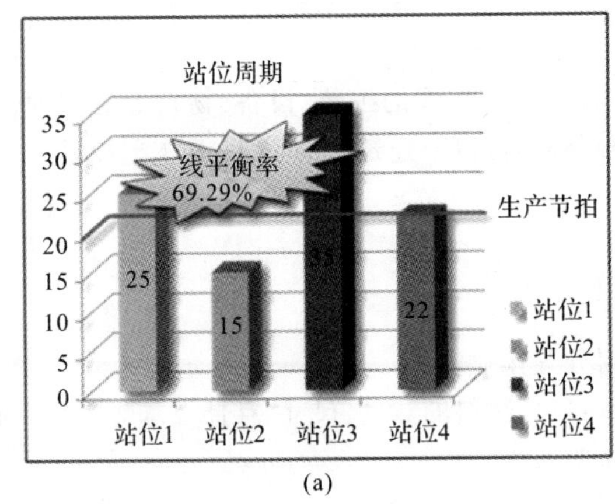

(a)

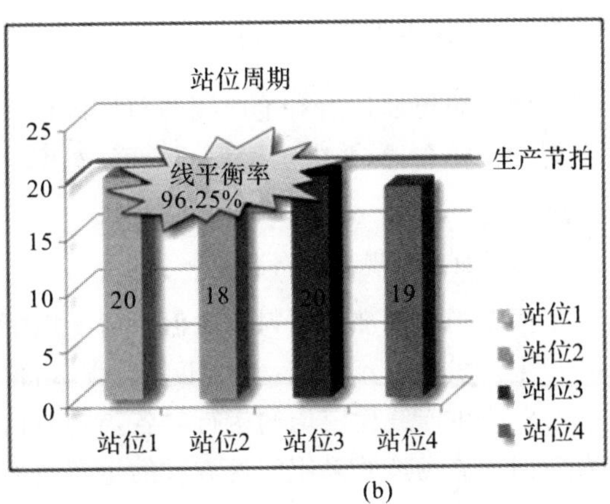

(b)

图 8-6 站位节拍平衡

通过平衡生产线,可以有效提高生产线的生产效率,缩短生产周期,减少工序在制品,真正实现“一个流”的生产。

(四)计算理论站位

飞机装配脉动生产线是由多个站位构成的生产线。生产线内站位数量的规划是依据工艺流程和生产节拍进行的。一般来说,按照工艺流程可将线内站位划分为组合件站位、组件架外站位、部件装配站位、部件架外站位、大部件装配站位、大部件架外站位等。前面已对工艺流程周期和生产节拍做了说明,按照生产节拍,应确保各节拍时间的均衡性。所以,理论站位的计算方法如下:

理论站位=总周期/节拍时间

由上式可以看出,需要对各站位周期进行评估,最大限度保证站位周期时间与节拍时间的一致性,以确定站位数量的合理性。

(五)作业活动分配

在确定站位后,按流程和站位划分将相关作业分配至相应的站位中。在分配的过程中,重点是要保证各站位的作业既符合流程要求,又能体现出站位节拍的均衡性。示例见表 8-2。

表 8-2 作业活动分配表(示例)

站位名称		××组件站位		
序号	作业名称	作业内容		备注
1	站位准备	1.1	数控定位器的复位标定	
		1.2	工作梯的复位	
2	零件上架定位	2.1	15 根长桁的定位	
		2.2	8 个钣金框的定位	与 2.3 并行
		2.3	4 个加强框的定位	与 2.2 并行
		2.4	蒙皮的定位	
⋮	⋮	⋮	⋮	⋮

二、生产线平面布局规划

平面布局规划是指对生产线的布局进行规划，是对生产线的工装、设备、物料等的排列做出合理的安排布局，并决定厂房的长度、宽度、分跨和高度以及建筑物的形式，是工艺设计的重要组成部分。

（一）平面布局规划资料准备

平面布局规划准备资料包含但不限于以下部分：

1）生产线工艺流程图：包含工艺流程、站位划分等作业信息。

2）保障生产线稳定均衡运行的各类物料信息：包含物料的数量、尺寸、存储要求等（对于物料有专门存储场地并采用配送方式的生产线不做要求）。

3）生产线主体硬件信息：包含工装、设备、产品等的外形尺寸、重量（含产品的总重量）、支撑放置方式、产品运输方式等。这是生产线规划的主要输入，在生产线规划时应细致梳理，制作一览表，如表8-3所示。

表8-3　生产线主体硬件设施表（示例）

序号	工装/设备/产品名称	编号	外形尺寸/mm	重量/kg	运输方式
1	××壁板组件工装	×××-×××	8 000×5 000×3 000	1 500	
2	××制孔设备	×××-×××	8300×5200×4000	2 500	
3	××中机身部件总装系统	×××-×××	15 000×12 000×6 000	20 000	
	××中机身部件装配系统	×××-×××	12 000×5 000×4 500	12 000	地面运输
⋮	⋮	⋮	⋮	⋮	⋮

4）能源需求：包括供排水、供液、供电、供热、供气、网络等的需求及节点分布。

5）生产线定员情况：包括人员数量、职务、工作区域、性别等基本信息。

（二）生产线布局原则

生产线布局应满足技术、管理的规划要求，具有先进性、精益性，满足作业流、物料流、信息流和价值流的统一。

1. 生产线布局符合装配工艺要求原则

1）生产线按照工艺流程布局，体现作业流程顺序的串、并行关系；

2）生产线布局体现站位的设置，确保站位生产能力的均衡性；

3）生产线的布局体现物流的方式，按照工艺设计要求设置物流；

4）对于有特殊工艺要求的站位（如复合材料制孔时的吸尘要求、涂胶的温湿度要求、局部喷涂的防护要求等），尽可能集中设置。

2. 生产线布局符合生产操作要求原则

1）设计生产线布局时考虑生产线主体的所有工装、设备等生产线主体设施应有确定的位置；

2)生产线主体布局不宜过挤或过松,充分利用空间;

3)生产线布局应考虑设备的通用或相似性,便于生产组织。

3. 生产线布局符合精益生产原则

1)生产线的布局体现精益生产的模式:拉动式生产、单件流、单元式管理、看板管理。

2)生产线的布局体现物流的精益性,充分考虑物流的存放、运输的方式和路径,实现物流与作业流的统一。

3)生产线的布局体现生产人员的精益性,充分考虑人员的配置、移动路径,按需配置人员,人员移动路径最短、频次最低。

4. 生产线的布局符合 TPM(全员生产维护)原则

生产线布局应使生产线主体的工装、设备等便于维修保养,充分考虑设备安装、检修及拆卸所需要的空间和面积。

5. 生产线布局符合安全生产原则

1)设计生产线布局时应考虑消防通道、应急出口等的设置,与物流通道统筹规划;

2)生产线主体工装、设备等的布置、与之配套的管线的布局满足安全生产要求;

3)生产线布局便于人员流动、物料运输,消除安全隐患。

6. 生产线布局符合厂房规划原则

1)对于已确定厂房的生产线,按照厂房整体布置布局生产线;

2)对于按照生产线规划、设计、建造的厂房,遵照厂房规划相关要求布置生产线。

三、生产线平面布局图的绘制

生产线平面布局图是在生产线规划设计的基础上,通过图示对布局情况进行直观展示。

(一)制图准备

绘制平面布局图,应做好以下准备:

1)确定比例尺,即图上距离比实际距离缩小的程度,基于图幅的大小选择合适的比例(在基于 CAD 的制图中,比例可选择 1∶1)。

2)确定平面布局图的方向,一般按照地图标注方向,即面向平面布局图,上北下南左西右东,可在图面上用箭头标注(一般仅标示北方)。

3)图例和标注:明确平面布局图中各类图例和标注所代表的含义,特别是对一些通用项目的图示,可通过图例来说明。

(二)制图

平面布局制图(见图 8-7)的流程和方法同一般工程制图,此处不赘述,但需要注意以下几方面:

1)平面布局图一般采用俯视图的角度绘制,展示生产线的平面布局。

2)图面布局应反映厂房基本情况,包括柱间距、跨间距、行车覆盖的有效工作区域、各类通道(门)、沟槽、动力设施、辅助设施、生活设施等,并以通用的或约定的图标予以标识。

3)可以采用工装、设备、产品等的最大外围尺寸框图代替需布局的物品,但在可能的情况下,尽量采用工装、设备、产品的俯视轮廓图形象表达。

4)布局符合工艺流程及布局规划要求。

5)布局整齐、美观,所布局的物品分类清晰,图例直观准确。

6)应按照规划列表检查布局是否有遗漏。

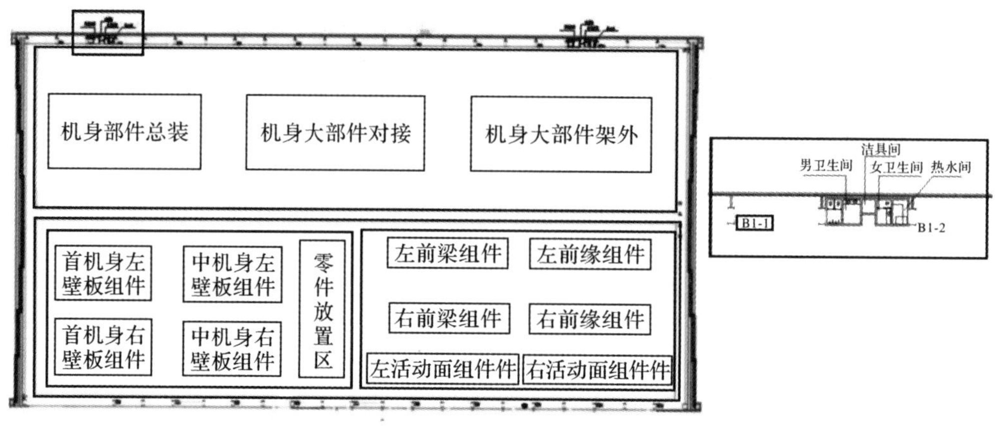

图 8-7　平面布局图

四、平面布局仿真

平面布局图是以二维方式表现的生产布局情况,能在一定程度上反映生产线布局的情况,但受视图大小及维度的限制,且仅是静态展示,平面布局图(特别是对于复杂的生产线布局)尚不能直观地表达生产线布局的情况,以反映布局存在的问题。在第三章设计篇中对工艺仿真进行了说明,生产线布局仿真也是工艺仿真的一部分,遵循工艺仿真的相关要求。

(一)平面布局三维仿真

平面布局仿真的目的就是模拟出生产线规划的实际效果,找出规划中存在的问题并加以改进。当前的仿真手段能够直观表达出布局规划,还能生成动画,动态展示过程。生产线布局仿真可从以下三方面进行:

1)布局仿真:对生产线各类物品的定置布局进行仿真,以确定物品摆放符合规划要求;

2)过程仿真:对生产线工艺过程进行动态仿真,以确认布局符合工艺流程规划要求;

3)物流仿真:对生产线物料的流动进行动态仿真,以确认物料流动符合规划要求。

此外,还可以通过仿真对厂房规划设计的合理性,厂房内各类设备、设施布局的合理性,能源分布与流动的合理性、安全性等方面进行模拟验证,发现问题并加以改进。

生产线平面布局仿真效果如图 8-8 所示。

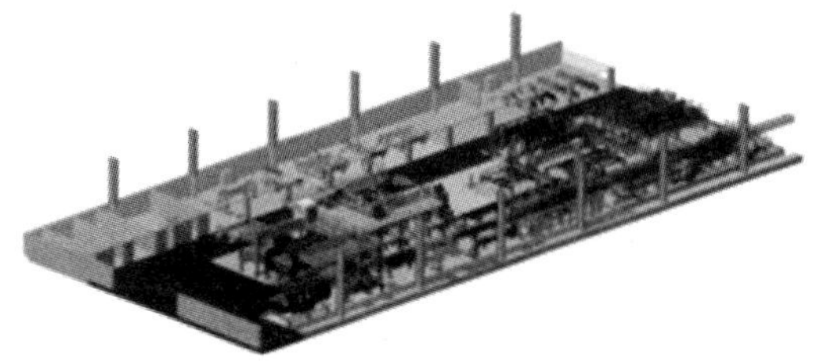

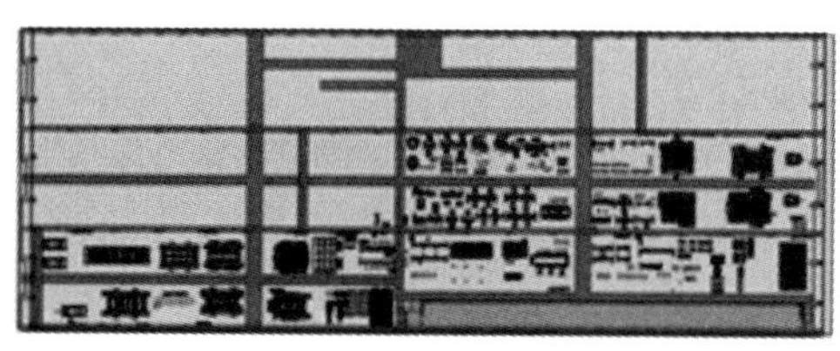

图 8-8　生产线平面布局仿真效果

(二)平面布局 3P 模拟

三维仿真是在虚拟的环境下进行的仿真,能够最大程度地展现生产线布局的情况。但由于生产线尺寸大,生产线各类工装、设备、产品种类繁多,这种仿真还不能直观表现出产线布局的全貌。在实践中,采用生产现场 3P(Production,Preparation,Process,生产,准备,流程)模拟的方法,按照 1∶1 的尺寸更加直观地展现生产线的布局。

1)准备场地:按照 1∶1 的比例,准备适合 3P 模拟的场地,并按照厂房布局的尺寸确定模拟的场地边界,绘制出厂房内有效生产区域。

2)生产线实体模拟件准备:按照 1∶1 的比例,采用线棒材料(如塑胶管线、木棒等)制作生产线实体模拟件。为提升效率、降低成本,模拟件可制作为标准的几何体,能反映实体长宽高的最大轮廓尺寸即可,对于高度方向要求不高的实体,可以采用纸板制作平面模拟件代替。若需要模拟实体的实际重量以验证相关项目,则应考虑配重要求。

3)模拟件定置:按照生产线布局,在模拟场地将模拟件按确定的位置进行摆放。需要注意的是,模拟件须严格按照尺寸定位要求进行摆放,以便能真实反映生产线布局状况。

4)标示标识:按照生产线规划要求,在模拟场地标示出各类标识,如物流方向、各功能区的划分、安全警示标识等。

5)生产线仿真模拟:按照生产工艺流程、物流要求等,对生产线仿真模拟进行评估,对厂房规划设计的合理性、厂房内各类设备设施布局的合理性、能源分布与流动的合理性、物流的安全性和合理性进行模拟验证,发现问题并加以改进。

平面布局 3P 模拟效果如图 8-9 所示。

图 8-9 平面布局 3P 模拟效果图

五、生产线评估

生产线评估是对生产线布局的合理性、可行性、可实施性等进行评估检查,以确认生产线规划满足既定要求,达成相关目标。生产线评估方法主要从布局评估和安全性评估两个方面展开。

(一)布局评估

对生产线平面布局进行评估,评估布局是否合理、精益,是否存在物流的逆流,是否充分利用作业面积等。其评估指标主要有以下几方面：

1)顺行率=(顺行次数/全流程次数)×100%；

2)移动接近率=(1m 以内的移动次数/全部移动次数)×100%；

3)工艺同步率=(停滞的工序/工序总数)×100%；

4)面积利用率=(生产相关面积/总面积)×100%；

5)面积损失率=[(在制品面积+中间周转库面积)/生产相关面积]×100%；

6)人均生产面积利用率=(生产用地面积/生产人数)×100%。

(二)安全评估

生产线安全评估是对生产线规划设计的安全性进行评估。对于不同的生产线，存在的安全隐患及所关注的安全点是不相同的，应基于实际情况，按照相关的国家、行业标准进行对标审查。在实践工作中，生产线的安全性应与厂房规划建设同规划、同设计、同建设、同验收，以确保综合性安全。

第三节　飞机部件装配生产线厂房工艺设计

厂房是生产线的重要组成部分，生产线平面布局是厂房规划建设的主要输入条件。厂房建设规划也是工艺设计的重要内容之一。

一、厂房规划输入条件

厂房规划建设的输入条件是厂房建设的必要条件，基于这些输入条件，开展厂房建设工艺设计。这些条件包含但不限于以下输入条件：

1)生产线平面布局规划：这是厂房建设的主要输入，确定厂房的主体尺寸和功能区域划分。

2)生产线物流方式：物料采用空中运输还是地面运输，取决于运输物料的重量，空中运输采用的吊装方式、运输路径等。物流方式决定厂房运输设施特别是行车的设计。厂房设计物料运输清单见表 8-4。

表 8-4　厂房设计物料运输清单(示例)

物料编号	物料名称	物料质量/kg	运输方式	运输路径	吊装方式
××-××1	××组件	800	空中运输	见平面布局图	两点起吊
××-××2	××部件	2 000	空中运输	见平面布局图	四点起吊
××-××3	××部件	10 000	地面运输	见平面布局图	—
⋮	⋮	⋮	⋮	⋮	⋮

3)生产环境要求：包括温湿度要求、照明要求、粉尘控制要求、噪声控制等级要求等，这些需求决定厂房结构构成。

4)厂房能耗需求，包括最大用电量、用气量、用水量等。能耗要求决定厂房供能系统的设计。

5)厂房作业人员需求,包括作业人数、性别等。人员需求决定厂房生活设施的配套,如休息室、更衣室、水房、淋浴间、厕所等。

6)厂房设计相关建筑标准规范,如《建筑结构可靠度设计统一标准》(GB 50068—2001)、《建筑抗震设计规范》(GB 50011—2010)、《建筑设计防火规范》(GB 50016—2014)等。

7)其他要求,包括厂房的选址、动能配套、物流配套等周边的设备设施及环境。

二、厂房建设工艺设计

厂房建设工艺设计是对厂房结构、功能等的技术要求的规划,是厂房设计的主要输入,是生产线工艺设计的主要内容之一。

(一)厂房结构工艺设计

厂房结构工艺设计是确定厂房长、宽、高几何尺寸及分跨要求,应按照平面布局图确定。厂房的高度以厂房内吊高为基础由设计方确定。

1. 厂房几何尺寸及分跨设计

厂房的长、宽几何尺寸一般是指厂房套内尺寸,对于多跨的厂房,应明确各跨的几何尺寸,以及厂房内分跨的各柱体的分布尺寸;需明确厂房内各类通道、出口的位置和尺寸,需明确厂房内各功能建筑面积的位置及尺寸,需明确厂房内各类能源站点、接口的分布和具体位置,等等。这些几何尺寸在平面布置图中需要明确标示。

吊高是指行车吊钩升至最高点时距地面的高度。吊高由厂房内起吊高度最大的物品决定,如图 8-10 所示。

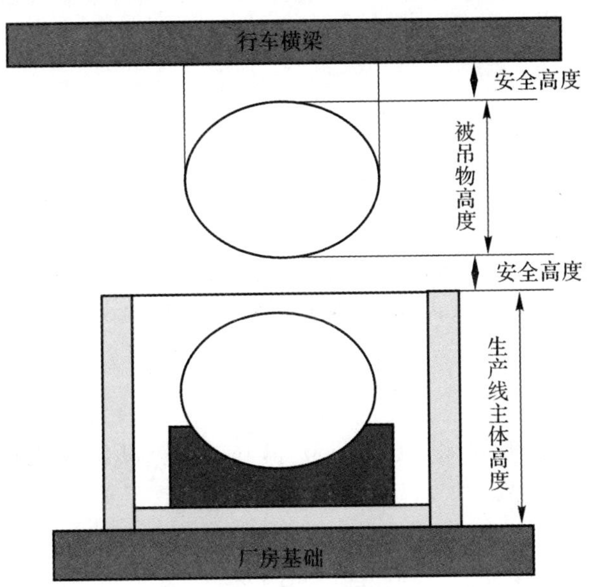

图 8-10 厂房吊高设计

2. 厂房主体结构要求

厂房主体结构包括厂房基础、墙体、房顶、立柱等承力结构部分的要求。一般按照工业厂房建筑物设计要求执行即可。在工艺设计过程中,可根据工艺需求提出特殊要求。

(1)对于厂房基础

需明确基础的一般承载要求,若有特殊要求,如设备安装专用基础,则需明确专用基础的位置及占地面积大小,由设备供应商提供专用基础设计方案。这些专用基础一般与设备设施同步建设,也可随厂房同步建设。

(2)对于墙体要求

需明确墙体的形式,能满足厂房承重需要以及保温、隔噪等要求。

对于房顶,一般要求其结构形式,综合考虑厂房内起重机系统重量、最大吊运产品重量及厂房立柱数量设计房顶承载能力;具有良好的防排水结构,满足保温、隔噪等要求。

(3)对于立柱要求

一般要求明确立柱形式,综合考虑厂房承重要求。

(二)厂房功能工艺设计

厂房功能工艺设计是基于厂房功能需求规划相关技术要求。

1. 厂房行车要求

厂房行车是关系到厂房主体结构形式的设计,需要明确行车的形式(单梁单吊、单梁双吊、双梁双吊、双梁四吊等)、最大吊重、最大吊距、最小吊距等要求,以及行车的分布要求,厂房与行车的各类接口要求(在行车的专用技术要求中也应明确),行车的维护保养通道的设置,等等。

2. 厂房门窗要求

按照平面布置图设置厂房门窗,需明确门窗的开度、高度要求,门窗的结构形式,门窗的开闭形式(平推、对开、提升等)和方式(自动、手动、遥控等)。对于有通风、通光的门窗要求,应按照厂房内环境控制要求设置。

3. 厂房消防要求

厂房建设应符合国家和行业相关安全标准规范要求,提出厂房消防通道的设置、消火栓的设置、报警装置的设置等特殊要求,如火警触发报警要求、消防联网要求等。

4. 厂房安防要求

厂房安防要求应符合国家和行业相关安全标准规范要求,提出关于安防的特殊要求,如各类视频监控的设置、分布、分辨率、内存、联网等要求,以及厂房内岗哨的设置,厂房门禁系统的设置,等等。

5. 厂房供能要求

厂房供能包括供电、供气、供水、供暖、供液等,其设计应符合国家和行业相关标准规范要求。需明确各类能源的供应源、功率、流量、流向、接收、排放等要求。

(1)供电要求

供电要求指配电站、供电功率、相制、配电箱的要求。配电站一般由企业统一规划设置,也可针对厂房配套设计。供电功率基于厂房内总用电功率确定,包括生产、生活用电;一般采用三相五线制,专用接地系统;配电箱需明确插座的功率、电压、插口等要求,应具有漏电保护、浪涌防护功能。

(2)供气要求

装配厂房用气主要是压缩空气,它是风动工具动力源,以及各类气密试验的介质源。供气站一般由企业统一规划设置,也可针对厂房配套设计。确定厂房内用气总量、流量、气压等指标,确定各气源分布点位置、接口形式;为保证气体的清洁干燥,需要设置多级过滤系统。

(3)供水要求

明确工业用水和生活用水的供应要求。供水站一般由企业统一规划设置,也可针对厂房配套设计。确定供水总量、流量等指标,确定使用点的分布、接口形式。生活用水和生产用水一般分别供应,同时还应明确废水的处理、排放要求。

(4)供暖要求

厂房可采用散热片形式的供暖或射流风机形式的供暖。供暖站一般由企业统一规划设置,也可针对厂房配套设计。需确定厂房温度需求,基于厂房空间尺寸按规范设置供暖系统。

(5)供液要求

飞机在装配特别是总装配过程中,需要进行液压试验,如液压管路的清洗、密封,液压系统的功能性试验等。根据需要选择是否需要集中供液。如需要,则应确定供应源,供液的压力、流量、温度、湿度、清洁度等指标要求,明确用液点位置,明确废液的处理、排放要求。

6. 厂房环控要求

厂房环控包括温度、湿度、照度、除尘、空气调节等要求。

温湿度一般基于工艺需求(如密封涂胶工艺对温湿度有具体明确的要求)确定,照度按照相关的国家和行业标准确定。为节约能源,并满足照度要求,可采取分级照明、分区域控制等方式,最大限度采用自然光照明,对门窗、天花板等可针对性地设计。除尘要求是针对生产过程中产生的金属屑、粉尘(特别是复合材料加工)、油雾、漆雾等的清除要求,可采用多级除尘装置实现。空气调节主要采用通风、排风等空气交换装置实现,可采用多级空气交换装置,对门窗、天花板等可针对性地设计。

7. 厂房信息网络要求

厂房信息网络要求是针对厂房网络建设提出的要求,包括网络形式(有线、无线),要明确网络机房建设要求(一般由企业统一规划设置,也可针对厂房配套设计),明确网络端口的形式、数量和分布,明确网络类型(园区网、工业网、因特网、行业网、军网等)。

8. 厂房通信要求

对厂房内通信提出需求,如采用有线通信还是无线通信,以及通信形式(电话、广播、对讲机等)、数量和分布。

9. 厂房楼宇控制要求

通过对厂房内各工业设施如空调、监控、网络的自动控制,实现对供能的自动控制,实现厂房温控、照明、监控、节能等的自动化管理。

10. 厂房辅助功能要求

厂房辅助功能包括各类功能性的建筑要求,如厕所、水房、机房、淋浴间、更衣间、休息室、办公室、会议室等,按照各自功能提出需求。

11. 厂房保密要求

对于涉及保密型号生产的厂房,按照国家保密要求及企业保密规定提出要求,如对一些关键器材的选用、供应商资质等的具体要求。

12. *厂房外观要求*

厂房外观按照企业 VI(Visual Identity，视觉识别系统)提出要求。

本 章 小 结

本章对飞机部件装配生产线规划建设工艺设计相关要求进行了说明。飞机部件装配生产线一般采用脉动式生产线,脉动式生产线的典型特征就是站位节拍的均衡性。以工艺流程为基础,以精益思想为指导,确定节拍、站位和生产线布局。在生产线布局的基础上进行厂房的规划,提出厂房建设的工艺需求。

第九章 生 产 篇

工艺设计的目的是制造产品，所以，工艺设计是为产品生产制造服务的。以能否有效指导生产，稳定、高效、高质地生产出合格的产品作为衡量工艺设计好与不好的唯一标准。也就是说，工艺设计需要经得起实践的检验。所以，在工艺设计过程中，就应该考虑生产制造的问题，如生产过程和方法、产线布局设计。一切精益化和标准化的管理都是为生产过程服务的。生产制造的过程可分为生产组织、计划管理、生产执行（包括生产准备、生产保障、生产加工、生产控制）几个方面，工艺设计与它们的关系如图 9-1 所示。

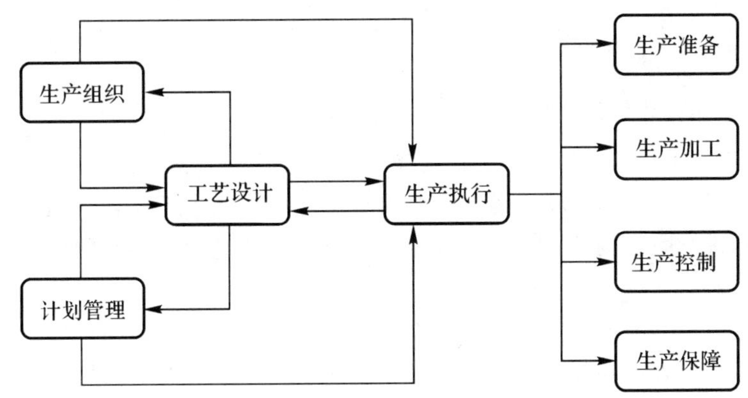

图 9-1 工艺设计与生产管理的关系

由图 9-1 可以看出，工艺设计和生产执行处于生产制造的中心环节，且是作用与反作用的关系，即工艺设计指导生产执行，生产执行对工艺设计优化改进作出反馈。同时，工艺设计与生产组织、计划管理也是作用与反作用的关系，生产执行与生产保障、过程控制也是作用与反作用的关系。它们彼此间相互作用，相互依赖，相互影响，共同提升。

第一节 生 产 组 织

生产组织是对生产过程的时间、空间、物流等进行组织的过程。生产过程的时间组织是研究产品生产过程各环节在时间上的衔接和结合的方式。

在第一章综合篇中提到，工艺设计的内容包括围绕生产制造的人（Man）、机（Machine）、料（Material）、法（Method）、环（Environment）和测（Measurement）（5M1E）等方面要素的组合。作为对生产的指导，可以得出，生产就是在人（Man）的有组织的活动下，运用材料（Material）、装备(Machine),按照相关作业流程和方法(Method),使用相关检测手段(Measurement),在适宜的环境(Environment)下,符合安全生产(Safty)过程,达成产品的品质(Quality)、成本(Cost)、交期(Delivery)和企业运营效能(Operational effectiveness)的目的和要求(SQCDO)。

生产组织是指为了确保生产顺利进行所开展的5M1E资源的配置,这个配置的过程是在工艺设计的过程中进行的。生产组织是生产过程的组织和劳动过程的组织的统一。生产过程的组织主要是指生产过程的各个阶段、各个工序在时间、空间上的衔接与协调,包括生产线布局、工艺流程、工艺参数的确定与工艺方法的确定等。在此基础上,进行劳动过程的组织,不断调整和改善劳动者之间的分工与协作,充分发挥劳动者的技能与专长,不断提高劳动生产效率。所以,通过工艺设计,对流程、方法、产线、人力资源、生产资源、生产组织模式等进行设计,形成生产过程组织的资源。流程、方法、产线均已在相关篇章进行介绍,本节重点介绍在工艺设计中开展的人力资源、生产资源、生产组织模式的设计。

一、人力资源设计

生产离不开人。但生产需要什么样的人,是要根据生产的实际情况进行规划的。作为工艺设计的主要内容之一,人力资源设计就是回答这些问题:生产过程需要哪些类型的人员,各类人员的工作内容有哪些,各类型人员需求数量是多少,各类人员需要什么样的技能资质、技术能力,各类人员之间的关联关系如何,等等。

(一)生产过程人力资源设计

毋庸置疑,生产过程的主要人员类型是操作工人。但生产过程是一个复杂的过程,在此过程中,需要调配大量的资源,这些资源都需要人直接或间接地进行配置,并且这些资源都是以操作人员为中心进行配置的。工艺设计过程应该分析生产过程中存在的劳动类型,依次确定所需的人员类型。

生产过程的劳动类型一般包括生产操作、技术保障、管理协调和辅助协作,对应生产操作人员、技术人员、管理人员和辅助人员。人员类型规划设计如图9-2所示。

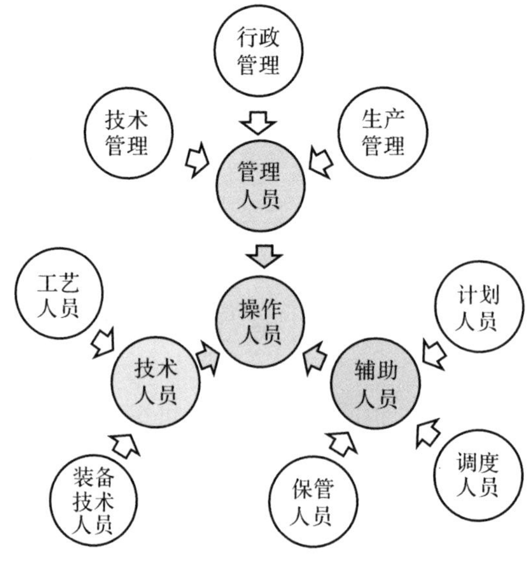

图9-2 生产过程人力资源规划

由图 9－2 可以看出，按照业务分工，各类人员又有具体的划分。总的来说，操作人员是核心，是所有人员服务的对象，是资源配置的最终归属。

(二)生产过程人力资源配置

人员需求数量是基于生产能力进行规划的。生产能力是指在计划的时间和既定的条件下，生产线所能生产的最大数量产品的能力(关于产能分析，详见第八章产线篇)。所以，生产能力来源于两个约束条件：计划的时间和既定的条件。

1)计划的时间：一般是既定的、规划好的，不能做实质性的调整。

2)既定的条件：工艺设计也是生产条件的设计。流程和方法中蕴含所需的生产条件。这些条件可分为生产配套资源、生产消耗资源、生产配套环境三大类。生产配套资源是指生产所需的工艺装备、刀具、工具、量具等，生产消耗资源是指零件、标准件、生产所需辅助物料等，生产配套环境是指厂房、生产线布局、物流、人文环境等。这些条件应依据工艺设计进行规划，满足最基本的产能需求。

在人员数量规划方面，工艺设计需要在基于计划时间和既定条件的前提下，为不同的劳动类型制定需要的输入条件：生产人员的输入条件就是具体的流程和方法，以及配套的生产条件；技术人员的输入条件就是相关的技术要求、技术指标；管理人员的输入条件相对宽泛，严格来说，所有的输入条件都是管理人员所必需的，依据不同的管理范围取其所需；辅助协作人员按其分工获取所需条件，如资源清册、生产计划等。

基于上述计划时间和既定条件，在工艺设计过程中，需要估算各类型劳动内容的劳动量，开展劳动定额分析，进行工作量的分解，以此确定不同类型人员的数量，同时也确定人员的技能等级、资质能力以及关联关系。人员需求分析见表 9－1。

表 9－1　人员需求分析(示例)

序号	劳动类型	工作站位	人员类型	劳动量(工作日)	人员数量	备注
1	生产	××站位	操作人员	20	10	技师 1 人
2	生产	××站位	操作人员	25	20	高级工 2 人
3	技术	××站位	工艺人员	研制阶段	4	高级工程师 1 人
4	技术	××站位	工艺人员	研制阶段	4	
5	技术	全线	工装技术员	研制阶段	2	
6	管理	××站位	单元长	研制阶段	1	
7	管理	××站位	技术副单元长	研制阶段	1	
8	辅助	全线	计划员	研制阶段	2	
9	辅助	××站位	调度员	研制阶段	1	
⋮	⋮	⋮	⋮	⋮	⋮	⋮

二、生产资源设计

前面已述生产资源是生产配套资源、生产消耗资源、生产配套环境三大类。当前，一般制造企业都广泛采用ERP/MRP(ERP:Enterprise Resource Planning，企业资源计划/MRP:Material Requirement PLanning，物资需求计划)系统开展制造资源管理。对于工艺设计来说，此阶段的重点工作是物料清单(XBOM:X Bill of Material)的构建。

XBOM管理从本质上是对产品制造物料数据的管理。产品制造物料数据是指产品在研发、制造、售后服务等全生命周期不同阶段产生及应用的所有数据，是制造企业生产组织和管理的核心资源。在产品生命周期不同阶段，可产生各种不同的BOM(Bill of Material)，主要包含设计BOM(Engineering BOM，EBOM)、工艺BOM(Process BOM，PBOM)，制造BOM(Manufacturing BOM，MBOM)、生产BOM(Order BOM，OBOM)、交付BOM(Delivery BOM，DBOM)、客户服务BOM(Service BOM，SBOM)等，各类BOM依赖于上一环节的BOM，互相参照，顺向传递，独立地存在于企业的各个信息系统中。数据发生变更时，BOM均通过串行的方式实现变更。

在第三章设计篇中提到，研制阶段工艺设计分为顶层工艺设计规划、工艺方案设计、详细工艺设计阶段。飞机装配单元的划分过程，也是XBOM的转换和传递过程。通过对设计单元的分解、重构，将EBOM经PBOM转换为MBOM。其中EBOM是在工程设计阶段完成的，是制造过程的唯一数据源。PBOM是在顶层工艺规划阶段完成的，是以装配单元划分为结构进行分解。MBOM是在详细工艺设计阶段完成的，是以工艺流程设计为结构进行分解。从PBOM向MBOM转换的过程是一个消耗式的过程，通过详细工艺设计，将PBOM资源在详细工艺设计中进行消耗，分解到流程的各个环节，形成具有一定结构的MBOM数据，进而形成生产消耗资源配套清单。

PBOM是在EBOM结构的基础上，添加工艺制造分工路线、融合工艺组合件的结构化数据，是生产计划下达、制造分工的依据；MBOM是对PBOM信息的重构，包含产品所有的装配、制造所需零、组件，反映工艺装配关系，并说明配套来源层次。MBOM中包括顶层MBOM和底层MBOM，顶层MBOM由多层次的装配单元和AO编号构成；底层MBOM由AO所配套的零组件、成品、材料及标准件等组成。XBOM的转化和传递如图9-3所示。

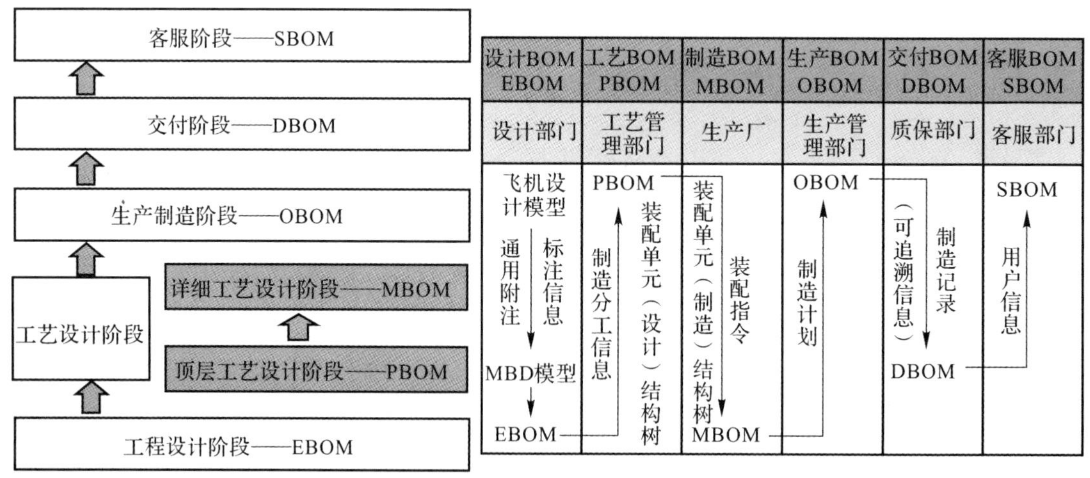

图9-3　XBOM的转化和传递

当前，XBOM更多在零件资源方面开展，大多制造企业尚未将标准件、工具、刀具、工艺装备等纳入制造资源管理，造成了制造资源管理的混乱。所以，在工艺设计过程中，特别需要对生产配套资源开展BOM管理，应严格按照XBOM的转换路径，规划好各层级的BOM结构和内容，使生产资源的需求能与制造分工、制造流程相关联，作为工艺设计的一部分指导生产，表现形式为结构化的物料清单，如表9-2所示。

表9-2 MBOM物料清单(示例)

序号	零件图号	零件名称	父件号	数量	工序编号	备注
1	5347000001-001	长桁	5347000000-001	2	5347000000-001-100	
2	5347000002-001	长桁	5347000000-001	2	5347000000-001-100	
3	5347000009-001	蒙皮	5347000000-001	1	5347000000-001-100	
⋮	⋮	⋮	⋮	⋮	⋮	⋮

三、生产组织方式设计

生产组织方式是指生产的组织形式，是研究如何从空间和时间上合理组织产品生产，将生产活动中各项生产要素有机地组织起来，使生产过程产生尽可能少的劳动消耗和劳动占用，生产出尽可能多的符合市场需要的产品，从而获得最好的经济效益。

生产过程组织，是指通过各种生产要素和生产过程的不同阶段、环节、工序的合理安排，在空间、时间上形成一个协调的系统，使产品在运行距离最短、花费时间最少、耗费成本最小的情况下，按照合同规定和市场需求的品种、质量、数量、成本、交货期将产品生产出来。生产组织形式按照组织方式分为单元型、固定型和功能型三种。单元型是指将生产组织按生产流程、产品类型或加工类型划分为若干职能单元，各个单元既相互独立(按产品类型、加工类型)又相互联系(按流程划分)，承担相对独立的生产职能，具有一定的内循环和内管控机制，且单元可以是实体的，也可以是虚拟的；固定型是指生产资料固定不动，生产人员围绕生产资料开展生产的组织模式；功能型是指按照生产功能划分的生产组织模式，组织内各模块功能单一，结构简单。生产组织管理流程如图9-4所示。

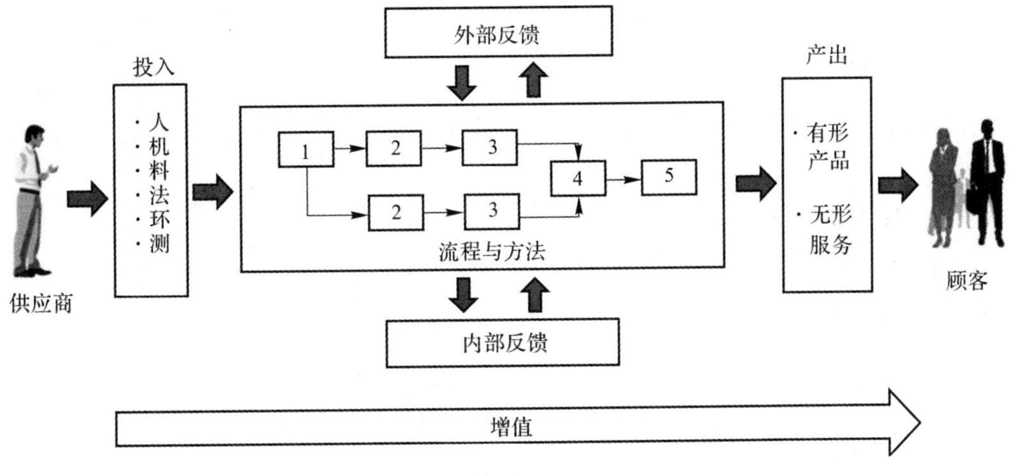

图9-4 生产组织管理流程

航空产品的工艺过程复杂，技术难度高，制造对象品种多，而产量普遍较小，甚至存在极小量和单件生产。应根据不同生产对象特点，综合使用单元型、功能型和固定式生产组织方式。

对于研制批飞机，由于批量较小，设计更改较多，各类生产资源相对紧张。在部件装配时，可优先考虑选择功能型的生产组织方式。首先，这种方式明确各站位的生产功能，实行人力资源、生产资源的共享。特别是人力资源，一般是一拨人马沿着研制进程开展工作，完成一个站位的工作后又转移到另外一个站位。这种方式能最大化地发挥出人力资源、生产资源的效应。其次，由于是一批人员在不同站位、阶段开展工作，能够持久、深入地解决各站位、各阶段的问题，减少站位之间壁垒，有效保证研制过程的延续性，相关人员也可发展成为批产的种子选手。

对于批产飞机，批量较大，生产过程相对稳定。为有效地保证生产节拍，可选择单元式生产组织方式。这种方式是按站位或流程阶段将生产线划分为若干个生产单元，这些单元内部具有相对独立的功能，各单元之间具有一定的关联关系。各单元具有独立的生产资源，按照生产节拍稳定地开展生产活动。单元式的生产方式具有稳定性、均衡性的生产特点，是稳定生产阶段的最佳选择。

无论是功能型还是单元型的生产组织，都离不开生产线的建设。生产线建设对于研制生产来说，属于基础建设。所以，在规划生产线时，必须从满足研制和批产的方面进行统筹规划，研制生产线应具有批产生产线的架构，批产生产线能从研制生产线上得到丰富和发展(详见第八章产线篇)。

固定式生产组织方式一般仅适用于极小批量或单架次的试验件的生产组织。在固定式的生产方式下，站位设计相对简单，往往只有一个或有限几个站位，所有资源均固定在该站位，所有人员围绕一个站位(或有限的几个站位)组织生产。这种生产组织方式形式单一，投入较小。

第二节　计 划 管 理

生产过程是指从投料开始，经过一系列加工，直至成品生产出来的全部过程。在这个过程中，主要是劳动者运用劳动工具，直接或间接地作用于劳动对象，按照预设的目的形成工业产品。生产过程是一个复杂的过程，要想做好生产工作，必须对生产过程实施控制。生产计划就是生产过程控制的基础和基线。

一、生产计划的特点

生产计划是指对生产任务做出统筹性安排，具体拟定生产产品的品种、数量、质量和进度的计划。

(一)生产计划的分类

生产计划按照不同的属性可划分为不同的类型，适用于不同的业务部门，并由不同的业务部门进行承接。

1. 按照时间颗粒度划分

生产计划按照时间颗粒度可划分为长期计划、中期计划和短期计划。

(1)长期计划

长期计划一般是年度或者更长期限的预定计划，计划的周期范围一般以年为单位核计，如国家层面的五年计划、企业经营层面的年度计划。

(2)中期计划

中期计划一般是以月份或季度为周期的预定计划，计划周期范围一般为月、季，是对长期计划的承接和分解。

(3)短期计划

短期计划一般是以日、周、旬为周期的预定计划，计划周期范围一般为日、周、旬，是对中期计划的承接和分解。

2. 按照管理颗粒度划分

生产计划按照管理颗粒度可划分为运营管理计划、主进度计划、车间进度计划、班组进度计划，下面以飞机装配为例进行说明。

(1)运营管理计划

运营管理计划一般是指公司层面对年度运营管理工作的规划，由公司高层或承接业务的经营管理部门承接，包括年度需要完成的经营指标、需要交付的飞机数量等。

(2)主进度计划

主进度计划是依据运营管理计划，由生产管理部门承接，对运营管理指标进行分解而制定出来的。该计划一般以装配单元为单位，以月为周期。

(3)车间进度计划

车间进度计划是依据主进度计划，由生产车间承接，是对主进度计划的分解。该计划一般以工序为单位，以周/旬为周期。

(4)班组进度计划

班组进度计划是依据车间进度计划，由生产单元/班组承接，是对车间进度计划的分解。该计划一般以工序为单位，以工作日为周期。

3. 按照业务属性划分

按照业务属性，生产计划可分为主业务计划和辅助业务计划。

(1)主业务计划

主业务计划是指形成产品的生产计划，是围绕生产过程制定的生产计划，计划内容反映生产过程。

(2)辅助业务计划

辅助业务计划是指为保证主业务计划顺利执行的配套计划，如生产保障计划、工装/设备定检计划等。辅助业务计划应依据主业务计划制定，并匹配主业务计划的相关节点和周期。

4. 按计划内容划分

(1)装配/试验作业计划

该计划工作内容为装配/试验等业务。

(2)零、部件作业计划

该计划工作内容为零、部件制造作业等业务。

(二)计划包含的要素

计划是为满足客户需求的三要素“质量、进度、成本”而制定，使企业获得适当的利益而对生产三要素——材料、人员、机器设备的适当准备、分配及使用的安排，符合 5W2H 原则，与工艺设计的5W2H具有继承和关联关系(见表9-3)。

表9-3 计划执行的5W2H原则与工艺设计的5W2H内容

序号	要素	工艺设计	计划管理
1	Why	工艺设计的导入、目标	计划执行的目的,生产所要达到的目标,交付的周期节点等
2	What	工艺设计规划的主要工作内容,工艺设计的基础	计划的任务要求,包括任务内容及交付成果
3	Who	工艺设计规划人员、资源需求	计划执行的主体,即实施计划的单位或个人,应明确到执行的单位、班组、个人
4	When	工艺设计规划的制造周期、时机	计划执行的时间,包括起始时间、终止时间,计划制订各环节的节点,以及基于此形成的计划执行周期
5	Where	工艺设计规划的施工场所、环境	计划执行的场所,应明确计划执行的场地,如厂房、工位等信息,必要时应明确计划执行所用到的关键装备(纳入场地管理)
6	How	工艺设计规划的方法,包含工艺流程和工艺方法	计划执行的依据,主要是计划执行的方法,体现施工的流程和方法
7	How much	工艺设计对制造成本的规划	计划执行的成本,就是按照工艺设计要求,在规定的物料、周期、方法、流程下完成相应的工作,并在一定的管理要求下控制成本

由表9-3可以看出,生产计划是对生产执行的安排,生产执行是产品实际制造过程的所有生产活动,按照工艺设计的流程和方法执行。所以,在工艺设计的过程中就应该考虑制订生产计划的各类要求,以便计划的分解与制订。

(三)生产计划的特点

有计划就意味着有序,反之,无计划则意味着无序。有序是计划的主要特点,除此之外,计划还具有下列特点,在计划制订和执行中应予以关注。

1. 计划的预见性

做计划时一定要想到可能发生的事情,并针对可能发生的事情制订解决的办法。

2. 计划的可行性

计划的可行性来源于它的科学性,即计划要结合实际。计划即是目标,应符合SMART原则。其中,S:Specific,具体的;M:Measurable,可衡量的;A:Attainable,能够达到的;R:Relevant,相关于;T:Time-bound有时限的。要考虑到意外情况发生。

3. 计划的指导性

计划的目的是指导行动,因此,计划的指导性就体现在它对行动具有一定的强制和约束的作用。计划使所有的行动都有明确的方向,有利于目标的达成。

4. 计划的可继承性

不论是按照周期还是颗粒度的划分,计划都是可以基于高一级的计划向下分解为低一级的计划，低一级的计划总是承接高一级的计划，这就是计划的可继承性。计划在这种可继承特性的支持下逐步细化，将组织战略规划逐步落实到战术实施层面。

5. 计划的可变性

计划还要灵活变通，不能改变的计划就不叫计划。计划没有变化快，但还是要做计划，在计划中要体现计划变化的可能性及应对措施。

二、生产计划管理

生产计划管理分为两个方面的内容：一是生产能力平衡，就是将生产能力同计划的生产任务进行比较、调整，从而达到生产能力与生产任务的一致，保证生产能力最大限度发挥作用；二是生产计划的制订，就是对上一级计划的承接、分解、细化和明确。

（一）计划制订的依据

计划制订的依据包含计划来源、计划实施的支撑条件等方面。

1)计划来源：主要是上一级计划，以及临时任务安排、上级任务安排等，是计划制订的触发点，也是计划的输入。

2)计划实施的支撑条件：支撑计划执行的生产能力，包括技术能力、人力资源、工艺装备能力、生产场地、各类保障能力等。

计划来源是工艺设计的依据，计划实施的支撑条件是工艺设计的结果。

（二）计划制订的方法

计划制订过程就是计划的分解细化和明确前面所述的5W2H的计划要素的过程。

计划的表现形式有多种，可以是文档说明，可以是表格明示，也可以是甘特图直观表达。计划的制订是工艺设计的重要内容之一，制订流程如图9-5所示。

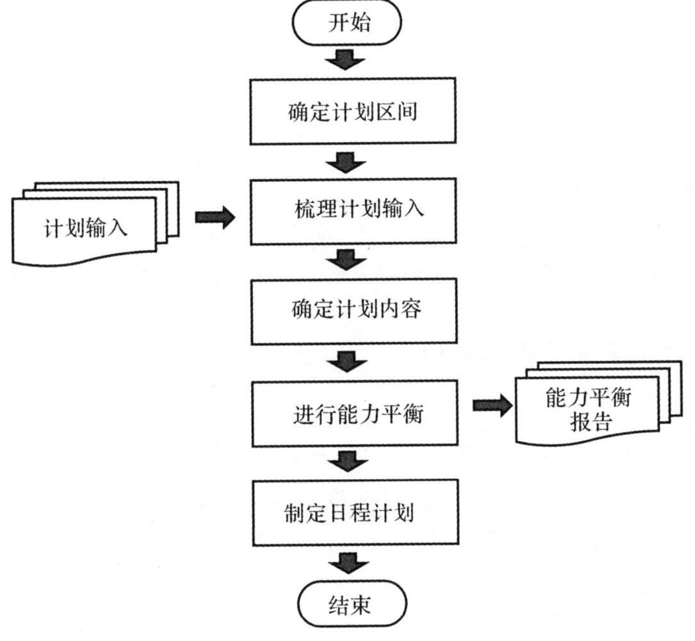

图9-5　计划制订的流程(供参考)

在计划的制订过程中，主要工作是能力平衡，这也是计划制订的基准。能力平衡是指对生产能力的评估。企业生产能力是指内部全部生产性固定资产（主要生产设备、辅助生产设备、动力设备、厂房等生产建筑），在一定时期内、一定条件下所能生产一定种类产品的最大产量。企业生产能力包括人员能力（数量、实际工作时间、出勤率、技术水平）、设备能力（设备数量、开动率、完好率）、管理能力（经验的成熟程度，管理方法、水平和工作态度）等方面。除了管理能力，人员能力和设备能力都是工艺设计阶段应该重点关注和规划的，力争在工艺设计阶段基于产量需求规划出较好的能力水平，提出相关的能力建设规划，与企业的能力相匹配。生产计划示例如图 9－6 所示。

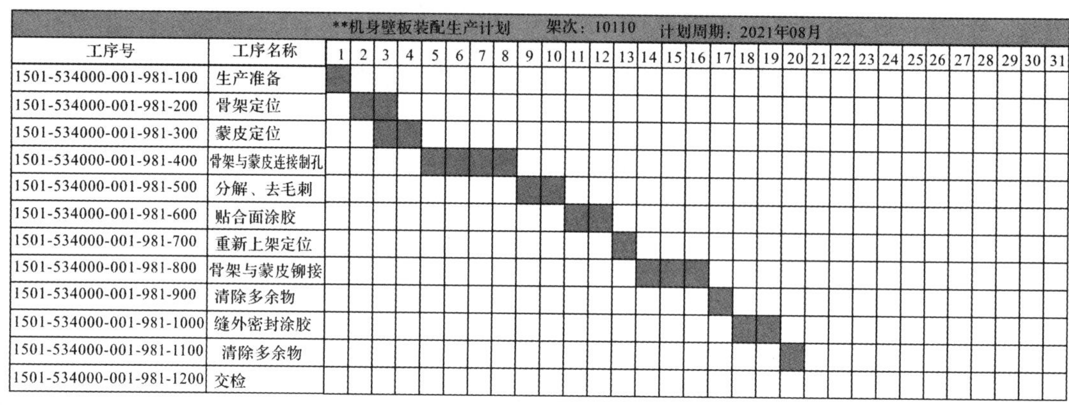

**机身壁板装配生产计划　架次：10110　计划周期：2021年08月

工序号	工序名称	1	2	3	4	5	6	7	8	9	10	11	12	13	14	15	16	17	18	19	20	21	22	23	24	25	26	27	28	29	30	31
1501-534000-001-981-100	生产准备																															
1501-534000-001-981-200	骨架定位																															
1501-534000-001-981-300	蒙皮定位																															
1501-534000-001-981-400	骨架与蒙皮连接制孔																															
1501-534000-001-981-500	分解、去毛刺																															
1501-534000-001-981-600	贴合面涂胶																															
1501-534000-001-981-700	重新上架定位																															
1501-534000-001-981-800	骨架与蒙皮铆接																															
1501-534000-001-981-900	清除多余物																															
1501-534000-001-981-1000	缝外密封涂胶																															
1501-534000-001-981-1100	清除多余物																															
1501-534000-001-981-1200	交检																															

图 9－6　生产计划（示例，供参考）

三、生产计划的用途

计划主要用于生产组织和执行，生产计划的制订是生产管理的基础性业务，具有重要的作用。

（一）生产计划的用途

1）保证生产执行过程计划可控，各类控制节点有章可循，保障交货日期及产量；

2）保证生产负荷合理可控，与当前生产能力匹配；

3）作为各类辅助业务计划制订的主要输入条件，形成计划拉动效应；

4）作为重要的物料或产品库存期量标准的基线，使重要的物料或产品库存维持在最低水平；

5）作为生产能力提升的基础，对长期的产能提升提供能力输入，如人员、工艺装备的配置。

（二）关键路径

在飞机装配中，由于工艺流程和工作方法十分复杂，配套资源种类、数量较多，生产管理也相对复杂。所以，生产计划管理尤为重要，其重要作用也十分突出。计划体现工艺流程，在实践工作中，重点为在生产计划中体现工艺流程的关键路径。

关键路径是指工艺流程的主线，指流程从输入到输出经过的延时最长的逻辑路径。

1）关键路径是工艺设计的关键逻辑路径，具有严格的逻辑关系，细微的变化都可能引起整个工艺设计的变化。

2)关键路径是工艺优化设计的主要路径,在优化过程中可以反复使用,直至不可能减少关键路径上的延时为止,体现出流程的最大能力(负荷)。

3)关键路径上所配套的资源成为关键资源,需要重点拉动和配套,应体现资源的齐套性,否则将影响生产的开工以及后续实施。

4)与关键路径相对应的是非关键路径,从精益制造的角度看,要提升生产效率,缩短生产周期,应做到向关键路径要时间,向非关键路径要资源。

5)在生产运行中,应优先安排关键活动所需的资源,利用非关键活动的总时差,错开各种作业活动开始的时间,拉平资源所需的高峰,削峰填谷,提升生产线的均衡性。

第三节 生产执行

生产执行是指产品从投产到交付全过程的所有生产活动的总和,也即产品的实际制造过程。对于飞机装配来说,生产执行就是从生产条件准备到位后,按照工艺设计的流程和方法开展装配,形成飞机组件、部件的过程。生产执行可分为生产准备、生产加工、生产控制和生产保障四个环节。

一、生产准备

生产准备是指为确保生产及时、准确地投入,按照工艺设计要求而开展的各项生产条件的准备工作。生产准备是工艺设计和生产制造的桥梁和纽带,是将工艺设计变为生产现实的前提和基础。所以,生产准备在产品制造过程中具有重要的地位。“磨刀不误砍柴工”,生产准备就是“磨刀”的过程。

生产准备应该具体准备哪些呢?从其概念上来说,是按照工艺设计的要求而开展的准备工作,就是要准备工艺设计、规划所需的人员、物资、装备等生产条件。所以,在生产准备过程中就是准备人、机、料、法、环、测等方面要素。

(一)“人”的准备

按照规划,准备核定数量、具有相关资质的人员,且人员上岗前经过相关培训并取得资质。应使相关人员能明晰承担的任务,掌握任务所需的相关技能。在人员准备中,应认真核查人员资质,制定培训计划,开展相关培训考核活动,做到技能相当、任务到岗、责任到人。人员核查示例和培训计划示例分别见表9-4和表9-5。

表9-4 人员核查表(示例)

序号	姓名	岗位	资质	任务	备注
1	张××	操作	中级工	××组件	
2	李××	操作	高级工	××组件	
3	王××	操作	技师	××总装	
4	张×	技术	工程师	工艺保障	
5	赵××	计划管理	工程师	计划协调	
⋮	⋮	⋮	⋮	⋮	⋮

表 9-5 培训计划表(示例)

序号	培训项目	参训人员	培训师	培训时间	培训地点
1	适应性培训	操作人员	×××	××年××月××日	××××
2	质量培训	全体参研人员	×××	××年××月××日	××××
3	工艺方案培训	操作人员	×××	××年××月××日	××××
⋮	⋮	⋮	⋮	⋮	⋮

(二)“机”的准备

“机”是指产品制造所用的工装、设备以及工具、刀具等工艺装备,统称为生产资料或生产配套资源(见表 9-6)。在准备阶段,应按照工艺规划,列出 BOM 清单,逐项核查,核查重点是装备的类型、数量、质量等是否满足工艺设计要求,同时应核查生产线建设是否符合工艺设计要求。需要注意的是,在生产资料的准备中,应按照流程顺序需求准备,以形成生产拉动。

表 9-6 生产资料核查表(示例)

序号	资料名称	图号	所需站位	数量	合格证明	负责人
1	××刀具	×××-××××××××-×××	××组件	20	×××-××××	×××
2	××工具	×××-××××××××-×××	××组件	10	×××-××××	×××
3	××工装	×××-××××××××-×××	××总装	1	×××-××××	×××
⋮	⋮	⋮	⋮	⋮	⋮	

(三)“料”的准备

“料”是指产品制造所需的原料,包括零件、标准件、产料等,统称为生产资源或生产消耗资源。在准备阶段,应按照工艺规划,列出 BOM 清单,逐项核查(见表 9-7),核查重点是料的类型、数量、规格等是否满足工艺设计要求。需要注意的是,在生产资源的准备中,应按照流程顺序需求准备,以形成生产拉动。

表 9-7 生产资源核查表(示例)

序号	资源名称	图号	所在工序	数量	规格	负责人
1	××零件	×××-××××××××-×××	××××××-100	20	×××-××××	×××
2	××标准件	×××-××××	××××××-200	10	×××-××××	×××
3	××材料	×××	××××××-300	1 kg	×××-××××	×××
⋮	⋮	⋮	⋮	⋮	⋮	⋮

(四)“法”的准备

“法”是指产品制造的流程与方法。在“法”的准备中,不同于上述有形资料的准备,更多是结合“人”的准备,如开展系列培训,使相关人员能熟练掌握工艺设计的流程和方法。但同时,也需要准备工艺方法所需相关软件资料，如设计图纸/数模、工艺装备图纸/数模、相关工艺规范、工艺指令等，重点应核查资料版次有效性。

（五）“环”的准备

“环”是指产品制造过程所处的环境，包括厂房、生产线布局、物流等硬件环境，也包括温湿度、空气清洁度等自然环境，同时还包括工作氛围、文化氛围等人文环境。硬件环境需要设计，软件环境需要选择和遵循（当然有时候软件环境也需要设计），人文环境需要营造。针对环境的准备，上述的人、机、料都可以看作是环境的准备，属于硬件环境的准备。需要注意的是，环境的准备更应该关注软件环境的准备。特别是人文环境，应营造一个适合研制生产的人文环境，比如给予员工适当的培训，再比如营造一个全员参与、全员控制的质量环境，给予员工适当的激励等。

（六）“测”的准备

“测”是指验证产品品质的测量工具、测量方法等。在“测”的准备中，需要依据产品品质要求和工艺设计要求，规划设计合理的验证产品质量的方法，选择适当的测量工具，并列表核查。重点核查测量工具适用范围、校验情况、测量标准、测量任务的设置（可参考 XBOM 思想建立测量 BOM）、测量规范等。

（七）生产条件的核实

上述人、机、料、法、环、测六个方面的生产准备工作基于工艺设计，涵盖了生产条件的方方面面。上述方法是从技术层面说明生产准备的过程和方法，但如何确保这些准备工作的有序开展，使准备的条件符合工艺设计要求，需要从管理上加以控制。一般的做法是采用生产准备情况核查的方式。所谓核查，就是根据各项条件准备的表单，按要求逐项落实生产条件的状态，核查其是否符合工艺设计规划要求。可以按照自查、互查、复查和抽查的流程执行。自查一般由工艺设计人员带领相关人员进行核查，互查一般由工艺设计人员带领的团队交换检查，复查一般由生产管理人员组织进行检查，抽查一般由第二、第三方（如用户代表等）组织进行核查。通过多轮次的核查，以确保其能够满足生产加工要求并处于受控状态。核查结束后，编制核查报告备案。生产条件核查表（示例）见表 9－8。

表 9－8 生产条件核查表（示例）

条件	核查项目	核查内容	核查方法	核查记录
人	技术人员	人员资质、人员数量	查验人员名单；查验人资质；查验人员上岗证；查验培训记录	
	操作人员			
	管理人员			
机（生产资料）	工艺装备	工艺装备的符合性	查阅工装清单、合格证、移交手续、检修/维修计划等	
	设备	设备的符合性	查阅设备清单、合格证、移交手续、转固手续、检修/维修计划等	
	工具	工具的符合性	查阅工具清单、合格证等	
	刀具	刀具的符合性	查阅刀具清单、合格证等	

续 表

条件	核查项目	核查内容	核查方法	核查记录
料 (生产资源)	零件	零件的配套情况	查阅零件配套清单、合格证、移交手续等	
	标准件	标准件的配套情况	查阅标准配套清单、合格证、移交手续等	
	材料	材料的配套情况	查阅材料配套清单、合格证、移交手续等	
法	设计文件	设计文件完整性	台账	
	工艺文件	工艺文件符合性	核查工艺文件的编制、审签情况,核查工艺文件与设计文件的一致性	
环	生产环境	生产环境符合性	核查生产环境是否符合要求	
测	测量方法	测量方法符合性	核查测量文件的编制、审签情况,核查测量文件与设计文件的一致性	
	测量设备/器具	测量设备/器具符合性	查阅工具清单、合格证等	

注:1. 上述核查一般采用抽查的方式。
2. 上述核查需结合实物进行。

二、生产加工

生产加工是指操作人员按照工艺工程师设计的流程和方法开展产品制造的过程,是生产执行的主要内容。生产加工是对工艺设计的应用和检验的过程,通过生产加工,检验工艺设计的正确性、可行性和可操作性,检验工艺设计的质量水平,以形成工艺优化改进的方向和目标。

工艺设计人员在生产加工过程中起到项目工程师的作用,是生产管理的主体。在生产执行过程中,应按照工艺设计的要求,全面跟产,强化计划执行,关注过程控制,及时协调处理各类问题,做好原始记录。

三、生产控制

生产控制是指针对生产目标,对生产过程的关键要素进行动态跟踪,及时发现偏差并纠正,或者对这些偏差发生的可能性进行预测,制定相应的措施以保证这些情况不发生,保证生产计划的执行和生产目标的实现。生产控制分为事前的预防性控制、运行中的过程控制,以及对结果和综合绩效的分析和改进。一般说来,生产控制的要素包括生产安全(S)、产品质量(Q)、制造成本(C)、产品交付(D)、团队成员(T)等5个方面。生产控制也是技术与管理相结合的生产活动。从技术层面上来讲,就是在工艺设计中,如何设计控制流程(控制环节)与方法;从管理层面来讲,就是如何执行控制的流程与方法。

(一)生产控制的流程与方法

生产控制分为事前预防、事中控制和事后分析改进等三个阶段。这三个阶段也是一个

PDCA 的过程。事前预防是 P 阶段，事中控制是 D、C 阶段，事后分析改进是 A 阶段，如图9－7所示。在工艺设计过程中，需要对这三个阶段的流程与方法进行设计。

图 9－7　生产过程控制

1. 事前预防阶段

事前预防是生产控制的主要阶段，是对生产过程中影响控制要素的不稳定因素进行分析。凡事预则立，不预则废，预防第一。在工艺设计过程中，应将预防思想贯穿到工艺设计的始终，从源头分析、控制，采取一定的方法和措施分析不稳定发生的可能性、发生的条件、发生的时机，评估发生后的影响，并针对性地采取措施。本书在第四章质量篇、第五章安全篇中提到了本质质量、本质安全的概念，提到了质量预防、安全防范的相关理念，并介绍了相关的预防方法；在第十章成本篇中将提到如何在工艺设计过程中贯彻成本控制的思想；对于产品交付(D)，是从生产计划的优化方面开展预防性控制，确保计划合理可行、精益优化；对于团队成员(T)的预防性控制，是以人员规划为切入点，选好人、用好人，建好团队。

另外，事前预防是针对所有已识别的风险点制订控制计划。控制计划不同于生产计划，但与生产计划相关联，应将控制计划纳入生产计划监控执行。控制计划包括控制对象、控制指标、控制频率、控制节点、负责人等内容。同时，还应制定控制目标，明确当前控制水平与未来计划达成的目标，制定针对控制中存在的问题拟采取的纠正措施等。控制计划具有以下特点：

1)控制计划应根据生产实际需要动态调整。由于工艺的持续优化改进，以及生产能力的提升，风险事项也在变化，所以控制计划应根据实际需要进行动态调整。

2)为确保控制过程可追溯，使统计分析更科学、优化改进有依据，生产的控制计划应形成规范性文档，并按相关要求进行归档管理。

3)为保证控制计划得到贯彻执行，应采取相应的管理措施，将控制责任落实到岗、落实到人、考核到位。

2. 事中控制阶段

事中控制阶段是指按照控制计划，开展过程控制活动，是 PDCA 循环的 D、C 阶段。在这一阶段，应充分采取管理措施，确保控制过程可控、事前预防制定的各项控制措施按照控制计划执行到位，确保措施生效、过程稳定。

3. 事后分析改进阶段

事后分析改进阶段是一个持续优化、精益求精的过程。在该阶段，应对 P、D、C 阶段的执行情况进行总结，分析得失，提升既有能力，寻找新的改进点。事后分析改进需要团队成员群策群力，也是团队建设的重要方面。

(二)生产控制的管理

好的措施与方法是需要通过有效的执行才能落地生效的。为使生产控制措施得到有效执行，可采取下列管理措施。

1. 目视化管理

目视化管理是指通过直观可视的方式展示生产现场的所有信息，包括物流标识、标准工作流程、生产计划与进度、现场异常问题(如质量问题、设备故障、物料问题)浮现及警示、问题处理进度等。目视化的形式要做到使任何人都能够迅速地发现现场现物的异常状态，迅速判断异常的结果，并且判断结果不会因人而异，能够监控异常回到正常。目视化管理有多种表现形式，如看板管理、安灯系统、驾驶舱系统等，其中看板管理因简单、直观，使用最为广泛，如图 9-8 所示。

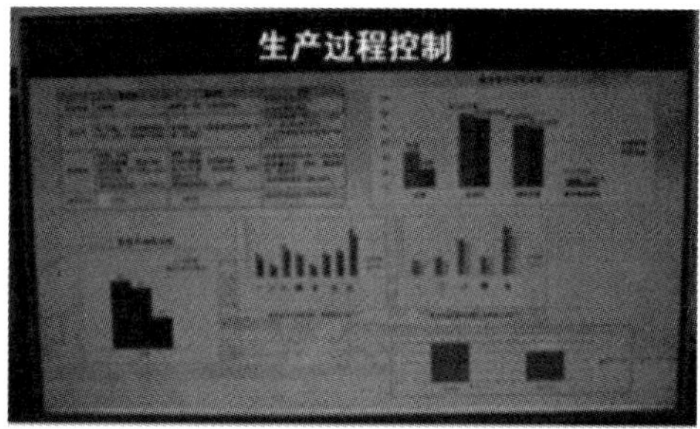

图 9-8 看板管理

随着信息化技术的发展和应用，通过信息技术将工艺设计与生产控制联系起来，实现从工艺设计系统中提取控制信息，在生产控制系统中反馈执行控制结果，如 ERP 系统、MES 系统、企业驾驶舱管理系统(见图 9-9)等。

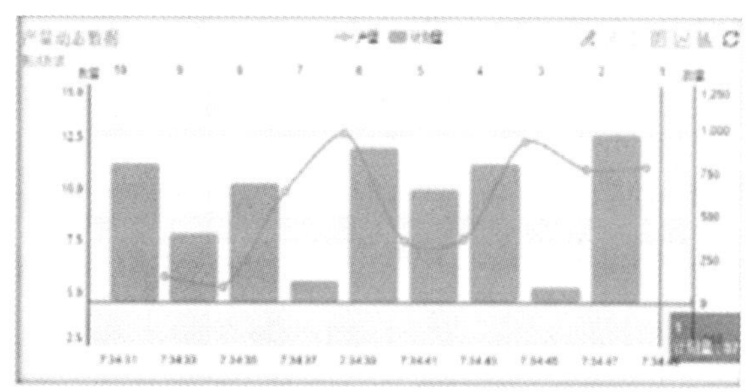

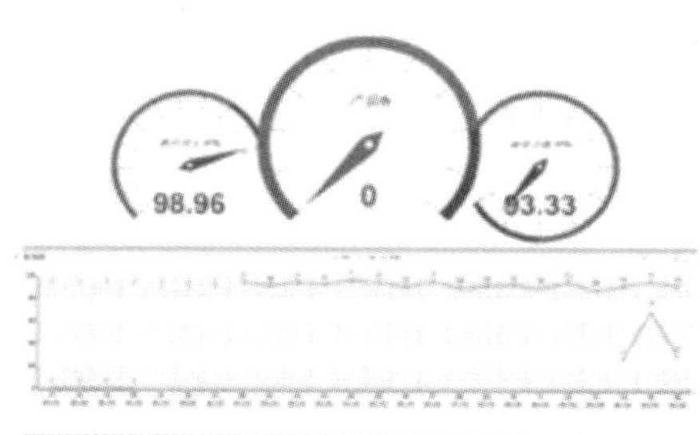

图 9-9 驾驶舱管理系统

2. 分层例会

分层例会是生产现场各级管理者每天通过生产现场的三/四层简短会议(如班组级、单元级、车间级和公司级),来评估前一天的控制要素的控制情况,安排当天的目标任务及注意事项,并针对现场问题制定解决方案,分配改进任务。越低层级的例会应越关注对生产的过程控制、现场问题的及时反馈和处理,越高层级的例会应越关注流程绩效及改进。分层例会应将会议时间、地点、参会人员、会议流程形成标准化,就问题解决问题,使会议更精简、高效。

3. 管理者标准作业

管理者标准作业指将生产现场各层级管理者的日常管理工作,如现场观察、生产控制要素点检(例如,生产安全点检)、生产各环节的流程审核、生产控制现场问题处理及进度控制、任务安排、生产现场即时督导与培训等,以标准化作业点检表的形式结构化,并明确定义出来,作为管理者日常行为的规范标准。管理者标准作业也用于生产现场的各类异常问题及时发现、处理并记录;通过管理者标准作业的可视化公示,实现对现场督导、警示、培训的作用,达到举一反三的高杠杆比效果。

按照工艺设计规划,以生产为中心配置各类管理人员,管理者标准作业按照业务分工各不相同。各类管理人员应基于业务要求,针对性地制定适合本岗位的管理者标准作业,确定点检要素、点检节点和点检频次,确定向上承接和向下布置业务的关系。

(三)异常快响机制

建立异常快响机制。对现场问题进行定性分级,明确各级问题的责任人和解决问题的流程,明确问题升级的流程。遵照 2-8 原则,使 80%的低层次问题能在低层次得到快速的解决,使 20%高层次的问题能快速升级到相应层级并得到解决。

四、生产保障

生产保障是指为保障生产任务顺利执行所进行的准备、维护、辅助支持等工作,从保障内容上可以分为工艺技术保障、生产资源保障、生产维护保障等。生产保障是生产执行的后勤工作,正所谓“兵马未动、粮草先行”。

(一)工艺技术保障

工艺技术保障是指在生产过程中提供工艺技术资料和工艺技术支持。工艺技术资料是在工艺设计阶段,由工艺设计人员编制的用于指导操作人员操作的工艺技术文件,包括装配工艺规程、装配指令、典型操作程序、典型操作规程、标准作业指导书、点检表等;工艺技术支持是指在生产过程中,由工艺技术人员在现场对操作人员进行技术指导、处理现场各类技术质量问题、开展各类工艺技术改进等活动。

工艺技术保障是工艺设计的延伸。良好的工艺设计能使工艺技术资料得到充分的保障,也能使工艺人员精确地指导操作人员的施工操作,预防和减少现场各类问题的发生。

(二)生产资源保障

前已述及,生产资源分为生产配套资源、生产消耗资源、生产配套环境三大类。生产配套资源是指生产所需的工艺装备、刀具、工具等,生产消耗资源是指零件、标准件、生产所需辅助物料等;生产配套环境是指厂房、生产线布局、物流、人文环境等。生产资源保障就是按照生产资源设计，按节点、按流程、按需求将这些资源配套到位，特别需要重点关注关键路径所需资源，并保障生产资源的齐套性，使生产不断线。

（三）生产维护保障

生产维护保障是指对重复利用的生产资源（如工艺装备、工具刀具等）的维护保养工作。在生产中，常采用TPM（全面生产维护）、6S（整理、整顿、规范、安全、清洁、素养）等方法开展维护保养活动，以减少工艺装备故障，避免工装、工具异常损坏，保障动力稳定供给，控制作业环境（尤其是特殊作业）符合标准，等等。

维护保障也是工艺设计的内容之一。在工艺设计过程中，应充分考虑工艺装备的可维护性、可维修性，制定维护内容与方法，确定维护保养周期。如对设备可以考虑用集中润滑代替分散润滑，对运动部件应有良好的防护，大型设备应具有UPS保护功能，等等。

本章小结

本章重点从生产组织、计划管理、生产执行等方面对生产管理要点进行了叙述。生产制造是产品生命周期的重要环节之一，是工艺设计的实现和产品实现的关键环节，是检验工艺设计的关键环节。通过生产制造，对工艺设计的成效进行有效验证，使工艺设计存在的问题和不足充分暴露，为后续的工艺优化改进提供基础。

第十章 成 本 篇

产品最终将走向市场，走向消费者。对于飞机这样的产品来说，可能会特殊一些，其消费者基本是特定的群体。但不论怎样，要使产品在市场上占有一席之地并具有相当的竞争力，产品的性价比是主要的因素之一。我们都知道，好的产品是设计出来的，这个设计既包括产品设计，也包括工艺设计。

传统意义上，企业的盈利模式是“成本＋利润＝价格”，企业追求利润的增长，在一定程度上是依赖价格的增长。但市场具有强大的自我调节能力，市场经济这双看不见的大手已经改变了这一规则，取而代之的是“利润＝价格－成本”，企业追求利润的增长，在很大程度上依赖于成本的下降了。

第一节 工艺设计与制造成本

产品制造环节是产品全生命周期的一个重要环节，是产品形成的过程，也是产品成本消耗的主要过程，还是产品增值的过程。

按照成本管理理论，成本可划分为不同的种类：按照成本形态，可划分为变动成本和固定成本；按照特定对象的关系，可划分为直接成本和间接成本；按成本发生能否为考核对象(即责任中心)所控制，可划分为可控成本与不可控成本；按成本决策方案变动时某项支出是否可以避免，可划分为可避免成本和不可避免成本；按照是否与特定决策相关，可划分为相关成本与不相关成本。此外，还有差量成本、边际成本、对象成本、作业成本、计划成本、战略成本、环境成本等概念。不论成本分类如何变化，都只是对成本赋予不同的属性，产品的成本是客观存在的，在相同的环境下是一致的。

按照成本管理的理念，成本是设计出来的，产品设计决定成本的构成和品质。推而广之，这个设计包含工艺设计。由于产品制造是成本的实质性消耗过程，工艺设计是对制造过程的流程和方法的设计，决定了产品制造的能力，也决定了制造成本的构成和品质，所以在确定的产品设计的基础上，工艺设计对成本也有至关重要的影响。

一、制造成本分析

制造过程是一个劳动过程，制造成本是产品在生产制造过程中消耗的物力、财力、人力等资源。管理和控制制造过程的成本，就是管理和控制制造过程消耗成本的各类要素。马克思曾经指出：劳动过程的简单要素就是，有目的的活动或劳动本身、劳动对象和劳动资料。这些要素包含人工、周期、质量、安全等，它们都直接或间接地影响成本的构成。

(一)制造过程要素

现代管理研究总结,将生产制造过程的要素总结提炼为P、Q、C、D、S、M六个方面:

P(Productive):生产效率。提高生产效率,是企业生产管理不断追求的目标。

Q(Quality):产品质量。越来越高和越来越稳定的产品质量是企业生产管理持续追求的目标。

C(Cost):产品成本。越来越合理、可控的产品成本,是生产管理中必须面对的现实。

D(Delivery):交货周期(简称“交期”)。不仅是给客户的交货周期,还包括生产过程中各个环节的时间管理。

S(Safety):安全。安全生产是所有生产管理活动的前提。

M(Morale):士气。这是指员工积极高涨的士气与团队和企业文化建设,特别是精益生产管理的文化建设。

从上述这六个方面来看,归根到底都是C,即产品成本。生产效率、产品质量、准时交付、安全生产环境以及团队士气无不对成本造成影响,控制和管理这些因素,就是控制和管理成本。

(二)制造要素管理与成本控制

生产要素管理是对生产过程的P、Q、C、D、S、M六个要素的计划、组织、协调、分析、控制的系统管理。通过对生产要素的管控,实现控制成本的目的。

1. P要素(生产效率)管理

P要素生产效率是指在固定的投入下,制程的实际产出与理论最大产出的比率。由此可见,这个比率越大,成本就越低。所以,提升生产效率是降低成本的一个有效途径。

提升生产效率可从优化工艺流程和方法、优化资源配置、提升人员技能等方面开展工作,提升制程的能力。

2. Q要素(产品质量)管理

质量表现在两个方面,一是产品质量,二是工作质量。产品质量是工作质量的表现,工作质量是产品质量的保障。

质量成本一般体现在三方面:质量预防成本、质量鉴定成本和质量损失成本。质量预防成本是为了预防产品生产缺陷而进行的各项活动发生的费用;质量鉴定成本是为了评定产品是否符合规定的质量而进行的检验、试验、检查和审核费用;质量损失成本是指产品未能满足规定的质量要求而发生的费用,包括内部损失成本和外部损失成本。

质量预防成本、质量鉴定成本是在产品质量方面的投入,这种投入是减少质量损失、增加质量收益的必要前提,是企业必须要投入的成本。其中质量预防成本在很大程度上是一次性投入,质量鉴定成本可以通过优化鉴定方法予以控制。质量损失成本则是直接的成本损失。所以,在质量成本控制方面,应注重质量预防和鉴定,提升产品的质量预防能力,防止质量问题的发生,强化质量鉴定能力,防止不合格品的“逃逸”。

3. C要素(成本)管理

成本要素是各要素的集中体现,成本要素管理就是在制程中,对成本进行事前、事中和事后的控制和管理。事前控制,是事先对成本进行规划,作为控制各种消耗的依据;事中控制,是对成本事中进行指导、限制和监督,使之符合成本规划;事后控制是在事后对成本进行分析评估,并在总结经验教训的基础上实施改进,修订事前控制计划和方案,促进成本的不断降低。

4. D要素(交期)管理

交期是生产效率的直接表现方面之一。生产制造按照计划执行，说明对生产过程各环节的时间管理是卓有成效的，能够保证产品按期交付。对交期的管理，就是要从计划制订、计划控制和计划提升方面做功课。计划制订应依据客户需求，结合生产能力制订切实可行的计划，作为生产执行的依据；计划控制就是在计划执行过程中，控制和管理计划执行的效果，确保计划执行不偏离；计划提升是指在计划执行后对执行情况进行检查和评估，在既有的生产条件下，通过优化各要素能力，提升计划能力。通过计划能力的提升，促进生产效率的提升，促进制造成本的不断降低。

5. S要素(安全)管理

安全是生产的保障。在产品制程中，安全体现在两个方面，一是人员安全，二是产品安全。安全同质量一样，重在预防、控制，所以，在安全预防和控制方面的投入是必要的。可以将安全成本分为预防成本、安全控制成本和安全损失成本。安全预防成本是指通过安全风险的识别和评估，采取相应的安全策略进行预防而产生的成本；安全控制成本是指在生产实施过程中，按照控制计划对生产过程进行有效控制，防止安全事故发生而产生的成本；安全损失成本是指弥补已发生安全事故造成的损失或减小甚至消除安全问题对制程影响而发生的成本。

预防成本、控制成本是在安全生产方面的投入，这种投入是减少安全损失、稳健生产过程的必要前提，是企业必须要投入的成本。同质量成本一样，其中预防成本在很大程度上是一次性投入，控制成本可以通过优化控制方法予以控制。安全损失成本则是直接的成本损失。所以，在安全成本控制方面，应注重安全风险的识别和预防，加强生产过程的控制，稳健生产过程的能力，消除安全隐患，防止安全问题的发生。

6. M要素(士气)管理

M要素管理是企业文化建设落地的直观表现。将企业文化融入员工的血液，使员工具有主人翁的意识，能自觉提升成本控制意识，并能主动采取措施控制成本。M要素管理属于意识层面，本章不赘述。

从上述各要素管理与成本控制的关系来看，各生产要素管理的最终目的都是为了提升制程能力，并且质量、安全和计划能力的提升，都能促进生产效率的提升。员工士气是企业文化的体现，是员工参与成本控制和管理的源动力。各生产要素的管理和提升，都能起到控制成本的目的，可谓殊途同归。各生产要素与成本控制的关系如图10－1所示。

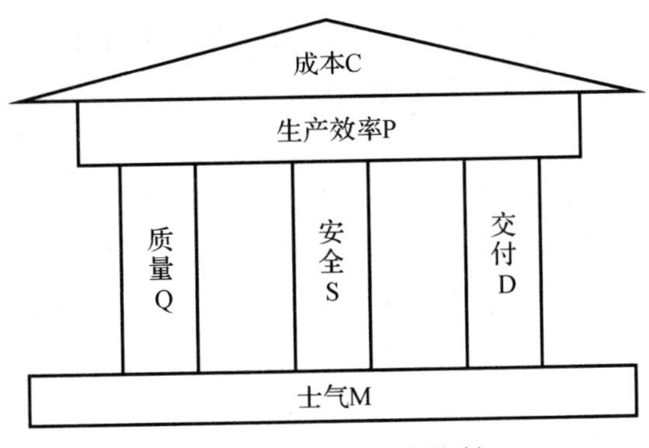

图10－1　成本要素控制

从图 10-1 可以看出，士气(M)要素是成本控制的基础，员工是成本消耗的主体，也是成本控制的主体，优秀的员工必须具有主人翁意识，在工作中严格控制成本；质量(Q)要素、安全(S)要素、交付(D)要素是成本控制的支柱及控制的主要方面，通过对该三要素的管控，优化成本构成，杜绝成本损失，提升生产效率(P)；成本(C)要素是成本控制的目标，所有的管控措施都是为控制成本服务的。

二、工艺设计与制造成本控制

从上述生产要素的管理与成本控制的关系来看，生产要素的管理和制造成本控制具有正相关的关系。所以，加强生产要素的管理是制造成本控制的有效手段。不论各生产要素管理的方法和流程有何区别，从总体上都可以分为事前预防、事中控制和事后评估三个环节，总体上遵循 PDCA 的逻辑：事前预防是 P 阶段，事中控制是 D、C 阶段，事后评估是 A 阶段。这个过程伴随生产制造的全过程，是生产制造过程的重要组成部分。

生产制造过程是在工艺设计指导下的实践过程，所以应将生产要素的管理也纳入工艺设计的指导，其管理流程与方法也是工艺设计的一部分。这样，就将工艺设计与制造成本控制联系起来了，在工艺设计中制定生产要素管理的流程与方法，继而达到控制制造成本的目的。

(一)事前预防

凡事预则立，不预则废。事前预防是生产要素管理的首要环节。事前预防就是通过分析和识别生产过程中可能存在的成本控制节点，并分析评估节点上成本控制要点，制定相应的控制流程和方法，再将其融入工艺设计中，作为对生产过程的指导。

对于生产效率要素(P)，事前预防就是识别影响生产效率的因素，分析其影响的原因，制定相应的策略。对于操作者技能水平因素(M)，应识别人员资质、技能水平、人员数量等因素(这些都会对生产效率造成影响)，制定专项的人员培训方案，针对性地进行技能培训，使人员技能与所承担的工序相适应。

对于质量(Q)要素、安全(S)要素，事前预防就是识别可能影响到产品质量和生产过程安全的因素，分析其原因，制定相应策略。在第四章质量篇、第五章安全篇中，列举了预防质量和安全问题的相关方法和手段，提出了在质量、安全要素管理事前预防方面工艺设计的支撑。

对于交期(D)要素，事前预防就是按照工艺流程和产能需求制订切实可行的生产计划，明确生产制造各环节的时间管理，依据生产计划制订各类保障计划，形成良性的计划拉动。对于生产计划的制定，在第九章生产篇中做了相关的叙述，它是交期要素管理工艺设计的支撑。

对于成本(C)要素，前已述及，对其他所有生产要素进行管理的目的都是控制制造成本。因为工程设计决定了成本的构成和品质，所以对于成本要素管理的事前预防而言，就是工艺设计必须严格遵照工程设计要求，按 1∶1 映射工程设计，不因工艺设计额外增加成本构成或降低成本的品质。

对于士气(M)要素，其是宏观的意识层面的因素，取决于企业的企业文化和人文管理的落地。但在工艺设计上，可以从技术层面加以落实，比如设计良好、友善的生产环境，加强生产过程人身防护，采取适当的措施降低劳动强度，等等。操作人员在友好的生产环境中工作，对于提升员工士气是大有裨益的。

(二)事中控制

事中控制是指生产制造过程中对相关要求的执行、监督和纠偏的过程。其要点就是严格按规范执行，这个规范就是事前预防制定的流程与方法，就是要求严格遵守工艺纪律，强化对工艺设计和生产计划的执行。

事中控制可从自控和他控两个层面来执行。自控是基于执行人的自我约束和自我控制，在执行过程中发挥自控作用，按章办事，依规操作；自控是事中控制的主要方面；他控是依靠外界的控制手段，是自控的必要补充，在一些关键重要环节设置监控，弥补自控的不足，进一步加强控制的效果。在生产实践中，操作者的自检属于自控，工检和专检都属于他控。

事中控制除了执行和监督，还应发挥纠偏的作用。要对照执行与计划的差距，及时采取措施予以纠偏，确保执行有效、控制有力、过程可控。

为确保事中控制能按照规范执行，需要采取一定的管理措施，最有效的措施就点检。根据需要编制点检表，将生产过程需要控制的环节和要点，如现场观察、安全质量要素点检、生产各环节的流程审核、现场问题处理及进度控制、任务安排、生产现场即时督导与培训等，以标准化作业点检表的形式结构化，作为相关人员日常行为的规范标准，在生产过程中予以监督检查记录，实现对生产过程的督导、警示、培训的作用，达到事中控制的目的。

(三)事后评估

事后评估不是简单的亡羊补牢，更多的是对事前预防、事中控制的效果进行总结、分析和评估。通过事后评估，固化成功经验，分析失败原因，开展系统改进，着力提升未来。

事后评估一般应在首次应用验证后即刻进行。应由参与生产要素管理的技术人员、操作人员和管理人员全员参与，对问题进行梳理，利用相关的质量工具、精益工具分析原因，制定改进策略和实施计划，明确责任人，纳入工作计划进行管理。

事前预防、事中控制和事后评估不是一次性的工作，应遵守 PDCA 循环法则，不断循环改进，提升生产过程要素管理能力，以达到持续降低制造成本的目的。

第二节 制造成本控制的方法

生产要素的管理和控制的流程与方法是工艺设计的内容之一。如何在工艺设计的过程中开展生产要素的控制设计，或者说，如何将生产要素的管理和控制的流程与方法纳入工艺设计的内容，如何在设计内容中体现，是工艺设计需要解决的问题。通过生产要素的控制可以达到控制制造成本的目的。

一、生产要素控制工艺设计方法

在第一章综合篇中提出，工艺设计的方法是 5W2H，工艺设计的内容包含人、机、料、法、环、测六个方面。对于生产要素的管理和控制的流程与方法的设计也遵从这样的方法，涵盖这些内容。

(一)What

是什么？目的是什么？做什么工作？

控制的生产要素是什么？首先需要对控制要素进行分析，基于制造过程的工艺流程和方法理清需要控制的内容，其包括工艺设计对制造流程和方法的规定，基于此工艺流程和方法的需要确定要控制的要素，进行控制节点的识别。

(二)Why

为什么要做？可不可以不做？有没有替代方案？

开展生产要素控制的目的是什么？提升生产效率，提升产品质量，消除风险隐患，保障进度节点，降低制造成本，提升员工士气，这些都是生产要素控制的目的。要探究当前所制定的控制方案是不是最优的，是不是有其他的替代方案，是否可以不用控制，等等。

(三)Who

谁？由谁来做？

要素控制的实施由谁来执行？是否需要相关的装备？需要明确执行人员的资质、技能水平，所需装备的型号、规格及使用方法等。

(四)When

何时？什么时间做？什么时机做最适宜？

这是关于要素控制节点的确定。要将控制节点融入工艺流程，成为流程上的一个标记性的节点，一个必须要执行的环节。需要注意，在设置控制节点时应基于工艺流程设置，不能因为控制节点的设置而影响工艺流程的本质。

(五)Where

何处？在哪里做？

明确要素控制场所。当然，这个场所是与生产的场所相关的，比如有些要素控制通过操作的后台控制即可，或者控制场所就是生产场所。

(六)How

怎么做？如何提高效率？如何实施？方法是什么？

这是指具体的控制方法与手段。控制需要有明确而具体的、可执行可操作的方法，这些方法可能是形成产品的工艺方法，也可能是形成产品的工艺方法的控制检查方法。

(七)How much

多少？做到什么程度？数量如何？质量水平如何？费用产出比如何？

这是指对控制要素的指标、成本费用等进行综合评估。确定必需的控制要素的指标，控制要素控制的成本。需要注意的是，与设计指标和工艺指标不一样，生产要素控制指标不是一成不变的，而是基于控制的调整而变化。

二、生产要素控制工艺设计内容

工艺设计是设计产品制造的流程和方法，涵盖了生产制造过程的人、机、料、法、环、测等要素，这些要素在生产过程中构成了产品的制造成本。所以，工艺设计与制造成本密切相关，工艺设计也是控制制造成本的源头。第一章综合篇提出了工艺设计的内容和方法，工艺成本分析就是围绕这些内容和方法去分析。在本章，重点分析这些设计要素与成本的关系。

（一）人

“人”指围绕产品制造的各类人员，包括技术人员、技能人员、管理人员、辅助人员等。

人在成本上主要体现在人力资源成本，具有需要持续投入的特点，意味着用更少的人办更多的事，就能起到控制人力成本的效果。所以在工艺设计中，应对人力资源进行设计。首先，需要确定人员类型，执行相关的操作需要涉及多种类型的人员，包括操作人员、技术人员、管理人员、辅助人员；其次，需要明确各类人员的数量是多少，需要注意的是人员的数量应与承担的工作量及工作计划相适应，不是一个绝对的数字；再次，需要明确对人员的技能资质、技能水平有何要求，用合适的人去做合适的事，做到“量才使用”，既要避免“大材小用”，也要避免“德不配位”；最后，企业文化在人力资源管理中的相关要求要落地实施，力求做到最优的人力资源配置，构建积极高效的人力资源队伍。

在人力资源设计上，重要工作就是赋予不同角色人员不同的职责，各项职责之间既相互独立，又相互联系，通过业务流程体系将各类业务联系在一起，将各类职责联系在一起，继而将各类人员联系在一起。人是生产过程各要素控制的主体，将生产要素控制业务融入生产业务，人力资源在业务开展中发挥作用。

（二）机

“机”指产品制造所用的工装、设备以及工具、刀具等工艺装备。

产品制造所用的工装、设备以及工具、刀具等工艺装备是形成产品的外在条件，构成制造成本的物力成本，其具有一次投入、多次使用的特点，在成本核算时一般采取消耗或折旧的方式进行。在制造过程中，控制这些物力成本的消耗就意味着控制制造成本。所以，在工艺设计中，按照所策划的工艺方法，合理规划设计这些工艺装备，并最大限度地利用装备的功能。在工艺设计中应考虑但不限于以下原则。

1. *必要性原则*

所需的装备是必要的，是基于工艺设计方案规划确定的，能够实现方案规划的全部功能。

2. *基于产能规划的原则*

所需装备能满足产能规划需求，不会造成产能不足或产能过剩的现象。

3. *基于成本设计的原则*

所有的工艺装备在一定程度上都是产品，可基于成本设计的原则，设计确定产品的成本品质和构成。这需要工艺设计人员、装备设计人员充分沟通、交流，按照技术、工艺、装备、质量、性能、功用等方面的要求，论证工艺装备设计的经济性、有效性和可行性。

4. *基于工艺验证的原则*

对于新技术、新工艺、新装备、新材料的应用，应充分开展工艺验证，从可行性、可靠性、经济性等方面开展验证，并将验证的结果固化到工艺方案中。

(三)料

“料”指产品制造所需的原料,包括零件、标准件、材料等。

制造过程就是零件、标准件的安装过程和消耗过程。这些是产品设计所确定的,在成本构成中属于固定成本。对于工艺设计来说,如何使这些固定成本在制造过程中所产生的制造成本得到控制,是工艺设计应关注的问题。

在飞机装配中,物料一般分为上机物料和非上机物料。上机物料是形成飞机实体的物料,非上机物料是飞机装配过程中的一些辅助用料,如保护材料、清洗材料等。

1. 严格控制物料的配置

工艺设计必须严格依据产品设计进行,按 1∶1 反映设计的要求。对于上机材料,在物料配置方面,不能多配,也不能少配;对于非上机材料,应适量配置,杜绝浪费。在实际生产中,一般通过多架份生产的实践修额来确定物料的消耗,并固化到工艺设计中。

2. 合理设计物料消耗的环节

设计合理的工艺流程,在流程的适当环节进行物料消耗。在第三章设计篇中提到的 XBOM 管理,就是对物料消耗的设计。

3. 贯彻精益理念

按照精益设计的思想,开展精益物流设计,规划物料的放置、运输、流转等管理环节,详见第八章产线篇。

(四)法

“法”指制造产品所用的方法。

制造方法是工艺设计的主要内容。广义的方法包含流程和方法。流程就是一系列输入的活动组合的过程,方法就是这个流程环节中所蕴含的方法。在本书各篇章叙述的内容,都是对工艺设计的具体要求。即在工艺设计过程中,应贯彻质量、安全、精益、标准、成本等理念,使设计的方案最大限度地满足这些理念的要求,能够有效指导生产。

(五)环

“环”指产品制造过程所处的环境。

环境包括厂房、生产线布局、物流等硬件环境,也包括温湿度、空气清洁度等自然环境,同时还包括工作氛围、文化氛围等软环境。通过环境设计,提升工艺设计的能力,特别是在质量、安全的保障方面,环境设计是不可或缺的内容。

(六)测

“测”指验证产品品质的测量工具、测量方法等。

测量方法,从本质上来说是属于“法”的方面,但由于“测”要素主要针对产品质量品质,所以单独列出。在“测”要素中,需要依据产品品质要求和工艺设计要求,确定测量对象及测量要素,选择合适的测量工具,制定合理的测量方法。参考飞机装配 BOM 的结构建立了测量 BOM(M-BOM),所不同的是,BOM 是对制造物料的管理,M-BOM 是对测量任务的管理。M-BOM 是一种定义测量任务结构的技术文件,同时也是一种管理文件。M-BOM 成为联系飞机模型设计到各车间实现装配大纲之间所有必须测量信息数据的载体。M-BOM 将测量任务的分配挂载在装配 BOM 下，其结构设计与装配 BOM 一样，形成 M-EBOM→M-PBOM→M-MBOM 的测量任务管理模式，如图 10-2 所示。

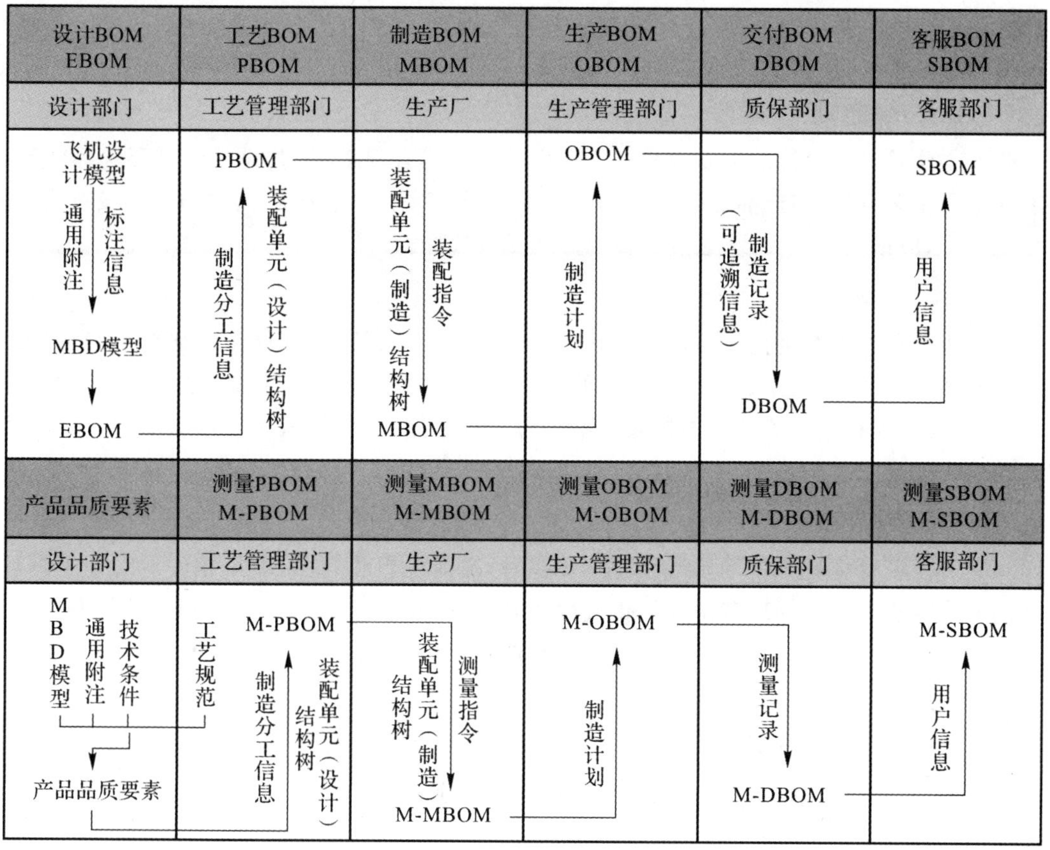

设计BOM EBOM	工艺BOM PBOM	制造BOM MBOM	生产BOM OBOM	交付BOM DBOM	客服BOM SBOM
设计部门	工艺管理部门	生产厂	生产管理部门	质保部门	客服部门
飞机设计模型 通用附注 标注信息 MBD模型 EBOM	PBOM 制造分工信息 装配单元（设计）结构树	装配单元（制造）结构树 装配指令 MBOM	OBOM 制造计划	制造记录（可追溯信息） DBOM	SBOM 用户信息
产品品质要素	测量PBOM M-PBOM	测量MBOM M-MBOM	测量OBOM M-OBOM	测量DBOM M-DBOM	测量SBOM M-SBOM
设计部门	工艺管理部门	生产厂	生产管理部门	质保部门	客服部门
MBD模型 通用附注 技术条件 产品品质要素	工艺规范 M-PBOM 制造分工信息 装配单元（设计）结构树	装配单元（制造）结构树 测量指令 M-MBOM	M-OBOM 制造计划	测量记录 M-DBOM	M-SBOM 用户信息

图 10-2 测量 BOM(M-BOM)的传递与转换

三、作业成本管理

虽然工程设计决定了产品成本的构成和品质，但生产制造作为产品生命周期的重要环节，是制造成本的形成过程。管理和控制制造成本是生产管理的重要组成部分，其源头就是工艺设计，工艺设计决定了产品制造成本的构成和品质，加强制造成本的控制，就需要从加强工艺设计管理入手。

制造成本管理的对象是产品，产品是一个集成的事物，要将其制造成本算得清、算得准，首先应将成本构成分得清、分得准。成本构成按不同的标准有不同的划分，为便于制造成本管理，常采用作业成本管理方法。作业成本法是利用作业成本核算所提供的信息，将成本管理的起点和核心由"产品"层次转移到"作业"层次的一种管理方法。作业成本以反映成本动因的作业为基础，与实际制造费用的关联程度高，在很大程度上反映了产品制程中发生的真实成本。

工艺设计也是作业设计，通过工艺设计，将产品的制造过程分解为一个个作业步骤，也就将制造成本分解到了不同的作业步骤上。实施作业成本管理，可优化作业流程和方法，减少资源消耗，降低制造成本。

(一)作业流程优化

作业流程是通过工艺设计确定的。在第七章精益篇中介绍了流程优化的ECRS方法,即是通过E(删除,Eliminate)、C(结合,Combine)、R(交换,Rearrange)、S(简化,Simplify)等方法对流程进行优化,使流程更加精益,达到控制和消除不增值作业的目的。

(二)作业方法改进

作业方法是工艺设计的主要内容。实现产品的方式有很多,工艺设计就是要选择和设计一套最佳的工艺方法,使产品在制造过程中成本最低。对于作业最优方法的选择,没有明确而具体的标准,应依据生产实践,通过比较的方式予以选择。

1. 从技术层面

运用现代科技不断进行技术创新,用先进技术提升劳动效率,降低劳动强度,提升产品质量。但需要注意的是,技术提升对于成本的影响具有双面性,既要关注技术提升带来持久的成本优势,又要考虑技术变革的成本投入。不能为了技术提升而提升、为了创新而创新,应关注投入与产出比。

2. 从方法层面

工艺方法设计应充分贯彻质量、安全、精益、标准等思想和理念,运用相应的管理工具,从预防、控制、改进和提升等环节持续优化流程和方法,提升工艺设计方法的可行性、提升制造过程的稳健性,避免制造过程质量、安全等的成本损失。

3. 从管理层面

加强生产制造过程管控,强化生产要素管控。在工艺设计中应确定管控环节和管控方法,在生产过程中应强化执行,使管理成为生产过程的组成部分。

(三)作业资源优化配置

作业资源包含人力资源和物力资源。按照工艺设计安排合适的人员承担相应的作业,按照规划的流程和路径准确配置物料。

1. 人员能力提升

通过培训和实践持续提升人员业务水平,使人员业务水平适应作业要求。需要注意培训的方法和培训的针对性:在方法上,应注重理论与实际相结合,特别是对于操作人员,应强化实操练习,提升操作技能;在针对性方面,既要针对培训对象,又要针对培训内容,开展分类培训。

2. 物料精益管理

在生产线设计过程中贯彻精益物流的思想,开展精益物流设计。采用物流配送、物流定置等管理手段,提升物流配套的齐套性、适时性,最大限度地降低物料的滞留,防止物料的错用、混用。

本章小结

本章论述了工艺设计与制造成本的关系。成本是企业经营活动的主要指标,控制成本是企业经营活动的主要任务。

产品设计是成本的主要影响因素,决定了成本的构成和品质。但是,成本管理贯穿产品全寿命周期,制造成本也是产品成本的主要组成部分。控制制造过程,就是控制制造成本。

工艺设计是制造成本的主要影响因素,决定了制造成本的构成和品质。所以,通过工艺设计开展成本控制是必然的选择。在工艺设计过程中,应基于制造成本控制要素,贯彻质量、安全、精益、标准等理念,从预防、控制、改进和提升等环节持续优化流程和方法,提升工艺设计方法的可行性、提升制造过程的稳健性,避免制造过程质量、安全等的成本损失。

第十一章　数字化装配篇

飞机部件数字化装配技术是在飞机部件数字化设计的基础上，融合了控制、测量、机械、信息、管理等多学科、多专业的综合技术。建设飞机部件数字化装配系统，并在此基础上构建数字化装配体系，从而建立真正的数字化装配生产线，实现飞机部件的数字化装配，可有效缩短生产准备周期，提高装配系统的柔性和装配的稳定性，从而达到提高产品质量、降低劳动强度、提高生产效率的目的。

第一节　飞机数字化装配技术概述

在百余年航空工业发展历程中，随着工业水平的不断提升，飞机装配经历了手工装配、半自动化装配到数字化装配的发展历程，目前快速发展的柔性装配将自动化装配技术推向了一个新的高度，是飞机部件装配发展的必然趋势。在 20 世纪 90 年代，欧美等发达国家就已经开展了飞机部件数字化装配技术的研究和应用，经过 30 余年的发展，已经形成非常完备的数字化装配技术体系和行业规范，涵盖了飞机数字化设计、零件数字化加工、飞机部件数字化装配、飞机数字化装配工艺规范等全方位的数字化体系。

一、飞机数字化装配技术的特点

1)同一切先进制造技术一样，数字化是本行业技术发展的最新阶段。飞机装配技术经历了传统装配、半机械化装配、数字化装配的发展过程，数字化装配技术是基于传统装配技术发展而来的，是对装配技术的发展和更新的必然结果，契合当前科学技术发展水平，充分借鉴了其他学科的优势。

2)飞机数字化装配技术是面向飞机装配的有向性技术，能够显著提升飞机装配的效率和质量，降低操作人员的劳动强度，从长期效应来看它能降低生产制造的成本。

3)飞机数字化装配技术是多学科技术的综合应用，具有技术集成的特征。在技术开发过程中，相对于传统装配技术，数字化装配技术对专业技术人才的需求发生了本质的变化，要求技术人员除具有飞机装配专业业务知识外，还应掌握其他相关专业的技术，特别是应具备技术集成的能力。

二、国内数字化装配技术发展状况

我国各飞机制造主机厂在 2000 年后开始数字化装配技术的研究探索，在局部采用了较先进的技术，如利用激光跟踪仪或计算机辅助经纬仪(Computer Aided Theodolite ，CAT)技术安装型架，在某些型号的研制中(局部)采用了自动钻铆技术，简化了装配型架结构，适度构建了数字化装配生产线，应用了自动化调姿对接和自动化制孔技术。但我国与发达国家相比还存在较大差距，主要表现在以下几个方面：

1)我国主机厂大多处在多品种、小批量的生产模式，长期缺乏飞机装配技术的研究和应用，仅满足于将飞机制造出来，目前飞机装配还基本上沿袭着过去几十年来批生产的手工作业模式。

2)在先进飞机装配技术方面投入较少，缺乏技术储备，大多数装配工艺设计人员对数字化装配技术了解甚微。

3)虽然在某些新型号研制局部采用数字化装配技术，但配套的设备数量有限，尚未构建出真正意义上的数字化装配生产线。

4)在设计方面已经大量采用数字化设计，为数字化装配提供了数据基础，但仍存在信息孤岛现象，未形成设计制造一体化，未打通飞机数字化设计制造生产线，模拟量传递在一定范围内依然存在。

2010 年后，国内数字化装配技术研究进入了实质应用阶段。西飞、成飞、沈飞等主机厂在新研型号上，通过与国内相关高校、研究院所和高新企业的合作，全面开展数字化装配技术的研究与应用，开发了大量的数字化装配系统，构建了局部数字化装配生产线，并将其成功应用于型号研制。在此过程中，培养了国内数字化装备系统供应商，如浙江大学、西北工业大学、航空制造研究院、上海拓璞公司等。

数字化技术的应用从软、硬件的角度出发，融合了所有设计、制造的数字化过程，以产品数据集为中心，利用数字化设备和装配仿真技术，使生产线上的产品在装配过程中真正得到有效控制。利用该技术可以建立起一套有效的产品设计和产品制造过程控制机制，建立相关的工作规范和制度，保证飞机装配所需的数字量信息的正确传递。

三、数字化装配技术与传统装配技术的联系和区别

数字化装配与传统装配都是飞机装配技术的不同表现形式，二者具有密切的联系，也具有不同的特点。

(一)数字化装配技术与传统装配技术的联系

数字化装配技术是基于传统装配技术发展而来的，与传统装配技术具有必然的联系。传统装配技术的内涵依然适用于数字化装配，表现在以下几个方面：

1)数字化装配与传统装配基于相同的装配协调关系，即产品与工装、产品与产品、工装与工装之间的协调关系依然存在，并在一定程度上影响装配的协调性和制造的准确性。

2)数字化装配与传统装配遵循相同的基准确定原则，即基准的选取应尽量使设计基准与工艺基准统一，确保基准具有可继承性、可测量性。

3)数字化装配与传统装配遵循相同的装配单元划分原则，即尽量使设计分离面与工艺分离面统一，按照层级划分装配单元。

4)数字化装配与传统装配在装配流程总体设计上是一致的，遵循从分散到集中、从小到大的装配流程，进而在工序流程上也遵循相同的规划设计。

5)数字化装配与传统装配的工艺设计在质量、安全、标准、成本方面遵循共同的原则，工艺设计的目的都是要保证生产过程安全、质量、成本可控。

(二)数字化装配技术与传统装配技术的区别

数字化装配技术与传统装配技术的区别体现在“四个转变”。

1)协调方式的转变:从模拟量协调向数字化协调方式转变。在第二章基础篇中已经明确,协调方式决定协调的准确度。传统装配基于模拟量的协调方式,协调路径长,协调方式复杂,协调误差大;数字化装配基于数字量的协调方式,协调路径短,协调方式简单,协调误差小。

2)定位方式的转变:从刚性定位向柔性定位转变。传统装配大多采用画线、基准零件、装配孔和硬式工装定位,都属于确定性定位的方式,定位准确性和定位精度取决于工装的准确性和精度;数字化装配采用的是柔性化的定位方式,通过数控定位器的调整、测量系统的监测,实现定位过程的柔性化,定位精度依靠定位系统的精度确定,定位准确性依靠测量系统的准确性确定。

3)装配方式的转变:从人工装配向自动化装配转变。传统装配属于人工装配,人是装配活动的主体,装配效率低、劳动强度高,产品质量与操作人员技能、精神状态、身体状况具有正相关性;数字化装配属于自动化装配,装配系统(设备)是装配活动的主体,在保证装配系统(设备)稳定运行的前提下,装配效率高、劳动强度低,产品质量稳定性、一致性高。

4)检测方式的转变:从事后检测向过程检测转变。传统装配的质量检测属于事后检测,即在产品装配完成后,通过相应的手段(如检验工装、相关测量设备等)对产品质量进行检测;数字化装配的质量检测属于过程检测,在装配过程中,通过测量设备/传感器等对产品质量状态进行实时的监控和反馈,使装配过程可控,质量状态可视。

四、飞机数字化装配技术概述

飞机部件数字化装配作为一种装配模式,综合了测量、调姿、控制等技术。测量为调姿提供数据支持,控制、统领全局,对测量数据进行分析,确定装配单元的初始状态,根据比较结果校形,并规划调姿路径,驱动数控定位器按既定路径运动,对装配单元进行调姿,反复迭代后,确定装配单元在飞机坐标系内符合设计要求,即进行定位和制孔连接,从而解决了装配单元的定位和连接问题。

(一)飞机数字化装配技术体系

飞机装配作为航空制造业的重要环节,是在一套严格的规范体系下运行的。国内航空工业经过数十年的发展,已经在传统装配技术方面形成了一套完整、严格的规范体系。从规范体系的完整性来看,制造业规范体系涵盖管理、技术、质量、生产等四个方面。数字化装配技术作为集成机械、信息、控制和测量等技术的应用技术,在规范体系建设方面,除需涵盖上述四个方面的规范外,还应该涵盖信息化管理相关规范,即数字化装配规范体现可归纳为管理规范、技术规范、质量规范、信息化管理规范和生产规范五大体系,分别指导管理、技术、质量、信息化和生产各个环节。

(二)数字化装配关键技术

数字化装配关键技术是数字化装配的基础技术,是支撑数字化装配的相关理论和基础技术,主要表现在飞机数字化装配工艺设计方面,如数字化装配协调技术(协调与容差分配技术、装配工艺规划与仿真技术等)、数字化装配工艺设计技术、自动化柔性调姿定位技术、自动化制孔技术、高效长寿命连接技术、数字化测量技术等。

1. 数字化装配协调技术

数字化装配协调技术是以飞机装配准确度为目的，建立在飞机设计数字模型的基础上的装配协调技术。该技术的核心是数字量协调技术(见第二章基础篇)。该技术基于飞机设计模型，研究快速构建协调基准、规划协调路径、协调尺寸传递等，通过人机交互确定装配协调尺寸链及其误差耦合关系，分析潜在的装配流程，同时通过有限元等方式对装配变形进行分析，对协调过程进行针对性的补偿，分析优化装配容差，以提升协调准确度。

2. 装配工艺规划与仿真技术

装配工艺规划与仿真技术研究，主要是对装配工艺规划、装配工艺系统布局等装配工艺设计进行优化(详见第三章设计篇)。飞机装配过程存在构件尺寸大、尺寸链长、协调关系复杂等特点，以及围绕装配的人、机环境复杂，规划装配生产线需要对装配流程和方法进行模拟，对装配中存在的干涉(包括产品与产品、产品与工装等)、人机工效等进行深入分析，以提前发现问题，进行工艺优化改进，保证工艺规划设计的合理性、准确性和高效性。

3. 自动化柔性调姿定位技术

自动化柔性调姿定位技术是综合性技术的应用，是一种新的装配模式，综合了测量、调姿、控制等技术，用于构建飞机数字化装配系统。该系统一般包含调姿定位子系统、测量子系统、控制子系统等部分。通过测量，构建飞机装配坐标系，该坐标系与设计坐标系相统一，产品、工艺装备都置于该坐标系内。在部件定位过程中，测量系统实时测量产品结构上的特征点，得出其当前姿态的坐标信息，并以此对产品姿态进行评价，再与理论坐标信息进行匹配对比，计算出定位器调整的参考值，规划出定位调整的路径，进而实现产品姿态的调整，使其无限接近理论姿态。在该方法中，姿态测量是基础，调姿是执行手段，控制是统领，实现分析测量结果、规划调姿路径并驱动定位器调整运动等功能。

(1)装配单元空间姿态评价技术

装配单元空间姿态是指装配单元在空间的具体位姿。传统装配方式下装配单元姿态主要依靠装配单元与工装型架的符合性进行评价，如外形的评价依据是外形卡板，交点的评价依据是交点定位器，等等。在数字化装配的条件下，装配单元的姿态是通过空间坐标来确定的。在数字化装配的条件下，一般采用激光跟踪仪、I-GPS、激光雷达等测量设备来确定这些坐标。以激光跟踪仪为例，在数控定位器支撑和夹持飞机装配单元后，在装配单元的定位基准点上安装光学靶球，通过激光跟踪测量系统测量装配单元上的光学目标点位置，获得定位基准点位置信息，在数据处理系统中将该位置信息与产品工程数据集给出的基准点目标位置进行比对，得到装配单元装配位置，即当前装配单元的姿态。按照规划路径进行姿态调整后，再进行测量，即可以评价出装配单元的实时姿态，并与理论姿态进行比较，若在公差范围内，即

$$\{X_i, Y_i, Z_i, A_i, B_i, \Gamma_i\} - \{x_i, y_i, z_i, \alpha_i, \beta_i, \gamma_i\} \leqslant \{\delta_{x_i}, \delta_{y_i}, \delta_{z_i}, \delta_{\alpha_i}, \delta_{\beta_i}, \delta_{\gamma_i}\}$$

($X/Y/Z, A/B/\Gamma$：实测坐标；$x/y/z$，$\alpha/\beta/\gamma$：理论坐标，$\delta x/\delta y/\delta z, \delta\alpha/\delta\beta/\delta\gamma$：公差)

数据处理系统会将数模动态信息传递给实时运动仿真系统，在显示终端上进行动态仿真，为操作人员提供友好、真实的装配感受。这一过程就是装配单元的姿态评价过程。

(2) 空间六自由度调姿定位技术

将装配单元考虑为一个刚体，可将其分解为无数相关联的点，其中任何一点在空间坐标系

内都具有确定的坐标 $X/Y/Z$ 和 $A/B/\Gamma$(三方向转动的六自由度)的组合,调整这一组合任意坐标值,这一点的姿态就会发生变化,从而带动相关联点的变化,因此刚体的姿态就发生了变化。基于这种原理,刚体从一个姿态到另一个姿态的变化可以通过 $X/Y/Z$ 和 $A/B/\Gamma$ 的任意组合运动实现。装配单元姿态调整如图 11-1 所示。

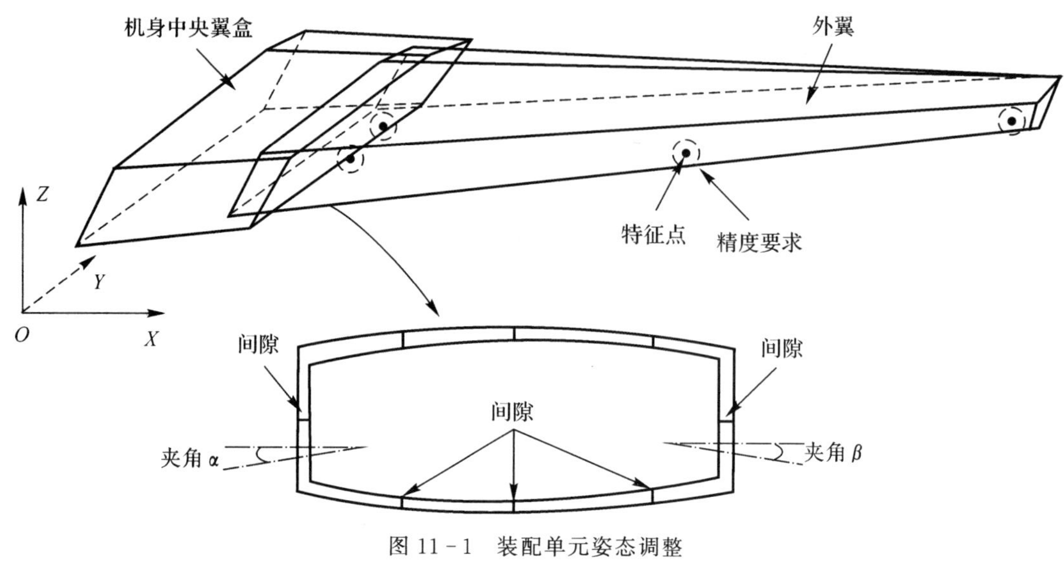

图 11-1　装配单元姿态调整

按照上述调姿原理,在对装配单元调姿过程中,仅需要对装配单元施加一定的外力,就能使其按照既定的调姿路径运动。根据并联机构逆运动原理,可将装配单元的这种运动分解到沿三坐标方向运动的定位支撑上,这种支撑装置就是数控定位器,其通过工艺接头与装配单元连接,形成并联机构。

对于刚体,在其上确定不共面的三点即能定位这个刚体,即理论上一个刚体通过不共面的三点支撑,若这三点能够运动,就能使这个刚体的姿态发生变化。但实际上,装配单元并非是一个刚体,所以在装配单元进行姿态调整的过程中,需要考虑过约束的问题,使其在运动过程中保持相对的刚性状态。在实践中,一般采用四点或六点支撑,或者辅以相应的保形设施。这些支撑点与其连接的支撑装置(数控定位器)形成一个并联机构,通过每一个支撑点的三坐标运动,使装配单元在各支撑点复合运动的过程中进行姿态调整。

装配单元空间六自由度调姿即基于上述机理,对装配单元的姿态在装配系统中进行调整。在数字化装配条件下,装配单元空间六自由度调姿就是在对装配单元在装配系统中姿态进行评价的基础上,实现装配单元自动化调姿定位。

(3)装配单元空间六自由度调姿路径规划技术

装配单元空间六自由度调姿的目的是定位,即确定装配单元在飞机坐标系内的位姿。在确定装配单元在飞机坐标系内的位姿后,需要将该姿态与设计数模进行比较,以确定其姿态的符合性。若装配单元实际测量的姿态不符合设计数模,则需要对其姿态进行调整,使其符合数模。从一个姿态到另一个姿态的变化,装配单元需要运动一定的路径。将装配单元想象成一个质点,从一点到另一点可以通过多个路径实现,其中一条路径是最优化的,选择这条最优化路径的过程就是调姿路径规划。一般说来,调姿路径规划的约束条件包括装配单元空间位置几何关系的约束，各轴驱动力最小且驱动力平衡，运动速度快且平稳。路径规划的算法需要考虑各轴的进给量、运动速度、加速度、加加速度。调姿路径规划原理如图 11－2 所示。

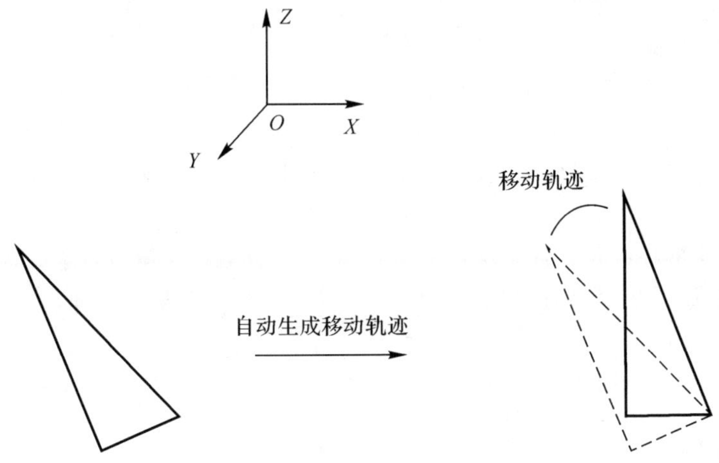

图 11－2　调姿路径规划

按上述分析，装配单元的空间六自由度调姿过程是一个反复迭代的过程，使装配单元的实际姿态无限接近理论数模，在规范和误差许可的范围内，可认为装配单元调姿结果符合要求。在调姿完毕后，将数控定位器锁死，使装配单元保持调姿后的姿态，即定位后，就可以制孔连接。

(4)装配单元姿态测量技术

在飞机数字化装配系统中，一般采用激光跟踪仪或 I－GPS 对装配单元的姿态进行测量。其原理是利用激光跟踪仪或 I－GPS 建立飞机坐标系，测量装配单元在装配系统中的实时姿态，并将测量数据反馈给控制系统进行姿态分析和调姿路径规划。飞机数字化装配测量系统总体上可分为三个子系统，即激光跟踪仪测量系统、数据处理系统、实时运动仿真系统。

激光跟踪仪测量系统是飞机数字化装配测量系统的重要组成部分，其主要功能是负责激光跟踪仪与计算机之间的通信，激光跟踪仪初始化，激光跟踪仪静、动态数据采集，前视、后视检查等。该子系统是基于激光跟踪测量仪开发的。激光跟踪测量仪与计算机之间的通信采用串口通信。

数据处理系统是飞机数字化装配测量系统中最重要的子系统，系统大部分的计算工作在这里完成。其主要功能是将激光跟踪测量系统测量的基准点信息转化为模型的位姿信息，并与产品数据集的数字模型进行比对，求出位姿误差，再给出装配件当前的位姿以及装配件的位姿调整方向。在各种位姿转换的过程中，坐标转换是重要的内容。因此，坐标转换是数据处理系统的基础功能。

数据处理系统实现了如下功能：产品数模的读取与模型重构、坐标转换矩阵求解算法、跟踪仪坐标系与装配坐标系拟合、装配件坐标系与装配坐标系拟合、目标实际位置与理论位置偏差对比、测量数据导出等。

实时运动仿真系统的主要功能是在计算机中建立装配件、激光跟踪测量仪和机械随动定位装置的三维模型，通过显示终端为用户提供三维装配场景模拟，并显示装配过程的关键参数，让用户更为直观地了解装配进程。

实时运动仿真系统实现了如下功能：实时三维运动场景渲染、各参考点与理论坐标偏差实时显示、六视图显示模式、视图变换、拓扑数据结构访问、基准点拾取、三维模型拾取等。

(5)集成控制技术

集成控制技术是研究如何实现装配单元姿态的自动化测量与评价以及空间六自由度自动化调姿的技术。在研究此技术的基础上构建集成控制系统(包含相关硬件设施和软件系统)，对整个装配系统进行集成控制，实现飞机部件装配时装配单元的自动化测量和自动化调姿。

集成控制技术的核心是软件系统。根据功能分类，其软件系统包含集成管理系统、数据客户端、调姿定位控制系统、数字化测量系统等。各个子系统之间通过工业以太网连接。其网络拓扑图如图 11-3 所示。

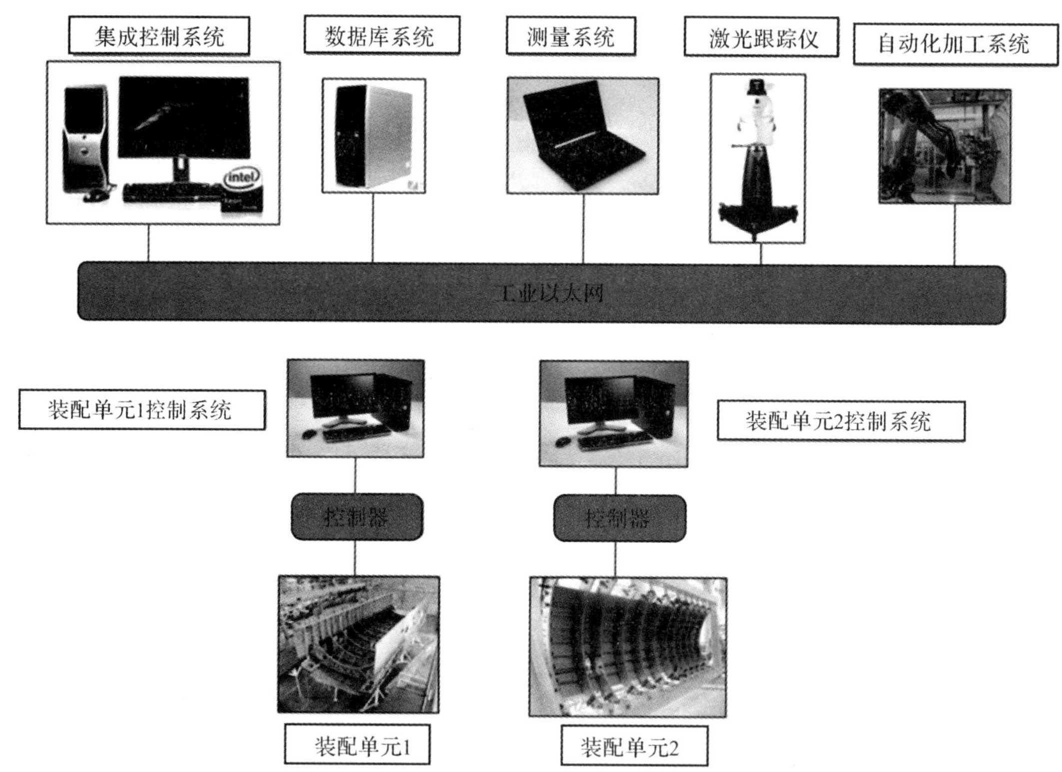

图 11-3　飞机部件数字化装配系统建设网络拓扑图

集成管理系统与数据库服务器之间主要进行数据存取与交互，集成管理系统各个调姿定位控制系统、数字化测量系统和自动化加工系统之间通过特定的协议进行连接和通信。

根据功能需求以及实际需要，可将集成管理系统划分为工艺流程管理模块、现场过程数据采集模块、计算分析与仿真模块、过程监控模块、异常处理模块与用户接口模块等，它们共同构成整个控制系统软件体系。

4. 自动化制孔技术

制孔是飞机装配的主要工作之一。在飞机装配中，结构大多是通过制孔连接在一起的。

在第四章质量篇中分析了飞机装配过程中制孔质量问题的表现形式及产生原因。保证制孔质量对提高飞机的疲劳寿命具有重要的意义。

传统装配制孔一般采用风钻手工制孔。由于功率较小，一般制孔需要分多步完成，其顺序为确定孔位→制初孔（导孔除外）→扩孔（视情可分多步）→铰孔扩孔（视情可分多步）→锪窝等。受操作者技能、工具的稳定性、制孔工艺方案等的影响，制孔质量不稳定，制孔质量不高，制孔效率低。特别是随着复合材料、高强度金属材料的应用，以及飞机产品性能要求的提升，质量标准提高，手工制孔很难满足要求，自动化制孔技术的应用成为发展趋势。

自动化精密制孔是指采用自动化制孔设备进行制孔。自动化制孔设备具有功率大、稳定性高、一致性好等特点，通过对制孔参数的研究，能有效提升制孔效率和制孔质量的稳定性和一致性。同手工制孔一样，自动化制孔也需要从孔、窝的质量要素（如孔的质量状态和形位公差等）的保障方面展开技术研究。自动化制孔主要包含以下几方面的关键技术。

（1）孔位找正技术

孔位找正即确定孔入口端孔中心坐标。传统制孔一般采用画线、导孔、钻模样板确定孔位。在自动化制孔中，孔位找正常用视觉找正法。

视觉找正法是通过测量装置（如摄像头）识别定位点的方法。通过确定视觉轴与制孔轴的相对位置关系（这个关系在制孔设备设计阶段即已明确，在设备制造过程中予以保证），在测量装置确定定位点后进行偏差补偿，将定位点换算成为制孔点（即孔位），指导制孔，如图 11－4 所示。

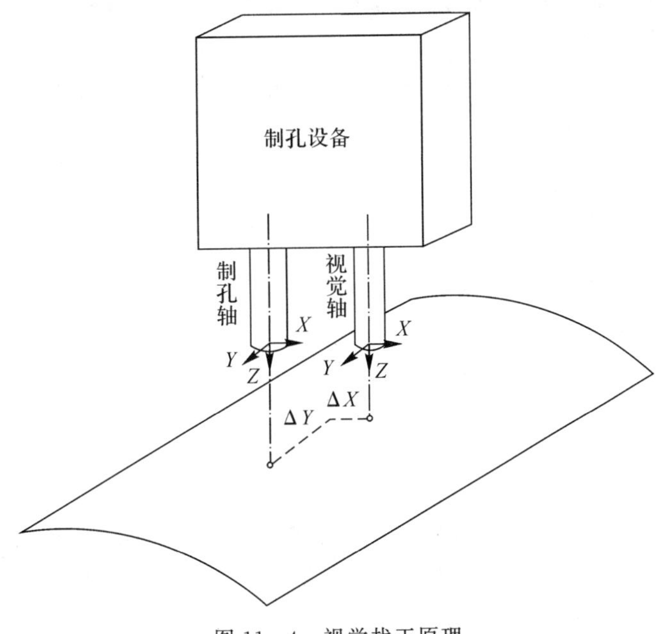

图 11－4　视觉找正原理

需要注意的是，在视觉找正过程中，应预设孔的定位基准，且这个基准是测量装置可以识别的，如孔、钉盖（钉头）等。在工程实践中，一般采用预紧的螺栓或铆钉的钉盖作为基准。这些基准的坐标值是确定的，在孔位找正过程中，利用视觉测量装置测量预定位孔或钉的位置坐标，计算该坐标与视觉镜头轴线坐标的位置偏差，按照设备的精度进行误差补偿，修正每两个基准之间的孔位位置精度，使制孔主轴在壁板面上的投影点与定位钉的几何中心在误差范围内保持一致，从而保证制孔的位置精度，如图 11－5 所示。

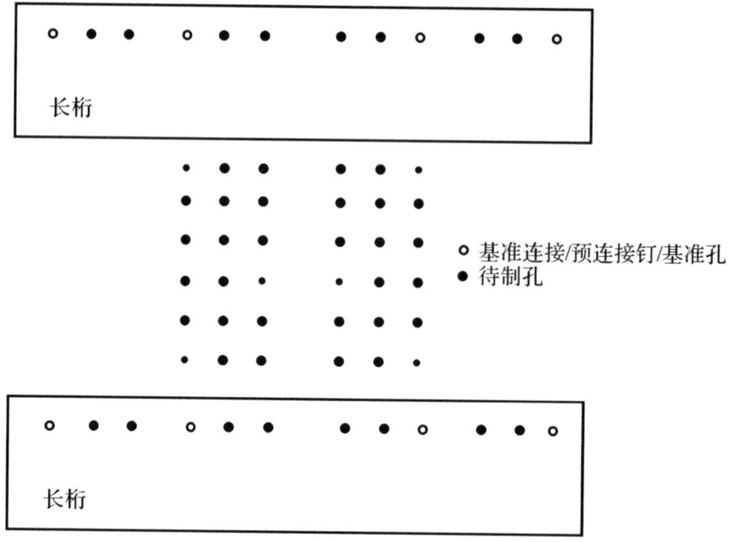

图 11－5　自动制孔孔位定位基准

(2)法向找正技术

法向找正即确定所制孔的法向，保证制孔的垂直度。在制孔过程中，由于压力脚压紧的范围较小，可将其限定的结构范围近似为平面结构，通过确定平面三点或四点距离传感器的距离来调整主轴与制孔平面的角度，使主轴轴线与理论法向在公差范围内，则可认为主轴轴线即为所制孔的法向，可以制孔，如图 11－6 所示。

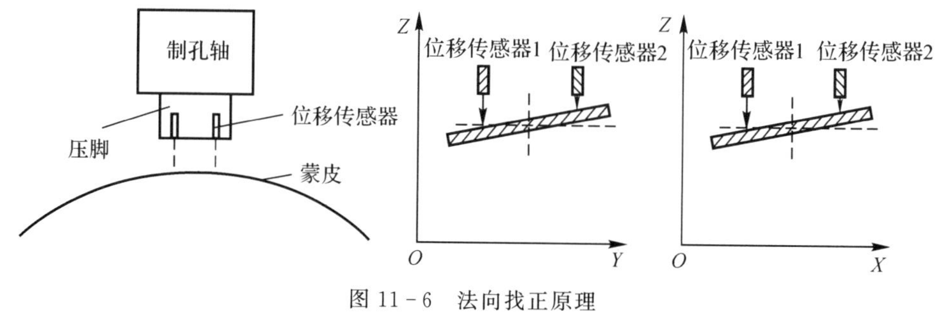

图 11－6　法向找正原理

法向找正采用的传感器一般分为接触式和非接触式两种。接触式传感器本身测量精度较高，测量范围较小，拟合的法向精度较高，但易受所制孔表面附加物(如蒙皮拉紧带)的影响；非接触式传感器本身测量精度高，测量范围大，拟合的法向精度相对较低，但不受所制孔表面附加物(如蒙皮拉紧带)的影响。

(3)窝深控制技术

窝深是指所锪窝的深度，是影响连接件安装后表面钉头齐平度的主要参数。窝深控制一般采用精密的测距装置，实时测量主轴轴线进给量，并与控制系统进行集成形成反馈回路，准确控制主轴的进给。在设备应用中，一般采用直线光栅尺进行测距，利用读数头与光栅尺的相对位移准确控制窝深精度。

(4)孔精度控制技术

影响孔精度(包括孔径、孔的圆度、表面粗糙度等)的因素有很多,表现在刀具、设备参数选择上。但就设备而言,主轴的进给速度、转速、跳动、温度等都会对孔表面质量造成影响。因此,在设备选型上,应依据制孔精度要求,合理进行相关参数的选择。

5. 高效、长寿命连接技术

实现飞机机体结构长寿命的连接一般为干涉配合连接,即连接的连接件(轴)与孔(孔)之间形成过盈配合的连接。通过过盈配合,向孔壁(倒角、倒圆、窝壁等)施加周向压力,使被挤压部位的表面金属层产生弹塑性变形,形成残余压应力层(强化层),从而提高紧固件连接结构的疲劳性能。对于孔壁强化,一般采用连接件直接干涉配合强化或冷挤压干涉。保证长寿命连接主要取决于制孔质量和连接件安装质量。对于制孔来说,采用自动化制孔能有效保证制孔的精度以及质量的一致性和稳定性;对于连接件安装来说,采用自动铆接技术、孔强化技术、干涉配合连接能有效提升连接质量。

(1)自动钻铆技术

自动钻铆是指装配中采用自动化设备完成自动化的制孔和铆钉安装成型的过程。自动钻铆设备具有自动化制孔设备的一般功能,同时还具有自动排钉、送钉、装钉和镦铆成型的功能。铆接的整个过程通过 CNC/程序控制[Computer numerical Control, CNC,计算机数字控制机床(数控机床)],通过工艺验证确定相关的钻铆参数(包括制孔参数和铆接参数),在一台设备上一次性完成连续的装夹、制孔、铆接等全过程。在自动钻铆中,由于一般多采用双向夹紧,在确定的参数下,夹紧部位材料贴合面一般不存在间隙,所以,在贴合面不会产生铝屑和毛刺,这区别于自动化制孔和手工制孔,且通过刀具的设计可完成孔的入端和出端的倒角(倒圆),也可不额外设置去毛刺(倒角、倒圆)工步。因此,自动钻铆一般不需要分解结构去毛刺,且分解后受重复定位精度的影响,会发生孔的错位或铆头与孔的错位,所以,对于有贴合面涂胶密封的自动钻铆操作,一般采用带胶铆接。图 11-7 为常见的自动化钻铆设备。

图 11-7　自动化钻铆设备

(2)孔强化技术

孔强化一般采用冷挤压强化技术(又称为孔的冷作或孔的冷胀)。这一技术是指在常温条件下,利用比被挤压材料硬度更高的挤压工具,对孔壁(倒角、倒圆、窝壁等)施加周向的压力,使被挤压部位的表面金属层产生弹塑性变形,形成残余压应力层(强化层),从而提高紧固件连接结构的疲劳性能。孔的冷挤压强化一般采用芯棒直接作用冷挤压工艺强化、衬套冷加压工艺强化(开缝衬套、不开缝成套)或滚柱滚珠冷挤压工艺强化,如图 11-8 所示。

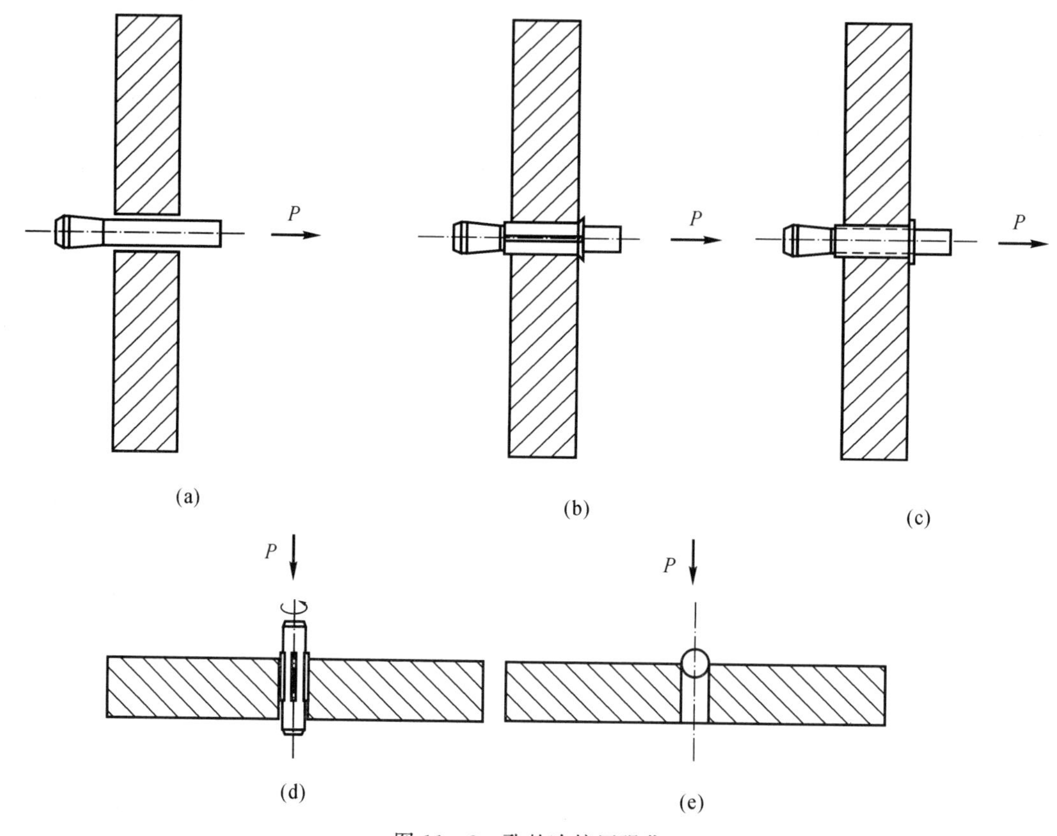

图 11-8 孔的冷挤压强化

(a)芯棒挤压; (b)开缝衬套挤压; (c)不开缝衬套挤压; (d)滚柱滚压; (e)滚珠挤压

(3)干涉配合连接

干涉配合连接是指连接的连接件(轴)与孔(孔)之间形成过盈配合的连接。

干涉配合连接质量包含两方面的影响因素,一是制孔的质量,二是连接件与孔的干涉配合量。通过自动化制孔,可以有效提高制孔的质量、保证质量的一致性和稳定性。干涉配合连接取决于制孔的精度、连接件的精度以及连接件的安装情况。在飞机装配中,连接件大多为铆钉和螺栓,它们属于标准件,质量的一致性和稳定性较好,所以,干涉配合连接的质量主要取决于制孔质量。

6. 数字化测量技术

数字化测量是飞机实现数字化装配的一个重要环节,是以各种数字化测量设备(激光跟踪仪、激光雷达、工业照相机等、室内 GPS 等)为实施工具,利用数字化测量系统高精度的测量、控制和分析能力，对待测对象实施快速、精确、自动化的测量，以获取其准确的外形尺寸或空间位置姿态。数字化测量技术的应用，实现了将产品实物的质量检测从事后检测转换到“在线”检测。

第二节　飞机数字化装配工艺设计

从数字化装配和传统装配的联系和区别可以看出，数字化装配和传统装配在技术本源上是一致的，本质区别是实现装配的手段和方法不同。所以，飞机数字化装配工艺设计除应遵循传统装配工艺设计的所有要求外，还具有其相应的特点和注意事项。在数字化装配工艺设计过程中，应基于数字化装配技术和装备的特点，在产品工艺性分析、装配单元划分、流程设计以及定位、制孔、连接等方面，进行适应性的设计。

一、数字化装配工艺设计

数字化装配工艺设计就是以数字化装配技术为主要手段的装配流程和方法的设计。其流程与方法与传统装配工艺设计是相同的，但基于数字化装配的特点，又具有一些不同的表现形式。

（一）工艺基准设计

在第三章设计篇中提到了工艺基准的设计原则和方法。对于数字化装配来说，工艺基准设计除应遵循这些原则和方法外，还应注意以下几方面：

1)数字化装配基准应基于测量系统的要求而选择，应选择在测量设备覆盖范围内且能精准测量的基准；

2)在基准数量和位置的选择上应考虑到测量的包络性；

3)应通过测量基准将系统坐标与产品坐标统一起来，并统一到产品坐标系统；

4)在不影响产品质量的前提下，可在产品上设置相应的工艺基准，如工艺接头、测量接头、工艺孔等；

5)确定的每一个基准应在坐标系内有确定的理论坐标；

6)选择基准时应考虑其所在结构的刚性，防止结构变形而影响基准的位置。

（二）装配单元划分

在装配单元的划分上，应重点考虑数字化装配技术的应用和实现。如采用自动化的调姿对接，应使装配单元在基准、结构等方面与数控定位系统相协调，同时还应具备一定的刚性，或者通过工艺保形措施使其具有一定的刚性。在采用自动化制孔、钻铆等工艺时，应考虑装配单元划分与制孔设备（钻铆设备）相协调的问题，特别是在制孔方向的选择上，考虑到结构的开敞性，一般是从外表面向结构内部制孔，对于内部结构的划分则需要适应性地选择考虑。

（三）工艺流程设计

在数字化装配工艺流程设计中，需要基于数字化装配工艺的特点，设计相应的工艺流程。在流程设计中应注意以下几方面：

1)与传统装配方式相比较，数字化装配方式增加了过程检测环节，需要在流程的适当位置予以体现。

2)数字化装配是一个可视的闭环反馈环节，在流程中应体现闭环反馈的逻辑关系，如图

11－9所示。

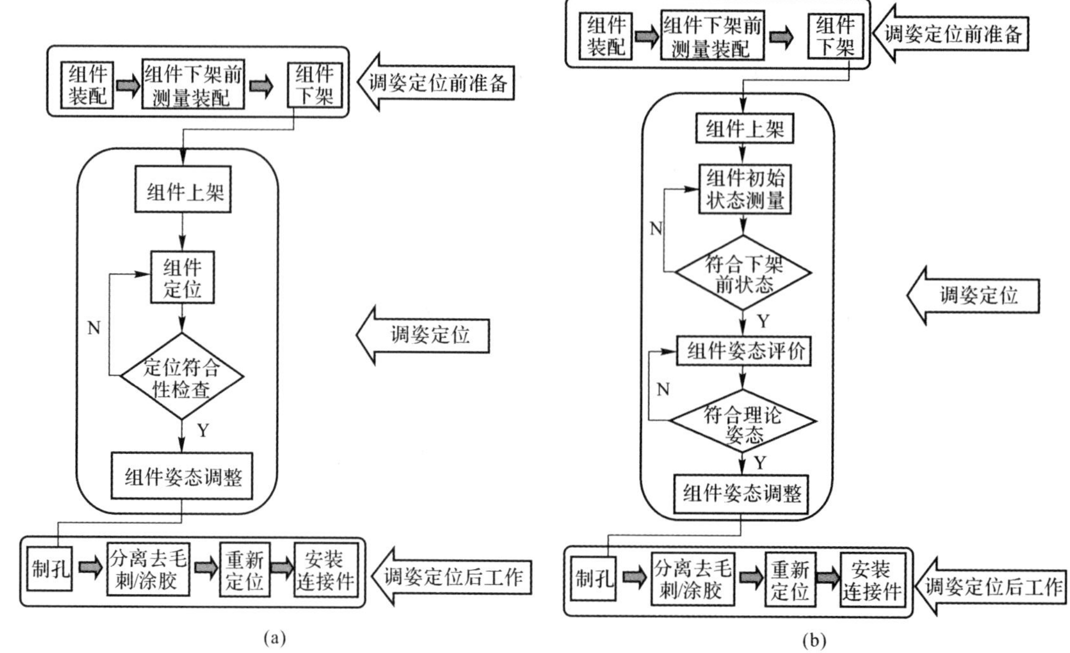

图11－9　数字化装配流程(传统装配流程/数字化装配流程)

3)在采用自动化制孔或自动钻铆等工艺方案时,应将自动化制孔或自动钻铆相关流程融入整个流程(如在本章第一节中说明了自动钻铆与手动钻铆在流程上的差别)。

二、数字化装配系统工艺要求设计

飞机部件数字化装配系统是实现飞机部件数字化装配的集成系统。相较于传统的工艺装备系统(工装型架),数字化装配系统是一套数字化的集成系统,一般包含装配单元的调姿定位系统、姿态测量系统、集成控制系统和多功能集成操作平台等部分。这些组成部分是相互协调、相互依存的关系,分别完成飞机部件装配单元的测量、调姿、定位和加工功能。规划设计数字化装配系统功能需求是数字化装配工艺设计的重点工作,其主要内容是基于对产品的工艺分析提出系统的功能需求以及实现功能需求的方式。

(一)数字化装配系统总体工艺要设计

在总体工艺设计阶段,需要基于工艺分析的结果,构建数字化装配系统的总体架构。

1. 依据系统功能需求,确定系统的结构组成

系统一般包含调姿定位系统、姿态测量系统、集成控制系统和多功能操作平台等部分。不同的装配系统,其结构组成不尽相同,在总体设计阶段,应明确系统的构成以及各组成部分的关系。

2. 确定系统的功能需求、产能需求、技术定位

在功能需求方面,需要明确系统针对装配对象所实现的功能,能完成装配全过程的相关工作,实现数字化装配;在产能需求方面,需要明确产能计算的基线(日工作时长、年工作天数等);在技术定位方面,基于数字化装配通用技术,融合相关先进技术(如智能制造相关关键技

术），提升系统的能力，满足相关技术需求，实现装配技术的发展和进步。

3. 确定产品的装配形式、装配姿态的说明

产品在装配系统中的装配形式、装配姿态决定了装配系统的形式。对于机身部件来说，一般采用水平飞行姿态进行安装，特殊情况下（如小型机身部件）也采用立式姿态；对于机翼翼盒部件来说，一般采用立式姿态进行安装，特殊情况下也采用卧式姿态进行安装。同时，应明确产品安装的空间高度要求，一方面需要多站位协调（见第八章产线篇），另一方面也需要基于人因工程确定适当的操作空间。

4. 确定装配系统设计的工艺输入

装配系统设计的工艺输入主要是产品的工艺性分析（参考第三章设计篇）。在工艺性分析中，应重点明确数字化装配技术应用的场景。此外，还应明确装配系统设计应遵循的标准要求（如机械设计标准、电气设计标准、信息化标准）等。

5. 系统布局原则

根据装配单元的结构特点，系统最好采用对称布局；通过建立大范围的空间测量场（产品测量点和坐标系参考点合理布局），保障各装配单元装配协调数据准确、可靠；通过数控定位器、激光跟踪仪、机器人和相关测量、控制和集成管理软件，实现飞机部件装配过程的数字化和自动化；主要调姿、定位设备要充分体现柔性化、自动化和数字化功能，尽量少用或不用刚性工装；采用可移动、模块式整体底座结构，在整个安装过程中使装配系统工艺装备处于自平衡稳定，保证安装质量。

（二）数字化装配工艺需求设计

在数字化装配系统工艺需求设计中，重点是对装配系统各组成部分提出工艺需求，以使系统满足既定的功能。调姿定位系统用于装配过程中各装配单元的调姿和定位；姿态测量系统用于调姿定位过程中装配单元的姿态监测和装配效果评价；多功能集成操作平台用于装配过程中各操作部位的人员、辅助工艺装备的可达通路，保障人员、设备安全；加工系统用于装配过程中的自动化加工（如制孔、涂胶、连接件安装等）；集成控制系统用于工艺装备及装配工艺流程管理。

1. 调姿定位系统

调姿定位系统一般由成组的数控定位器（POGO 柱，见图 11－10）形成的并联定位系统及其控制系统组成。根据装配单元的结构大小、刚性强弱等特征，一般选择 4 组或 6 组数控定位器形成并联的数控定位器组，每个数控定位器具有 $X/Y/Z$ 三个方向的运动轴，可实现 4－3－2－1 的复合运动，带动产品实现姿态调整。

调姿定位系统工艺设计需要明确但不限于以下工艺需求：

1）依据调姿对象确定数控定位器的数量及分布要求。

2）依据数控定位器承载的产品、保型架等工艺装备的重量及重心位置确定数控定位器的承载要求，同时应满足在吊装入位时的冲击力、承载能力、刚性及驱动等要求，并设置相应的安全系数，确保数控定位器主体（尤其是 Z 向立柱）不出现刚性、弹性变形。

3）依据调姿定位精度要求确定数控定位器各轴的运动精度、重复运动精度以及系统精度要求。

4）确定数控定位器与产品的连接形式要求，如是直接连接还是通过工艺接头、工艺托架等连接。

5)保证数控定位器外形尺寸及结构形式与相关站位设备、工装、AGV 运输车、辅助设施等相互协调。

6)数控定位器是采用立柱式还是悬臂式,应根据具体安装空间及产品定位要求确定。

7)确定数控定位器与地面的关系,如是直接连接还是通过托架、AGV 车等连接。

8)数控定位功能需求:自适应入位,连接锁紧、可靠等功能性要求。

9)数控定位器机械、电气设计要求:符合一般的机械、电气设计标准,提出具体的、特殊的要求。

10)维护性要求:数控定位器应便于维护,尽量采用模块化设计,成品件方便检修更换,集中润滑,具有相应的维护通道等。

11)安全性要求:具有相应的主动安全措施,能确保人员、产品的安全。

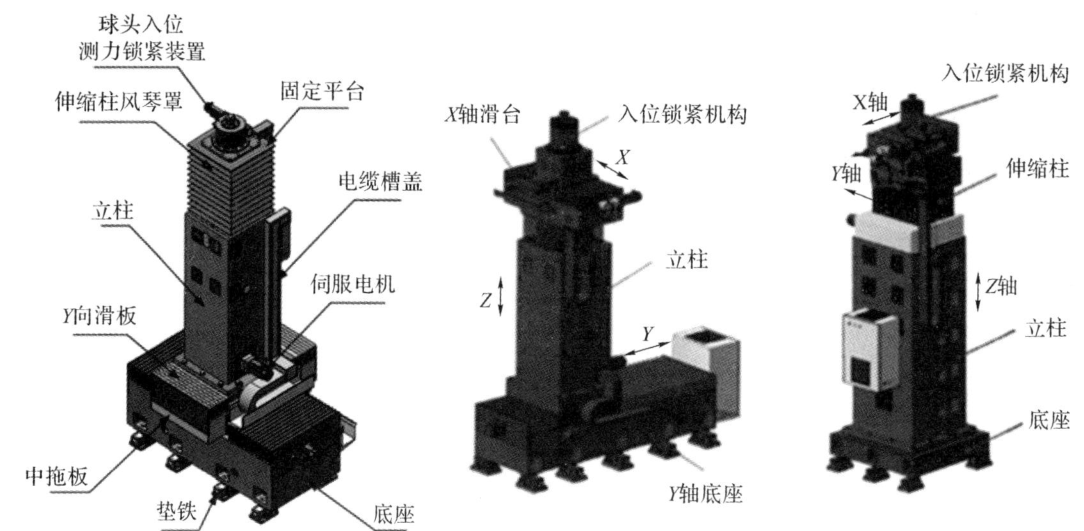

图 11-10　数控定位器

2. 姿态测量系统

姿态测量系统是以各种数字化测量设备为实施工具,利用数字化测量系统高精度的测量、控制和分析能力,对待测对象实施快速、精准、自动化的测量,以获取其准确的形状尺寸或空间位置姿态信息的系统。姿态测量系统规划包含测量设备、测量对象特征规划、测量基准点、测量场规划、测量精度分析以及测量数据分析等,规划内容时需对装配系统激光调装、数控定位器位置标定、飞机产品特征测量以及装配质量测量评价等全流程的装配工艺过程进行总体统筹考虑。

(1)测量设备的选型

在数字化装配中,常见测量设备包括激光跟踪仪、激光雷达、室内 GPS、激光扫描仪、激光照相设备等。各种测量设备的精度与适用范围不同,优缺点各异,需要根据测量对象、测量特征及测量标准综合选择。

(2)测量特征的识别

该部分内容应该在工艺分析中明确。测量特征是指测量对象上可以测到,用以表征产品形状尺寸、空间位姿的产品特征(或工艺特征)。测量对象特征主要包括激光测量基准点(TB

点:基准测量点。ERS点:主要用于激光测量过程中装配系统定位器的调装、位置标定以及飞机产品装配过程中的质量检测)、飞机产品装配质量测量特征点和装配系统测量点。

(3)测量特征的分布

测量特征的分布需满足稳定性、包络性、可视性和相对固定原则。

1)稳定性原则:测量点应布局在相对稳定(强刚度、弱外部激励、弱温度敏感、少外部磨损)的地面或者结构上,满足测量点及其坐标值在定检周期内的稳定性和一致性。

2)包络性原则:测量基准系统和测量点需要按最小几何体包络面对测量对象进行包络。

3)可视性原则:测量过程中测量设备在预定测量站位对ERS系统、公共点、测量点的光线不被遮挡。

4)相对固定原则:测量过程中确保测量点与被测要素空间尺寸相对固定。

测量点一般通过测量靶标予以标定。应尽量选用通用的统一规格的靶标,安装位置应具有一定的刚性,确保安装可靠。

(4)测量场规划

测量场规划包括测量设备的布局和测量点的选择,应确保测量高效、精准,并遵循以下要求:

1)设计设备的数量选择和分布时需尽量减少测量设备转站次数,对于单台激光跟踪仪进行测量基准点标定时精度无法满足要求的,可根据实际情况采用多台激光跟踪干涉仪、激光跟踪仪干涉功能进行组网测量,进而进行ERS基准坐标系统标定。

2)在测量站位设置时,需考虑测量设备稳定的最大测量距离和转站距离,不同型号测量设备参照其操作说明书。

3)引入新的激光跟踪仪站位时,要求站位可测量的公共点数量至少为7个。

4)测量设备的分布位置应具有可测性,确保所有的测量点都能测到,必要时应进行光路分析。

测量场如图11-11所示。

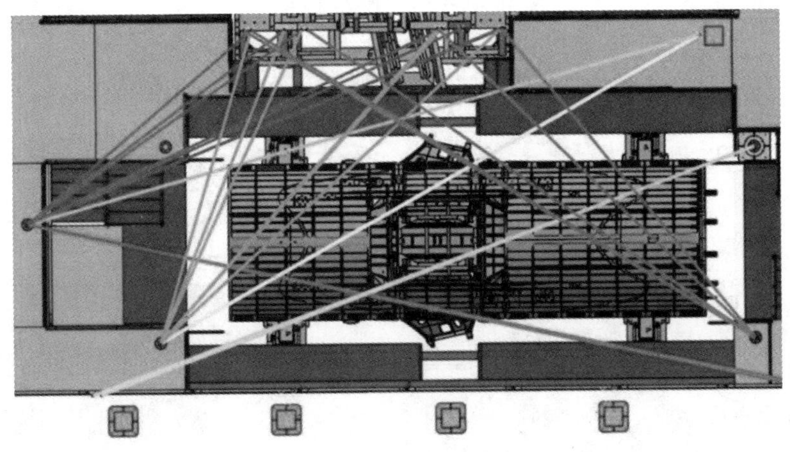

图11-11　测量场

(5)测量系统精度分析

测量系统精度分析是对测量系统的能力进行分析,分析内容主要包含系统误差、转站误差、测量方法影响、测量环境影响等,以确定测量系统的系统误差对测量结果的影响。一般来说,测量系统的误差不得超过产品精度要求的1/3～1/2。

测量系统如图 11－12 所示。

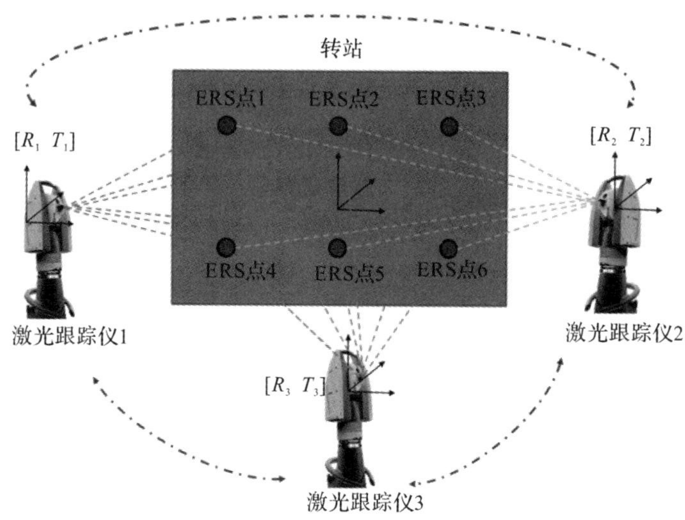

图 11－12　测量系统

3. 多功能集成操作平台

在规划设计多功能集成操作平台中，应基于人因工程原理，使平台布局合理，能有效保障操作人员的安全及操作，并应充分贯彻在第四章质量篇、第五章安全篇中提到的相关要求。

1）基于产品的特征及工作内容，合理规划平台的高度、分层设置，满足操作和安全需求；

2）要充分考虑到人员、物料通道，符合精益布局的原则；

3）在平台上合理设置各类电源、网络、气源接口，便于操作者使用；

4）电缆布置合理、安全，强弱电分离，并进行隔离保护；

5）合理设置照明系统，充分保证照度；

6）充分利用平台空间和面积，按形迹管理原则，在可分解定位器附近设置定位器放置架，在加工部位附近布置零件、工具、钻模等的放置架；

7）充分利用平台空间，可能的话，根据系统布局在平台上设置控制室、办公室等功能空间；

8）根据系统的复杂程度，可设置相关通信、监控设施，保证工作过程中各类人员信息畅通。

多功能集成操作平台如图 11－13 所示。

图 11－13　多功能集成操作平台

4. 加工系统

加工系统主要是装配过程中用于制孔、涂胶、铆接的专用设备，在本节“自动化制孔和自动钻铆工艺设计”中有说明。

5. 集成控制系统

集成控制系统包含控制系统硬件和控制系统软件部分。硬件包含控制设备、控制机柜、UPS不间断电源、控制平台、控制计算机等，软件主要指各类功能软件，包含工艺流程管理软件、现场过程数据采集软件、计算分析与仿真软件、过程监控软件、异常处理软件与用户接口软件等，这些构成整个控制系统软件体系。

1)集成控制系统是数字化装配系统的大脑，应能对系统的各部分进行综合协调；

2)在规划设计集成控制系统过程中，应充分贯彻防差错和主动安全设计的思想，规划控制逻辑，确保系统的安全以及产品质量；

3)硬件、软件应具备相应的通用接口，以便于系统升级；

4)基于功能需求提出相应的管控要求，如工艺数据管理、设备运行过程管控、设备健康管理等；

5)软件操作界面友好，支持分级多界面显示，系统功能模块划分界面清晰，信息交换简单。

完整的数字化装配系统如图 11－14 所示。

图 11－14　数字化装配系统

(三)自动化制孔和自动化钻铆工艺设计

自动化制孔设备主要用于装配过程中连接孔的制备。相对于手工制孔，自动化制孔的质量稳定性、一致性高，制孔效率高，劳动强度低。常见的自动化制孔设备包括龙门式制孔机床、机器人制孔设备、机床式制孔设备、柔性轨制孔设备等。在工艺设计中，应基于制孔的要求、产线的布置以及装配系统的设计，合理选择制孔设备的类型。

1. 制孔设备参数要求

基于所制孔的质量指标要求确定制孔设备的参数要求：

1)法向精度要求：按照设计精度要求提出相应指标要求。

2)锪窝深度要求：按照设计深度要求提出相应指标要求。

3）主轴转速要求：为适应不同材料及不同材料叠层的加工，提出主轴转速的范围。

4）主轴进给速度要求：为适应不同材料及不同材料叠层的加工，提出主轴进给速度的范围。

5）制孔效率要求：制孔效率可分为两类，一类是纯制孔效率，指设备在单位增值时间内完成的制孔数量；一类是综合制孔效率，指设备在单位时间内完成的制孔数量。提升设备制孔效率有效的方式就是缩短准备时间。

6）各轴的运动范围：包括设备的主轴、压力轴、测量轴等。各轴的运动范围应基于需要加工范围确定，保证最大的加工范围。

7）各轴运动精度：各轴的运动精度决定了所制孔的精度，应基于精度要求提出合理的数值。

8）压力脚压紧力范围；压紧力一方面要保证能将待制孔部位结构压紧，一方面也要能保证压紧过程中产品不变形（或变形在可控的范围），所以压紧力是在一定范围内可调节的。

2. 制孔设备功能要求

1）具有基准找正及孔位误差补偿功能（一般要求同时具有自动和手动找正的功能）。

2）对于无固定位置的制孔设备（如柔性轨制孔设备），应提出设备的快速安装、标定的要求。

3）对于制孔过程中断屑、吸屑要求，可采用外接吸尘器实现；对于复合材料制孔，吸尘要求按照防爆功能设计。

4）设备应具备主动防护功能，如断刀自动检测及停机功能、断点接续功能、断电保护功能等。

3. 控制系统要求

1）控制系统软件部分模块、功能需求；

2）制孔程序编制要求，一般采用离线编程的方式；

3）控制系统硬件要求。

4. 配套工艺装备要求

1）一般需配备专用试刀台，实现在线试刀功能；

2）对配套的工艺装备的其他要求。

需要注意的是，自动化制孔一般采用单面制孔，这样设备制孔时均采用单面压紧的方式。压紧力太大可能造成压紧区域的变形，影响法向精度和锪窝深度精度；压紧力过小则使待制孔叠层不能紧密贴合，易造成叠层部位毛刺、夹屑等制孔缺陷。所以，在自动化制孔过程中，一般应通过工艺验证，确定相关的制孔参数，并采取相关的工艺措施，确保制孔部位的结构稳定性。在工艺实践中，可基于产品的刚性采取保型、内部支撑等工艺措施。

5. 自动化钻铆设备工艺要求

自动化钻铆设备在制孔要求方面同自动化制孔设备。针对自动化铆接，应明确下列基本要求：

1）上、下压铆脚的同步性要求：同步性要求是为了保证铆接时铆接力与铆钉轴线的同轴度，保证铆接质量。

2）自动送钉要求。

3）铆接力要求：为适应不同铆钉的铆接，铆接力应在一定范围内可调，通过工艺试验确定相应的参数。

4)铆模要求:根据待铆接的铆钉确定相应的铆模。

第三节　飞机数字化装配生产线构建

飞机数字化装配是建立在数字化设计的基础上的。它以统一设计数模作为协调依据,缩短了飞机装配协调路径,提高了协调准确度。在传统飞机制造链中,遵循的是设计→制造→试验→试飞→完善设计→设计定型→工艺定型→批生产的模式。这是一种串行方式,设计、制造基本处于不同的阶段,很多设计问题在制造阶段才能体现出来,极大地延长了飞机的研制周期,加大了飞机研制的成本。

在数字化设计的条件下,通过建立几何数字样机,能在很大程度上对设计协调性进行仿真,减少大量设计不协调问题。但是,这样的设计制造方式在一定程度上依然是串行的,由于缺少制造环节的参与,一些设计理念很难通过工艺手段实现。

随着数字化设计的深入,并行工程成为被广泛采取的飞机设计制造方式。所谓并行工程就是产品设计人员从一开始就考虑到产品全生命周期内各阶段的因素(如功能、制造、装配、作业调度、质量、成本、维护与用户需求等),并强调各部门的协同工作,通过建立各决策者之间的有效的信息交流和沟通机制,综合考虑各相关因素的影响,使后续环节可能出现的问题在设计的早期阶段就能被发现并得到解决,从而使产品在设计阶段便具有良好的可制造性、可装配性、可维护性等特性,最大限度地减少设计反复,缩短设计、生产准备和制造周期。

飞机数字化装配需要构建相关工艺基准、工艺零件以及合理进行工艺划分。所以,对于飞机设计制造,并行工程除了要求产品开发人员具有上述并行工程思想和设计理念外,还要求制造工艺师全面参与产品设计的过程,将相关工艺需求贯彻到设计过程中。这样才能形成真正的设计制造一体化,体现面向装配的数字化设计,为实现数字化装配提供前提和基础。同时,在设计过程中,工艺设计同步展开,实现整个装配过程中的数字量协调传递。在工艺设计过程中,将几何数字样机转换成为工艺数字样机,并通过工艺过程仿真,模拟飞机装配过程,提前发现设计、工艺、工艺装备之间的不协调,并对工艺方法进行优化改进,为数字化装配生产线的构建奠定基础。

数字化装配生产线重点强调"线"的概念,与一般的制造业生产线一样,数字化装配生产线也需要人和机器的有效组合。将生产中的输送系统、随行夹具和在线专机、检测设备等进行有机组合,从而满足多品种产品的装配要求,充分体现设备的灵活性。除此之外,飞机装配数字化生产线还应该借助于计算机技术,实现产品设计、工艺、装配、检验和现场管理各环节的信息的高度传递和集成。

飞机部装是形成飞机主要的机体结构的过程,一般分为组件装配、部件装配和大部件对接等阶段。在组件装配阶段,一般形成结构壁板,重要框、肋、梁等组件,这些组件在部件装配阶段形成机身和机翼部段,在大部件对接阶段,将机身各部段对接成机身,将机翼各部段对接成机翼,将翼身对接形成完整的飞机结构。所以,飞机部件数字化装配生产线可划分为组件数字化装配生产站位、部件数字化装配生产站位和大部件对接数字化装配生产站位等三个部分。

一、数字化装配生产站位构建

1)对于组件,需要重点解决的是零件定位和连接问题。在这一阶段,数字化装配生产线装备多为自动钻铆设备、自动制孔设备等。这些设备与相关工艺装备结合，解决零件的定位和制孔连接问题。

2）对于部件，需要重点解决的是构成部件的各组件的定位和连接问题，通过构建数字化装配系统实现。在前面关键技术论述中已指出其基准传递和协调的关系以及装配系统的构建方法，此处不再赘述。

3）对于大部件对接，需要重点解决的是构成机体结构的部件定位和连接问题。由于此时部件大多已形成封闭的结构（如机身为筒体结构、机翼为盒体结构），已经具备一定的刚性，所以，在装配中不用过多考虑变形问题。其余关键技术同部件装配系统。

二、数字化装配生产线构建

上述装配系统建立后，仅构成了数字化装配生产线的硬件部分，并不能代表完整的数字化装配生产线。在实际生产中，如何进行生产计划管理，如何进行生产物流和信息流的管理，如何对各装配系统的软件系统进行管理，如何实现生产数据的集成应用，等等问题，都亟需解决。计算机技术的应用为这些问题的解决提供了思路。

在实际生产中，以公司局域网为基础，建立协同平台系统，该系统相当于大型数据管理系统，集成公司 ERP、CAPP、MES 等系统，并开发三维工艺设计系统、知识管理系统，共同构建数字化生产线管理系统。这些系统的逻辑关系如图 11－15 所示。

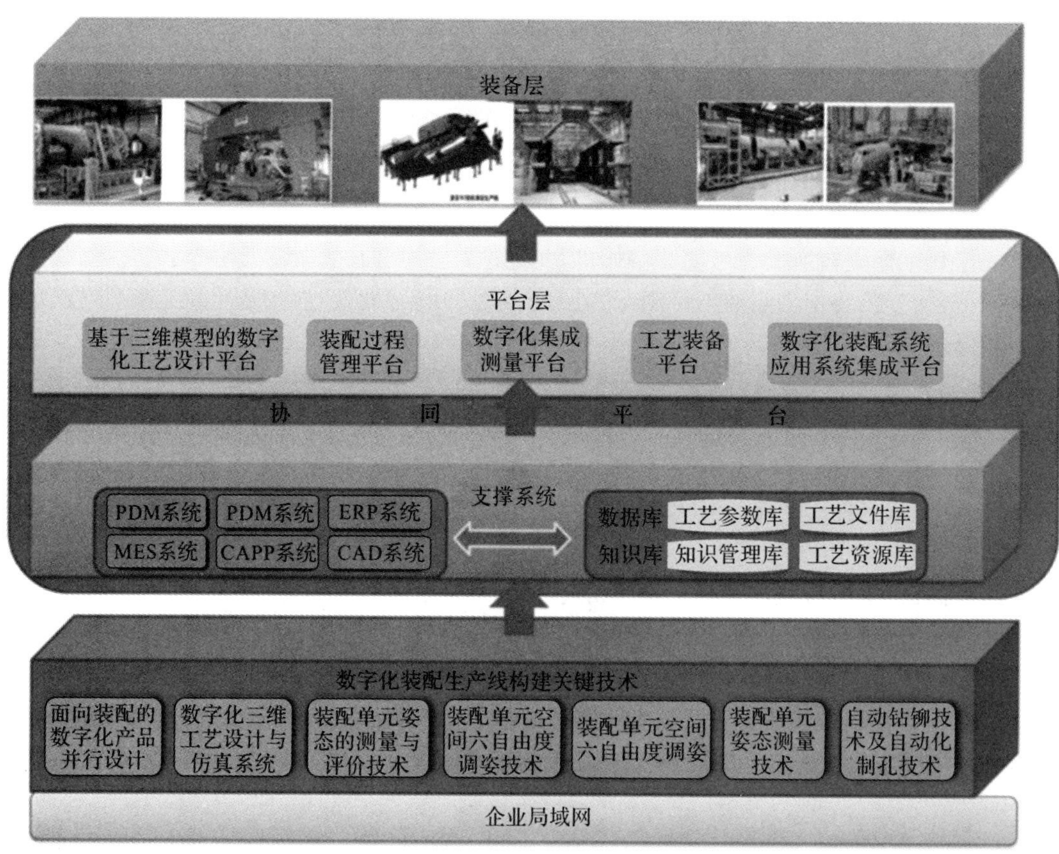

图 11－15　数字化装配生产线管理系统架构

在该系统架构中,企业局域网提供了网络环境,在该网络环境上建立数据管理协调平台,整合数字化装配生产线建设的各类关键技术,以企业已有的 ERP、CAPP、MES 等系统和相关数据库/知识库作为支撑系统,对数字化装配系统的软件系统和装配资源、物流、信息流等进行有效管理,形成软件平台体系,进而对生产现场各类数字化装备进行管理,由此构建完整的飞机数字化装配生产线。

本章小结

本章从数字化装配技术、数字化装配系统、数字化装配生产线建设等方面论述了飞机数字化装配的相关技术和应用实践,全方位介绍了飞机数字化装配工艺设计的流程和方法,为构建数字化装配生产线提供了参考和借鉴。

第十二章 发 展 篇

随着现代先进制造技术的不断发展，航空制造业也进入了快速发展时期。航空工业作为高、精、尖、技术密集、资金密集的大型制造业，长期以来都是引领制造技术发展的排头兵，是衡量一个国家科技水平、综合国力以及国防现代化程度的重要标准。飞机装配技术的发展，既是综合技术发展的结果，也是推动技术发展的必然。

第一节 制造技术的发展

制造业的发展总是伴随着制造技术的发展，制造业的发展也促进着制造技术的发展。蒸汽机的发明，催生了第一次工业革命，制造业实现了从手工业向规模化的工厂发展；内燃机的发明，催生了第二次工业革命，制造技术实现了电气化；电子计算机的发明，催生了第三次工业革命，制造技术进入了互联网的时代。当前，以人工智能、无人控制、虚拟现实、云计算、物联网等技术支撑的智能制造技术的应用和发展，标志着制造技术进入了一个新的时代，以智能制造为发展方向的第四次工业革命已经来临。

2008 年以来，在席卷全球的金融危机之后，美国、英国、德国、法国、日本等传统制造强国相继提出了制造技术的发展方向：美国提出先进制造技术（Advanced Manufacturing Technology，AMT）的理念，以满足美国对先进制造技术的需求，提升美国制造业的竞争力；英国开展“再工业化”，其主要内容是增大工业在经济结构中的比重及打造高水平的制造业；德国谋求在新一轮技术革命中依然保持领先的地位，提出了工业 4.0 的概念，抢占发展理念的优势；法国在“新工业政策”中明确将工业置于全国成长的中心位置，提出了法国一定要执行再工业化；日本政府发布《机器人新战略》，提出了机器人发展的三大核心目标。面对世界强国对未来制造技术的定义和发展，中国也于 2015 年提出了《中国制造 2025》，定义了中国面向高端制造业和高端制造技术的发展战略，提出了“动态感知、实时分析、自主决策、精准执行”的智能制造特征。

无论是美国、欧洲、日本还是中国，在定义制造业的创新发展中，都是面向同一个方向——智能制造。智能制造技术和智能制造系统的概念是在 20 世纪 90 年代提出的，成熟于 21 世纪。智能制造是将智能技术、网络技术和制造技术等应用于产品设计、制造、管理和服务的全过程中，在产品的制造过程中分析、推理、感知等，以满足产品的动态需求。

在大数据、CPS、云计算、数字孪生等智能技术的支撑下，制造的物理设备、生产过程、操作人员、物料、财务等传统要素，日益被数字设备、工业软件系统、各种网络联接并集成在一起，同时注入了大数据、虚拟现实、增强现实、工业云等全新要素，一个崭新的、逐渐智能化的工业体系开始出现。

第二节 飞机装配技术发展的趋势

TRIZ 理论创始人阿奇舒勒认为，产品及其技术的发展总是遵循一定的客观规律，所有技术的创造与升级都是向最强大的功能发展的。这个规律就是从刚性、铰链、柔性到场的递次进化规律。正是基于这样的规律，飞机装配从刚性工艺装备向柔性工艺装备发展，飞机装配技术从传统装配技术向数字化装配技术发展。

一、新一代飞机制造技术的难点

随着飞机的使用性能的不断提升，新一代飞机大量采用复合材料、高强度钛合金等特殊材料，同时飞机具有“大运载、高强度、长寿命、长航时”等使用特点，甚至基于作战的需要，还具有“高隐身”等特殊特点。使得新一代飞机在结构构成、制造精度等方面区别于传统的飞机。其制造技术的难点主要表现在以下几方面。

(一)复杂多结构部件装配

飞机工艺组件数量多，结构尺寸大，装配流程规划复杂，各装配组件协调特征多，协调要素及过程复杂，大型结构件的保型及精度控制难以实现，由此导致复杂结构定位难度高，定位方式难以实现。此外，对于高精度的结构，结构表面入口数量较少，内部空间狭小，施工极其困难。

(二)装配变形与损伤抑制困难

新一代飞机外形一般为多曲率外形，外形复杂、精度要求高。但由于大尺寸复合材料构件制造精度难以控制，且具有各向异性的特点，装配应力难以控制，结构装配补偿难度大，易造成应力损伤。

(三)高精度表面质量难以保证

为保证装配精度，需要在装配过程中进行修配，但复合材料现场修配质量不稳定、工作量大。另外，连接件大多采用手工制孔，齐平度难以保证。

(四)现有装配技术的局限

1)由于新一代飞机装配精度在某些方面已经超过零件制造精度，尺寸协调理论已不再适用，因此现有装配理论无法满足高精度的性能要求。

2)高可靠性要求的机体材料体系发生了变化，由铝合金向复合材料、高强度钛合金等材料转变，温度、湿度等装配环境对装配可靠性的影响已由次要因素上升为主要因素。

3)长寿命要求大量采用干涉连接，但复合材料结构受轴向力影响易产生分层缺陷，不适宜干涉连接，这成为影响长寿命性能的主要矛盾。

基于上述难点，在装配中应基于低应力、低损伤、高效能等方面开展工艺设计，以使装配过程中复合材料的应力得到有效控制，使复合材料结构的损伤得到有效的控制，同时使高价值的工艺装配与小批量的生产需求得以平衡。

二、当前飞机数字化装配技术应用存在的问题

在“十二五”期间，大飞机列入国家重大发展专项，相关主机厂以 C919、Y20 等飞机的研制

为契机，大力开展了数字化装配技术的应用实践，通过“十二五”“十三五”期间的发展，培养了一批国内的数字化装备供应商，国内各主机厂基本建成了相应的数字化装配生产线和数字化装配技术体系，保障了型号的成功研制。但是，在飞机数字化装配取得技术进步和能力提升的同时，还存在一些问题，制约其进一步发展和持续的能力提升，主要表现在以下几方面。

(一)数字化装配技术应用的局部性

受设计顶层及技术发展的限制，数字化装配技术应用提升仅限于部分新研型号，各型号之间技术差异性持续拉大，导致技术人员的能力、水平参差不齐。特别是在“十二五”“十三五”期间，重点在新研型号产品上加强了技术研究和生产线建设的力度，数字化装配技术、自动化制孔技术也在新研型号产品上得到充分的应用，但部分老型号产品依然沿袭传统的装配技术，在质量一致性、质量稳定性方面和生产的安全性方面还存在问题，操作者劳动强度较高，劳动效率低。同时，相应的技术团队在对新技术、新工艺的了解和研究方面还做得不够，技术团队整体能力较低。

(二)数字化工艺设计能力整体偏弱

新研型号锻炼和培养了一批具有数字化工艺设计能力的工艺设计人员，但总体来看，工艺设计人员的经验和教训都未得到有效传承，整体业务能力不足，知识储备和应用不够，同时，工艺设计方法和手段未有实质性的提升，设计效果在很大程度上依靠工艺人员的经验和能力，工艺设计的可操作性和可继承性不强。

(三)数字化装配技术在全流程应用不全面

技术提升未实现装配全流程的能力提升，同一生产线上传统的装配和先进的装配技术并存，未实现全流程的数字化协调传递，这些导致生产线各站位能力的不均衡。从国内各主机厂数字化装配生产线建设来看，在数字化调姿定位方面基本上实现了全流程贯通，实现了调姿测量数据的集成和传递，但在自动化制孔、连接加工等方面，一般仅在部分组件实现了自动化制孔和自动化钻铆，一定程度上提升了质量的一致性和稳定性，降低了操作者的劳动强度，提高了劳动效率，但总体数字化装配技术的应用比例不高，尚未实现全流程的贯通。

(四)“信息孤岛”现象依然存在

受生产线建设总体规划不足及保密要求的影响，当前各主机厂数字化装配生产线多表现为“多国部队”状态，各生产线之间、生产线内部各站位设备系统均处于独立、隔离的状态，也未实现工控网与园区网的融合，设备独立运行，未实现互联互通。这样导致设备系统均为一个个信息孤岛，彼此无法实现信息交互，设备系统与设备系统之间、设备系统与园区网之间的信息交互依靠人工传递，效率低下，且极易导致信息失真。如测量数据的分析处理依靠手工录入数据、单机离线分析，分析结果也需要手工录入 MES(Manufacturing Execution Systems，制造执行系统)封闭指令，上一站位的测量数据一般通过人工交接，无法通过网络直接传递到下一站位，数字量的传递与协调优势未得到充分的体现。

(五)产品质量对人的依赖程度还很高

总体来看，人工参与的操作还占 70%以上，特别是存在大量的人工制孔和连接件的安装。由于人的主观性和个体差异，生产过程不稳定，产品质量不稳定，人为因素的质量问题未得到有效控制，人员应用效能还未得到有效的提升。

(六)生产运营管理还大多依靠“人治”

随着信息技术的发展,各主机厂都构建了适应本企业运营管理的信息化系统,生产运营管理逐步向信息化管理方向发展。但作为生产运营管理的基础信息的来源——生产现场运营状态,还无法实现自动化的采集和可视化的管理,在一定程度上还依赖于各级管理人员的主观能动性,各层级的协调沟通大部分处于线下进行;生产线实时状态基本处于“暗箱”的状态,管理人员不能及时有效了解生产状态,很大程度上依靠各级管理人员的能力和能动性推动生产的进展,即“人治”的状况还十分明显。

综合分析上述问题可知,飞机数字化装配技术的发展推动了飞机设计、制造能力的提升,同时也对生产中最活跃的因素——人的能力提出了新的要求。解决生产中存在的问题,主要还是要解决人的问题,因为人在生产运营管理中起主导作用,但人的效能还未充分发挥,人的主观性和个体差异亟需通过技术能力的提升予以消除。工艺设计是为生产制造服务的,在工艺设计中应强化生产过程的管控,使过程信息化、可视化,提升运营管理的“法治”能力。

三、飞机装配技术发展路径

前面所述的技术发展的规律,是针对技术本身而言的。从管理的角度上看,技术的发展也是人的发展,更是人和技术的融合发展。所以,针对飞机装配技术的发展,一定要以人为本、循序渐进。

(一)设备武装人——提升人的能力

设备武装人,其目的是为了提升人的能力。工欲善其事,必将利其器。需要注意的是,这里的设备不是狭义的设备,而是广义的,是指提升人的能力的一切工具和方法,特别是对工艺设计人员能力提升的工具和方法。

1. 工艺设计

开展基于知识的智能工艺设计研究,强化工艺知识管理,为工艺人员提供一个规范的业务体系、强有力的工具支撑。在这样的设计环境下,工艺设计不是一个人的“战斗”,不是盲目的行动,更不是从 0 到 1 的艰苦创造。

2. 生产人员

深入分析人的生理机能,在工艺设计中,采取一定的方法和工具(如智能穿戴、智能工具等),强化人的能力,延伸人的工作范围,将人武装成为“机甲战士”,降低人的劳动强度,提高人的工作效率。

(二)设备解放人——提升设备的能力

设备解放人,是通过设备能力的提升达到解放人的目的。通过对当前数字化装配生产线的优化升级,基于“两化融合”开展设备的互联互通,提升设备的自主运行能力和自主诊断能力,消除设备之间、生产线之间的信息壁垒,实现数据继承和传递的信息化。

基于智能制造“动态感知、实时分析、自主决策、精准执行”的特征,按照一定的策略对设备运行过程的监控和对相关运行数据的采集,动态分析,实时感知和分析设备的运行状态和健康状态,使设备具有自主管理的决策能力,实现设备的自主管理,同时使设备既能满足既定的功能,还能在效率、功能等综合应用方面持续提升。

(三)设备代替人——提升人机交互能力

深入开展数字化装配系统的应用,基于智能制造技术,按照技术发展的规律,开展装配系统的模块化、柔性化和可重构研究与应用,推动刚性工艺装备向柔性工艺装备发展,推动数字化装配生产线向柔性装配生产线发展,基于数字化测量场的建立,实现装配系统的“硬件可重构、软件可配置”的总体要求,在生产线规划中,基于人机交互的原则,建立一个人、机器、资源互联互通的网络化社会,实现人-机的系统交互。

(四)设备服务人——提升系统能力

针对当前系统中沉积了大量数据、信息,但没有基于知识进行关联,不能为各个环节的决策和执行主动提供支持与服务,产线管控系统缺乏“智慧”的状况,开展数据治理,构建基于数字孪生的生产运营管控系统,使系统作为人的延伸,真正服务于人,用数据和知识构建装配生产线的大脑和智慧,提升系统能力,实现智慧运营。

第三节　飞机智能装配技术的应用

无论是传统装配、数字化装配还是智能装配,飞机装配技术的基本理论是一致的,依然包含协调、定位、制孔、连接等方面。

一、装配协调技术的发展

随着飞机装配技术的发展,装配协调技术也得到了充分的发展,也可以说,装配协调技术的发展促进了装配技术的发展。数字化设计推动了装配协调从传统的模拟量协调到数字量协调的转变,装配协调方式的转变推动了数字化装配技术的发展和应用。

(一)容差分析的发展

传统的容差分析技术主要依靠工艺人员的知识和经验,在二维图纸上根据相关行业标准、技术条件、控制性文件和规定性文件等采用概率法或极值方法进行容差的分析核算,在工作效率和问题估计上存在严重不足,制约了飞机制造水平的提高。随着信息技术的发展,开发了基于蒙特卡罗模拟分析法容差分析软件,用合适的计算方法在软件中建立装配模型,设计者通过分析带有容差分配特征的装配模型,检验容差分配的科学性和合理性。西门子(Siemens)公司商用容差分析计算 VSA 软件,将飞机有装配关系的零、部件的装配情况采用动态模拟装配的方式近似反映出来,根据尺寸管理流程,将 CAD 数模通过 VSA 自带的模型转化工具导入软件中参与计算。

1. *虚拟装配仿真技术*

三维模型预装配技术,主要用于干涉检查、装配路径仿真及可装配性分析,以零件三维实体造型、产品数据管理和设计共享为基础,协调产品结构设计,系统设计,检查零、部件的装配与拆卸情况,有效地减少因设计错误引起的返工和更改。虚拟现实技术是对飞机虚拟装配过程、数字人体装配过程等进行仿真,检验、评价设计飞机的可装配性、可维护性等装配工艺性要求,用来解决飞机由于尺寸、规模、模型数量巨大等带来的虚拟协调困难等问题,可实现大部段、全机及重要部位的立体可视化检查,以避免装配返工。

现阶段开展的装配仿真都是基于理论数据(产品模型、工装模型等)进行的,对设计的可装配性、工艺流程和容差分配方案等能起到良好的检查作用，但未考虑制造过程中的协调影响，未引入制造环节的误差积累和环境影响，所以未能全面解决制造过程的误差对装配影响的问题。

2. *提升装配协调的方法*

根据工程实例总结，在模拟量协调装配的基础上，针对可能会出现间隙或干涉时的装配协调方法包括加垫片、金属件加余量、复材件加牺牲层、带应力连接、根据测量数据生产零件等。在实际装配过程中，通过经验或人工测量，确定装配不协调性量值，采用人工配修垫片、打磨余量（牺牲层）以及强行装配等方式，部分消除装配的不协调性。

随着数字化装配技术的深入应用和研究，飞机装配过程的姿态可以通过激光跟踪仪等测量仪器精确测量出来，并能实现过程定量监控，可以为传统的锉修打磨等消除装配不协调的方式提供准确的定量数据，同时也可对装配系统本身产生的系统误差进行分析。

（二）装配技术发展的局限性

飞机装配包含“装”和“配”两个动作，在传统的装配协调模式（模拟量协调和数字量协调）下，“装”和“配”是两个分解的动作，一般是先“装”后“配”，在“装”的过程中发现不协调才“配”，这一方面影响了飞机装配的效率，另一方面增加了装配协调的不确定性。

无论是模拟量协调，还是数字量协调，都在一定程度上解决了飞机装配协调的问题，特别是随着数字化装配技术的发展，数字化协调方式在一定程度上提升了装配协调精度，不断发展的装配协调技术也提升了容差分析的水平。但无论怎样，在飞机制造的尺寸传递过程中，会有诸多因素影响到尺寸传递的准确度，如工艺容差分配、制造误差、机床设备自身误差等，在飞机零、部件制造过程中固有的制造误差和装配系统的协调误差不可避免地依然存在，制约飞机装配精度的进一步提升。随着飞机装备的应用越来越广泛，功能要求越来越高，飞机的精度要求也越来越高，甚至可能出现最终装配精度已超过装配协调过程的误差积累的现象，单纯通过协调是无法满足最终精度要求的。这就需要研究新的装配协调方式，以满足飞机功能、性能的发展。

二、性能驱动的装配工艺体系

飞机装配过程不仅有几何尺寸的协调与传递，而且更是融合了物理性能的变化的多场耦合。通过对载荷、应力、变形、温度等物理参数的分析与控制，重点解决装配误差与装配变形、装配损伤的关系，实现高性能装配。

为满足飞机高可靠、长寿命、高隐身等性能需求，针对传统的定位、制孔、连接密封、装调的全过程，采集误差、变形、应力、温度、湿度等多维参数，构建测量的大数据池，建立具备动态感知、实时分析、自主决策、在线补偿的智能化装配体系。

在高精度控制方面，建立包含温度、湿度等环境因子及误差、变形、应力等物理因子的全局测量场，实时采集数据，在线分析并实时定位、重构加以调整，解决装配协同控制的矛盾。

在长寿命连接方面，通过力学仿真分析，优化制孔轴向力、紧固件插钉力，精确控制连接损伤，优化制孔/连接顺序，达到整体应力均衡。

在高可靠装配方面，建立工艺参数、装配环境等与装配载荷之间的映射关系，通过对装配环境温度等物理量的采集，精准控制定位器位姿、移动顺序、移动速度等参数，达到结构应力均衡，控制环境对高可靠性能的影响。

三、基于关键特征的装配协调

基于实测数据的装配协调是以高精度装配为目标，对变形预测及抑制进行规划设计，提出研究基于测量数据的实物模型重构与偏差分析技术；通过对待装配单元进行实际测量，获取真实零/组/部件的形状，建立其协调模型；通过对协调模型的虚拟装配，充分获得飞机零件在装配过程中可能表现的协调定位问题，在虚拟的环境实现真实的装配；根据虚拟装配的结果对真实的零/组/部件进行数字化精加工，满足装配需求，提升装配协调精度。

基于实测数据的装配协调包含四个关键技术，也是该方法的四个步骤：面向测量的装配几何量关键特征定义与分析，基于测量特征类型的快速测量技术，基于测量数据的零件实物模型重构与偏差分析技术，基于实测数据的可装配性分析技术，如图 12－1 所示。

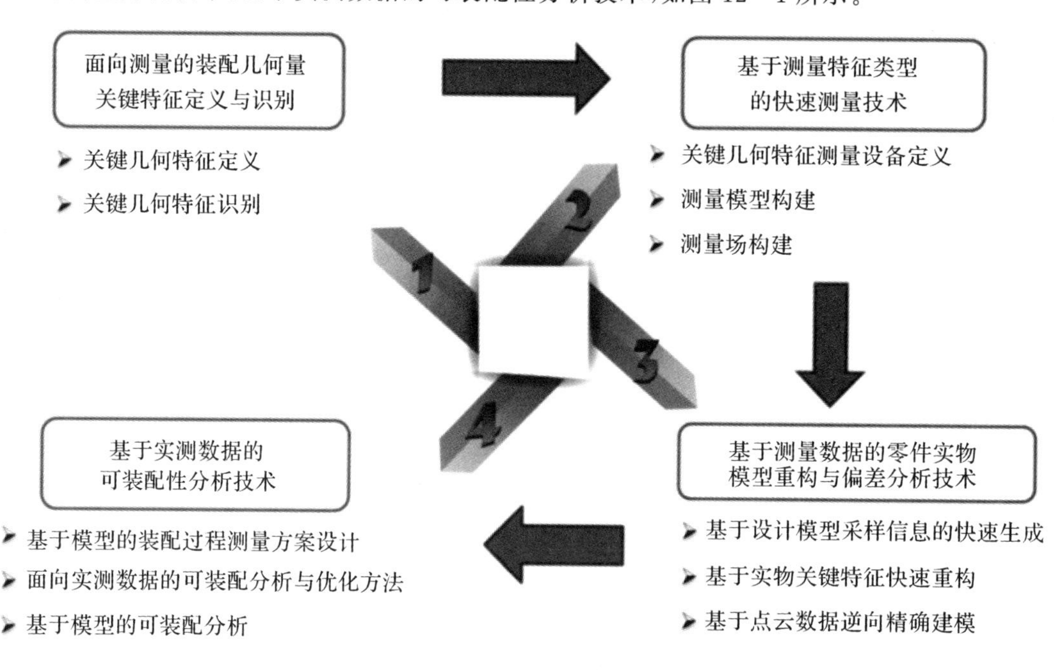

图 12－1　基于实测数据的装配协调

（一）面向测量的装配几何量关键特征定义与识别

装配关键特征是指在飞机零、部件装配过程中对产品质量影响重大的通过特定的装配约束联系起来的几何特征。装配关键特征作为关键特征的一种，也是在关键特性的研究基础上发展而来的。关键特征是指材料、零件、装配件、装备或者系统的某些属性或特征（尺寸、规范），它们的波动会显著影响产品的安装、性能、使用寿命和可制造性。

1．关键特征的定义

装配关键特征是指在飞机零、部件装配过程中对产品质量影响重大的通过特定的装配约束联系起来的几何特征，这些特征是零件面上参与装配活动的区域，是通过装配约束定义的具有一定装配工程语义的几何元素及其属性的集合。依据其对可装配性的实际作用与影响程度的不同，可分为关键特征和非关键特征。对关键特征赋予特定的属性，如尺寸、公差、规范等信息，构成关键。这些关键特性的波动会显著影响产品的安装、性能、使用寿命和可制造性。根据飞机制造的不同阶段和环节，关键特征会不断传递、继承、发展和转换，对飞机的不同制造环节产生不同的影响。

飞机产品上的关键特征数量庞大、来源各异、形式多样，例如翼身对接面的间隙、连接长桁位置度、起落架交点位置度等。这些信息由交点位置、外形、长桁安装位置等几何量信息表现，以间接特征参数，如角度、间隙、阶差、外形、轮廓、对称度等表达。在表现形式上就是零件上的孔、边缘、表面等物理要素，对应形成点、线、面等几何要素，而且针对不同结构的零件和不同状态的装配单元，这些点、线、面可以是二维的，也可以是三维的。同时随着装配的进行，会产生一些新的几何要素。为便于对这些装配特征进行分析和处理，将装配特征划分为产品级、装配级和制造级。其中产品级的特征为产品本身表现出来的装配特征，一般为零件状态的几何要素；装配级的特征是指装配过程形成的特征，可以由产品级特征传递、继承、发展和转换而来，如飞机外表面对缝、阶差、波纹度等特征；制造级的特征为飞机整体品质，如飞机机体姿态、功能性部件的几何要素等。

飞机产品有着尺寸大，装配过程涉及零、部件种类与数目多，误差积累环节多等特点，不同装配方法使得装配协调部位的几何特性对飞机产品的可装配性与装配质量影响不同。因此，为确定装配关键特征，首先需要基于装配工艺、产品质量要求进行装配关键特性分解和传递。

2. 关键特征的识别

关键特征为对装配品质进行评价的关键要素，有效识别关键特征是对产品品质进行评价的基础。而装配关键特征是通过对产品进行关键特性识别确定的，这种特性在飞机设计阶段通常大多是蕴含在设计模型、技术条件、工艺规范的文件要求中的，而不是通过某种形式加以特别标识的，需要在工艺设计阶段加以识别。同时，飞机产品有着尺寸大，装配过程涉及零、部件种类与数目多，误差积累环节多等特点，不同的装配工艺方案对飞机的装配流程规划、装配基准确定及装配过程控制要求不同，这对于装配特征的识别有较大的影响，进而影响可装配性分析，甚至是装配的品质。因此，识别和确定装配关键特征，首先是基于对产品品质要求的识别，再对保证装配品质的工艺方案进行规划，将产品品质转换为可测量的几何特征，识别这些几何特征，就是识别产品品质；反过来，在装配工艺设计过程中，需要对装配品质进行更加深入的分析、研究和迭代，在流程中对装配工艺关键特征进行识别，并将其这些特征与装配品质进行对应映射，从而进一步甄别，将影响产品品质的特征进行参数化，从而规划可测量的方法，并将融入工艺设计过程。最后，可将这些参数化、可测量的几何特征进行数字化命名，进一步指导工艺规划。

装配特征识别是基于工艺设计的反复迭代、优化的过程，装配工艺设计的基础是装配协调，装配协调反映的是装配的层级关系和逻辑关系，所以，识别装配特征必须围绕装配的层级关系和逻辑关系开展。装配特征在表现形式上就是零件上的孔、边缘、表面等物理要素，对应形成点、线、面等几何要素，所以潜在的装配关键特征集就是待装配零件的几何要素集合。在装配过程中，通过一定的约束关系将这些零件联系在一起，这样几何特征也就发生了约束关系，相关联的关键特征形成装配协调链，各特征表现的几何尺寸就形成封闭的尺寸环。

由于飞机结构的复杂性，待装配的零件数量大、种类多，装配精度要求高，所以，潜在的装配特征种类及数量繁多，为简化分析过程，需要对装配关键特征进行识别。装配关键特征识别过程就是分析潜在关键特征对装配协调的影响程度的过程。装配协调分析的基本原理是容差分析法。在第一章综合篇中，论述了容差分析的基本方法和思路，知道了容差分析法基于特性服从某种概率分布的假设，在实践工作中，可以通过测量获取海量的数据，通过 VSA、3DCS 等软件拟合出装配协调链封闭尺寸环的误差分布曲线，通过回归分析得到各个特性对封闭环偏差的贡献度，依据贡献度的大小确定关键特性的重要程度，进而确定装配关键特征。

装配特征最终表现在几何尺寸上，在装配过程中，相关联的关键特征的几何尺寸形成封闭的尺寸链，这些封闭的尺寸链具有协调关系，其中对装配精度影响较大的尺寸(特征)是关键特征。所以，关键特征的几何稳定性即零、部件制造的精度稳定性会对装配协调产生影响，需要对这些关键特征的几何稳定性进行质量控制。在实践工作中，可采用统计过程控制(Statistical Process Control，SPC)的方式进行管理控制。SPC 是借助数理统计方法的过程控制工具，对生产过程进行分析、评价，根据反馈的信息及时发现系统性因素出现的征兆，并采取措施消除其影响，使过程维持在仅受随机因素影响的受控状态，以达到质量控制的目的。这种方法是对关键特征的几何测量数据进行测量统计，利用控制图分析制造过程的稳定性，对制造过程存在的异常点及异常因素进行预警、控制。统计过程控制一般建立在大量的统计数据基础上，但由于飞机装配具有小批量、多品种的特点，单个特征的几何测量数据较少，一般不具有统计性，所以可对装配特征进行分类，对制造工艺要求相同、几何特征类似、精度类似的几何特征可进行分类统计，以获得大量数据而便于统计分析。关键特征识别路径和方法如图 12-2 所示。

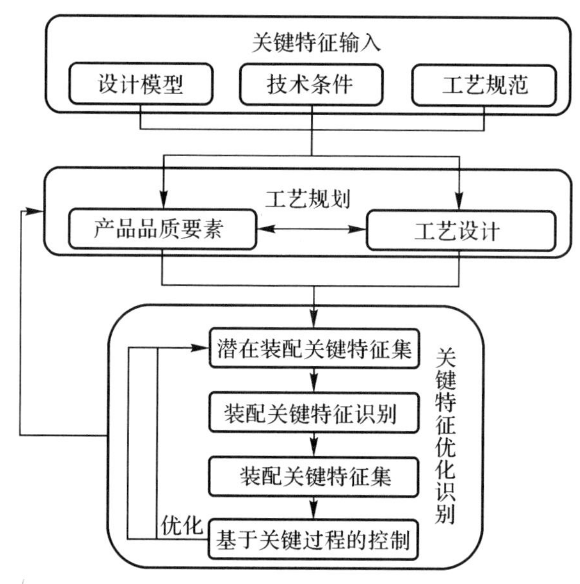

图 12-2　关键特征识别路径与方法

(二)基于测量特征类型的快速测量

通过对装配特征的定义和识别可以看出，装配特征都表现为装配单元/零件几何体上的一些几何要素，这些几何要素是可以通过测量进行表达的。在基于模型与前期测量特征定义的基础上，在测量实施之前，对测量过程进行科学规划，确定科学合理的测量方案，降低测量误差，提高测量效率。但由于飞机零件数量及种类众多，装配关系复杂，对于不同精度、尺寸及不同的测量对象，需要采用不同的测量设备及方法。一方面，针对不同关键几何特征参量的测量设备、测量模式等有所不同；另一方面，仅靠测量设备无法保证测量结果的准确性和测量效率，根据测量环境、安全性、开敞性等要求,需要考虑部件的固持方式、测量基准等。因此从几何特征与测量设备匹配、固持模式定义、测量基准定义等方面着手,对于零、组件关键特征测量,保证使用最佳测量设备、最佳固持状态以及最高精度测量场完成任务。结合装配特征对零、组、部件形成可快速实施的测量方案。通过研究,形成基于不同测量方式及设备的快速测量实施方案。

面向装配的测量方案规划对各种类型的复杂几何量提供快速、有效的测量手段与方法,适用于复杂数控件的精密测量,以及大尺寸零、部件的装配基准的有效转换,并承接关键特征常量的数字化定义,是对测量过程中所需要各种工装、设备的科学利用,同时也是沟通产品制造过程与结果的重要组成环节。测量方案规划需要关注以下三方面要点:

首先,依据关键特征的类型、结构、大小等因素归纳、梳理合适的固持模式,结合有限元分析方法,对位置分布、施力大小以及产品变形进行调整,确定合适的测量基准及测量设备。

其次,通过分析选择的测量基准,构建测量场,进而调整测量站位,以获得最高精度的测量数据,并进行参数化重构,获得基于实测数据的重构模型,作为后续装配分析的输入条件。

最后,测量过程中所有相关数据定义明确的数据格式和存储方法,形成关键特征参量数据库,便于存储、管理及数据共享。

测量方案一般包含以下几方面内容。

1. 测量设备定义

根据几何特征和测量设备能力,确定各特征的测量设备集及其测量模式。考虑开敞性、测量精度、测量效率等要求,筛选测量设备集以确定几何特征的最佳测量设备及其测量参数。

2. 固持模式定义

待测对象应该是稳定、可靠的,以确保待测几何特征的稳定、可靠。所以,设计零、组件固持模式时不仅要考虑测量设备的测量性能,同样需要考虑待测零、组件自身的结构、形状以及刚度特性。对于数控件、壁板和装配件,不仅需要选择最佳的固持模式,同样需要考虑具体的固持状态,比如固持位置、施加力的设计,进而保证测量状态下待测产品的形状要求。这在工艺方案设计中应针对装配系统统筹规划。

3. 测量基准定义

测量基准来源于装配工艺基准以及公共基准,且尽可能与装配基准保持一致或具有继承性和传递性。实际测量过程主要针对基准分布和数量进行定义,选择可行的基准方案作为测量站位规划以及测量误差分析的设计前提。测量基准的定义通常需要依据固持模式确定,同时要保证基准在测量过程中不能被遮挡。

4. 测量站位规划

在三维可视化环境中分析可行的测量站位,主要用于无法使用单一站位完成所有测量任务的大型结构件。测量站位的精度通过仿真算法进行模拟验证,并进行优化调整,生成满足实际检测状态的最优站位。

5. 测量方案仿真

依托测量规划与仿真平台对理论模型进行可视化规划和仿真。在仿真中需要重点关注测量基准选择的合理性、测量设备数量和分布的合理性(确保最少的转站)、测量光路的可达性、测量站位与装配系统的协调性等。

6. 测量任务管理

装配特征的测量是制造环节的重要组成部分，但具有其特殊性。可参考物料管理 BOM 的思想构建测量 BOM，以测量任务清单的形式把测量过程柔性地组织起来，将复杂测量任务、转站任务、数据处理过程单元化。实现整机装配过程中每个环节测量任务的管理以及测量数据的有序分配与整合，在 M-BOM 阶段生成测量大纲，使管理测量任务更加清晰，测量流程更加清楚，测量过程的可靠性提高，测量结果更加真实可靠，测量数据具有可追溯性，使测量数据沿着建立的 BOM 层级树进行回溯，实现装配过程与测量过程的统一。

(三)基于测量数据的预处理和实物模型的重构

基于实测数据的实物模型重构与偏差分析的目的是对待测对象的加工偏差进行定量分析与评估，为后续可装配分析提供对象。这包含两个过程，一是测量数据的预处理，二是实物模型的重构。

1. 测量数据预处理

测量数据预处理是重构模型建立的基础，其结果直接影响后续模型重建的可行性以及重建模型的质量。为了将测量数据转化为便于模型重建的“造型数据”，在模型重建之前必须进行预处理工作，主要包括以下五方面的内容：

1)数据对齐：将在不同视角下对装配模型测量的点云数据统一到同一理论坐标系下(一般以飞机坐标系为基准)。

2)三角剖分：将散乱点云数据转化为三角网格点云数据，三角网格模型是由若干三角片通过共享顶点和边形成的分片线性曲面，具有内在的拓扑关系。

3)数据修补：补充由于被测实物本身几何拓扑原因或者是受到其他物体阻挡出现的表面点云缺损数据。在这一点上，应基于测量方案仿真进行优化，尽可能减少缺损的数据。

4)数据去噪：去除测量数据中存在的偏离被测样件表面的坏点、超差点和错误点。这需要对数据进行统计分析，剔除统计过程中的异常点。

5)数据精简：在不影响重构模型精度的前提下，对大量的冗余点云数据进行精简，以提高后续曲面重建的效率。

2. 实物模型重构

模型特征重构采用的方法为基于曲面特征的逆向建模重构，是在对测量数据分析、处理的基础上，采用预处理后的数据进行逆向建模。其过程包含以下三个方面：

1)曲面特征点云划分：按照曲面特征类型分割测量点云，将其分割成单块的曲面特征点云。装配特征通常由多个曲面特征组成，点云分割的目的就是将外形数据模型中具有相邻空间位置关系、相近几何特性的曲面特征网格点云进行组合、分割，以方便后续的模型重建。

2)模型重构：对不同曲面特征点云，采用与之相应的重建方法进行拟合、重建，对曲面进行编辑得到完整的重构曲面模型，从而使得单独、分立的拟合曲面变为最终的完整 CAD 重构模型。

3)精度分析：针对重构后的 CAD 模型是否能够表现装配特征模型这一问题，需要对重构的模型进行精度评价。精度评价分为两方面：一方面是分析重构模型曲面与测量点云之间误差的评价，另一方面是分析重构模型曲面的品质。

基于测量数据的预处理和实物模型的重构流程和方法如图 12－3 所示。

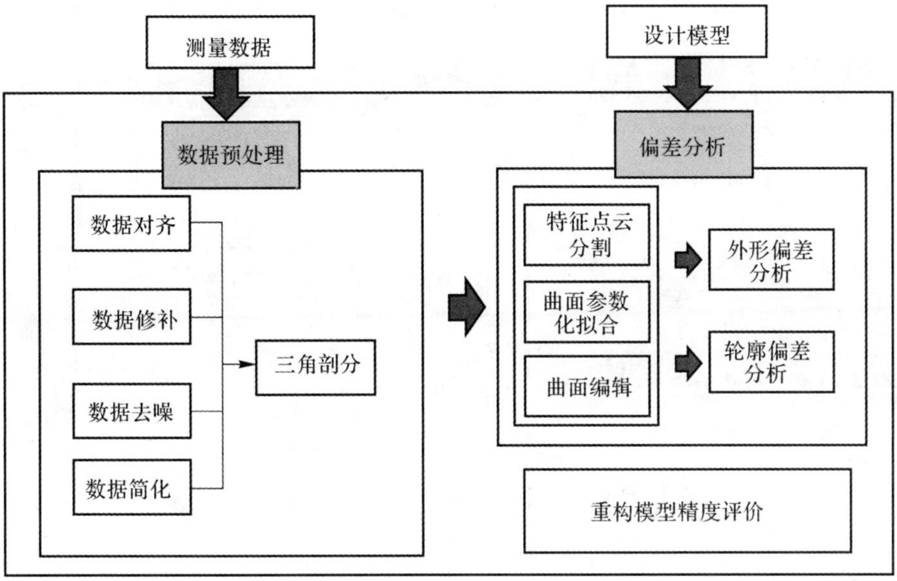

测量数据
数据预处理
数据对齐
数据修补
数据去噪
数据简化
三角剖分
设计模型
偏差分析
特征点云分割
曲面参数化拟合
曲面编辑
外形偏差分析
轮廓偏差分析
重构模型精度评价

图 12－3　基于测量数据的预处理和实物模型的重构流程和方法

(四)基于实测数据的可装配性分析

基于实测模型的可装配性分析实质上是一个装配仿真的过程，只是这个仿真基于实测数据而非设计模型。在三维环境下进行预装配，提前发现干涉、间隙量及定位姿态，并进一步得出零、组件协调结果和修配或加垫量，生成垫片或间隙的实测模型，实现在虚拟环境下的真实装配，支持先配后装或边配边装的装配过程。

四、智能工艺设计

工艺设计是生产制造的基础。长期以来，工艺设计的过程和结果都依赖于工艺设计人员的能力和经验，装配工艺设计不直观、无知识支持、设计效率低、质量不稳定；工艺数据非结构化、参数化，无法被生产管控系统直接读取和识别，工艺设计的最终结果一般是通过文字描述的指令表达，不能直接驱动生产管控系统和自动化生产与测控设备；现场实际生产状态数据采集不充分，即使有采集的数据也没有充分利用，现场生产状态不透明，工艺设计与现场实际状态脱节。解决这些问题的途径就是改进工艺设计方法，提升工艺设计能力，开展基于知识的智能工艺设计。

(一)基于知识的智能工艺设计

智能工艺设计包含两方面内容，一是工艺设计显性化、流程化和结构化，二是工艺设计智能化、闭环化。采用系统工程方法对工艺设计活动进行仿真验证和闭环优化，从而实现将知识融入流程、将知识融入设计。对智能工艺执行可从两个维度进行解读。从生产线维度上讲，它形成了高度集成的数字化装配与试验生产线，以及高度集成的数字化与自动化生产线。从生产管控维度上讲，它实现了生产数据可视化、生产过程透明化、生产管控智能化，进而实现了物理世界和信息世界的闭环控制以自适应生产的变化。制造信息在工程链和信息系统之间的传递模型化、连续化和准确化，通过信息流动层面实现各层级系统之间信息共享，达到无缝集成的效果，如图 12-4 所示。

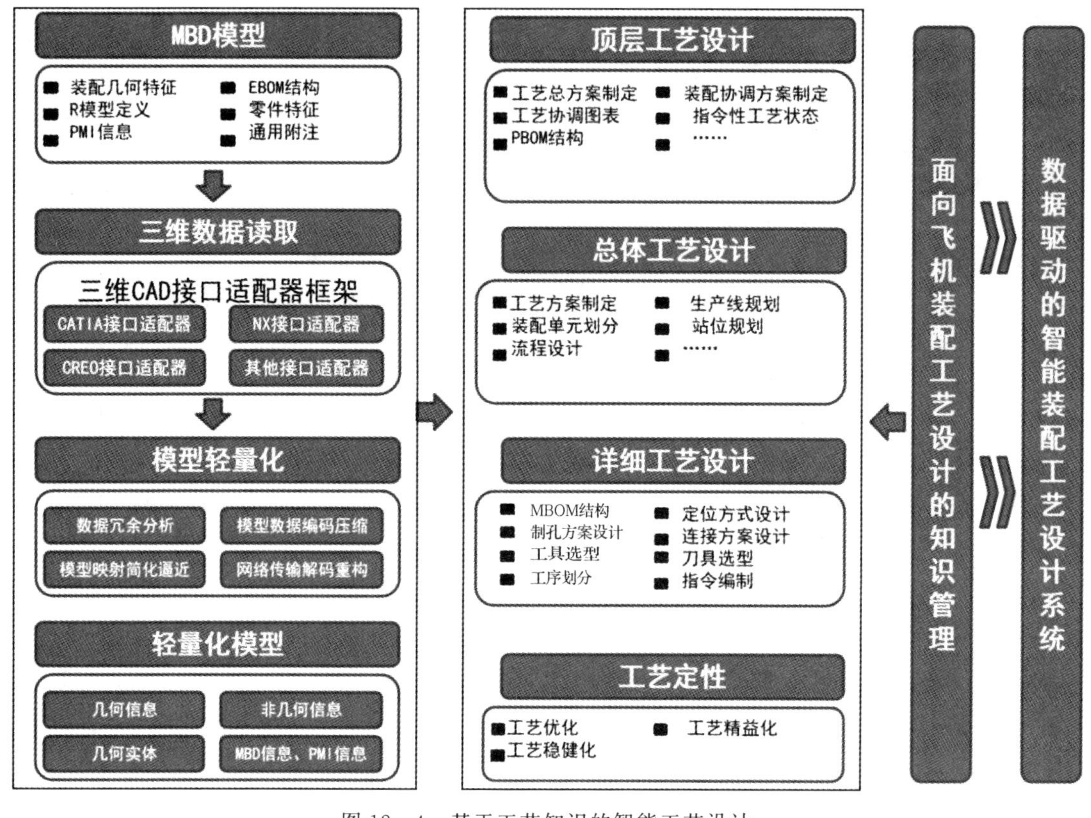

图 12-4　基于工艺知识的智能工艺设计

可以想象，面对新机研制工艺设计，基于这样的工艺设计模式可以快速组建团队，迅速融入设计工作，充分利用系统化、标准化、结构化、知识化的工艺知识，高标准地开展工艺设计，快速形成工艺方案。

(二)基于虚拟现实的工艺仿真

传统的仿真侧重于装配流程仿真，以产品对象为中心，忽略了装配环境、人、设备、工装、工具等要素的参与和影响，如装配路径规划、干涉检查等。在这种情况下，工艺结果仿真不能有效地对装备的合理性、工具的可达性及工艺方案的可操作性进行验证，可能导致装备设计不合理、工具的操作空间不足，产生干涉或其他不合理的状况；生产现场装配出现问题后，需通过反复试装来查找原因，即缺少帮助解决问题的分析工具。

1. *虚拟现实在装配仿真中的应用*

虚拟现实技术包括虚拟现实(Virtual Reality，VR)、增强现实(Augmented Reality，AR)、混合现实(Mixed Reality，MR)、全息等。VR 让用户沉浸于虚拟世界中，实现人与虚拟世界交互，强调完全虚拟的世界；AR 将信息叠加于现实世界上，人通过动作捕捉进行交互，更强调虚拟服务真实；全息可以让从物体发射的衍射光能被重现，其位置和大小同之前一模一样，从不同位置观测此物体，其显示的像也不会变化。MR 是虚拟现实技术的进一步，该技术通过在虚拟环境中引入现实场景信息，在虚拟世界、现实世界和用户之间搭起一个交互反馈的信息回路，以增强用户体验的真实感。用它们都可以构成一个具有沉浸、交互、集成功能的虚拟现实环境。

在装配仿真中引入虚拟现实技术(包括 VR/AR/全息等技术)，构建一个虚实交互的增强现实场景，工艺仿真能够在三维沉浸感的虚拟环境中再现一个真实而又具体的工艺过程，提供一个人与机器、人与环境交互的场景，并且允许用户实时操作工艺设备或改变相关工艺参数，使得仿真过程呈现为一个实时优化迭代的过程。虚拟现实技术在装配仿真中的应用如图 12 - 5 所示。

图 12 - 5　虚拟现实技术在装配仿真中的应用

2. 虚拟现实在装配引导中的应用

装配引导主要用于装配中管路、电缆的敷设。飞机中的复杂管路和长达数千米的电线、数万个托架安装以及连接器插装，很难完全通过精准、快速的定位方式实现。利用增强现实环境下的虚实交互和融合的特点，搭建面向大飞机部件对象的增强现实环境下的装配引导环境，形成基于增强现实的飞机装配引导系统，辅助指导典型装配，通过其强大的用户界面显示，再辅以智能语音交互、视频分析等技术，能够一步步地指导操作人员精准执行这些任务，而且还能快速检测安装质量，提高大型飞机部组件的装配效率，降低装配的错误率。基于虚拟现实技术的装配引导如图 12 - 6 所示。

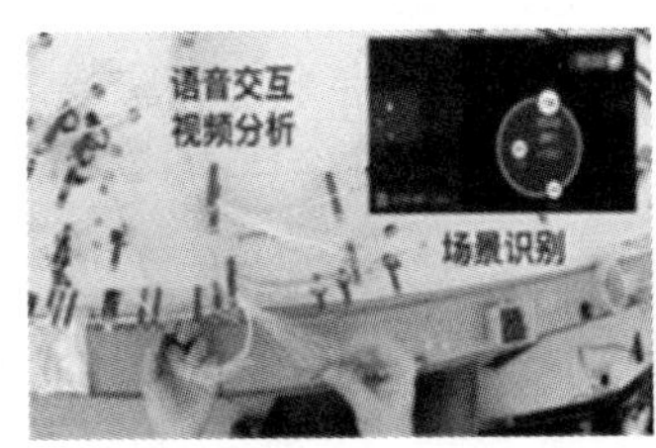

图 12 - 6　基于虚拟现实技术的装配引导

3. 虚拟现实装备的应用

随着虚拟现实技术的发展，其应用已进一步迈向飞机零件、部件组装环节，车间操作人员佩戴 AR/VR 眼镜即可完成各零、组件的装配。如在人工制孔操作方面，整套系统由 AR 设备以及钻孔、测量、上紧和质量验证四个工具组成，AR 设备的核心部分包括嵌入操作工人眼镜的高清摄像头、嵌入操作人员衣服的处理器以及嵌入式图像处理软件。整套系统建立在具备视觉算法的工艺环境之上，每个工具都具备一系列功能，并且能够执行自动检查和校正，通过 AR 设备，操作人员能够实时知晓相关信息，以做出最佳的后续行动。虚拟现实装备及其应用如图 12－7 所示。

图 12－7 虚拟现实装备及其应用

五、智能生产线建设

基于智能技术的生态系统建设思路，生产线按照工艺流程分区布置，对定位器、操作平台、物流装备、测量系统等统筹规划，实现装备系统的系列化、标准化、模块化、柔性化、通用化。

（一）几何-物理-功能协同的智能化工艺装备

飞机装配多采用脉动生产线，构成脉动生产线的主体是各类工艺装备。按照功能划分，工艺装备包括定位系统、运输系统、操作平台系统、测量系统和加工系统等。柔性生产线的核心就是基于装配对象的特征（而不是具体的装配对象），采用模块化、标准化、通用化、可重构的思想对这些工艺装备进行总体规划，统筹实施。

1．移动可重构定位系统

针对装配对象特征而非特定产品，对装配系统包含的定位器、操作平台、物流装备、测量系统等进行统筹规划，实现装备系统的系列化、标准化、模块化、柔性化，赋予自动化装备对几何信息、物理信息的动态感知能力，并通过损伤概率分析、误差-变形分析、工艺参数补偿、装配行为决策等手段自主修正几何量、物理量，最终实现装配性能控制。

2．高精度测量网络

针对飞机结构及点、线、面等不同特征测量，单台激光测量设备无法完成对所有特征的测量，需要采用多台激光测量设备协同工作，构建覆盖大尺寸（20 m 以上）装配空间的高精度测量网络，构建飞机装配测量体系。

在上述系列化、标准化、模块化、可重构工艺装备规划下，基于“硬件可重构、软件可配置”的原则，按照站位功能，进行硬、软件的配置。配置过程由中央集成控制系统执行。可以想象，该生产线将像乐高世界一样，所有工装夹具都像积木一样能够自由组合、自动匹配，以适应不同的构件，执行不同的功能。

（二）基于产品特征的装配中心构建

现阶段飞机装配一般按照机型分线设计专用生产线，产线之间不通用。对于飞机部件装配来说，同类型的组、部件一般具有相同的结构特征，在装配工艺方案上一般可采用相同的流程、定位方式和制孔连接方法，具备构建装配中心的基础，可整合相关装备，构建通用装配生产线，如复合材料组件装配中心、壁板组件装配中心、舱门/口盖装配中心、自动化涂胶中心、自动化制孔中心等。

1. 复合材料组件装配中心

针对复合材料组件装配的特点，建立专业的复合材料组件装配中心，实现复合材料类组件的高精度定位、高精度制孔、高精度测量、低应力装配、装配现场的复合材料修切和复合材料区域整体集尘等功能。该中心主要工艺装备配置如下。

(1)复合材料中央集尘系统

中央集尘系统是指采用固定式大功率集尘设备，对某一区域进行集中集尘，在该区域不同的作业部位分设多个集尘端口。其可分为厂房级集成系统和站位级集尘系统。中央集尘系统使用方便、高效，集尘设备可与厂房、站位装配系统规划建设同步进行，但受集尘端口布置的影响，集尘范围受限。同时，对于复合材料粉尘的收集，应考虑防爆的问题，选择具有防爆功能的集尘系统。

(2)装配定位系统

基于对需进入装配中心的复合材料组件的结构分析，按照可重构柔性化装配生产线建设思路建设通用的装配定位系统。该系统包含可重构的数控定位器、模块化的操作平台、通用的测量设备及中央控制系统，能满足多个型号的复合材料组件的装配。

(3)复合材料自动制孔系统

复合材料自动制孔系统用于实现复合材料组件的自动制孔，主要适用于 T800/T300 等复合材料组件。复合材料自动制孔系统一般为通用可移动设备，如采用 AGV＋自动制孔机器人末端、柔性轨式自动制孔机器人的形式，满足大范围、多方位的复合材料组件制孔要求，如图 12－8 所示。

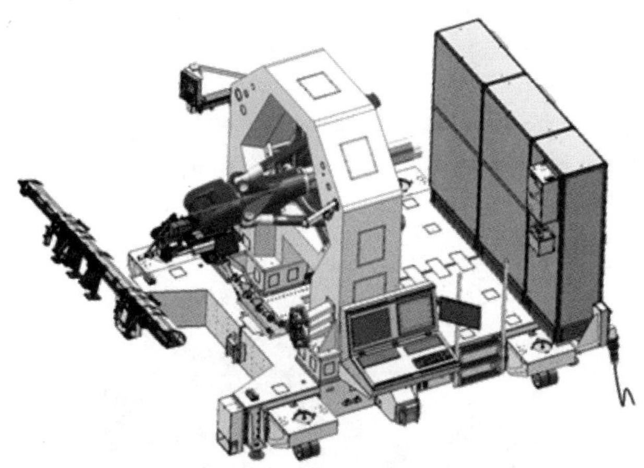

图 12－8　复合材料组件制孔设备

(4)复合材料打磨间

复合材料打磨间主要用于复合材料组件装配过程中零件边缘余量以及牺牲层的去除，同时可完成组件装配过程中涂料的涂敷。复合材料打磨间配置有高负压除尘系统，用于装配过程打磨时的粉尘去除。

(5)小组件的喷涂设备

小组件的喷涂设备主要用于复合材料组件装配过程中缓蚀剂、防火涂料表面涂层等的涂敷，结构形式为机械臂＋喷涂末端及其控制系统。喷涂设备集成配置有高负压除尘系统，喷涂同时进行对粉尘、漆雾等的吸附。

2. 壁板组件装配中心

壁板组件装配中心是针对特定型号的机身、机翼壁板，建立壁板装配专业区，实现壁板类组件的高精度定位、制孔、安装功能，实现面向自动钻铆的壁板类组件柔性化预装配的中心。壁板装配中心又分为壁板自动钻铆区和手工钻铆区。手工钻铆区主要负责可进入自动钻铆机制孔连接的壁板组件预连接以及不可进入自动钻铆机壁板组件的手工制孔连接。壁板装配中心如图 12－9 所示。

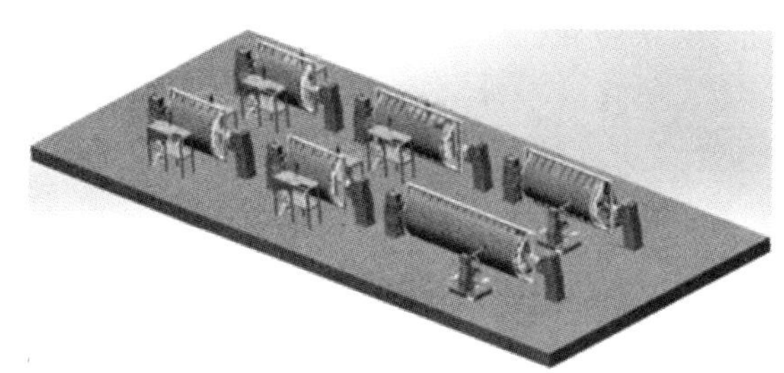

图 12－9　壁板装配中心

该中心主要工艺装备配置如下。

(1)装配定位系统

可参照复合材料组件装配定位系统设置，也可采用简单的、具有柔性功能的装配型架；可覆盖同等尺寸类型的壁板的装配，同时，随着技术的发展，无型架装配技术在壁板组件装配中也得到了应用。

(2)自动钻铆区

自动钻铆区是主要负责壁板类组件的自动钻铆系统工作区。自动钻铆系统由系列自动化钻铆设备组成，可采用现已成熟应用的 C 形框钻铆机，同时有人研究了机器人对铆系统能完成不同类壁板组件的自动钻铆。机身壁板自动钻铆设备如图 12－10 所示。

图 12－10　机身壁板自动钻铆设备

3. 舱门/口盖装配中心

建立舱门/口盖装配专业区，实现舱门类、小型盒形件组件的定位、制孔、安装功能。舱门/

口盖装配区主要由舱门预装配型架、纯手工制孔装配型架组成。装配型架采用柔性化设计，可覆盖同等尺寸和结构的舱门、盒段类组件的装配。预装舱门盒段类组件装配完成后，进入制孔中心进行制孔。

4. 自动化涂胶中心

针对装配过程中涂胶质量不高、涂胶工作分散的状况，建立自动涂胶中心，实现组、部件装配过程中自动化缝外涂胶(填角)，提高涂胶质量及装配效率。该中心配置可移动的自动化涂胶设备(可采用 AGV＋机器人的形式)和柔性化的组件支撑夹持托架，满足各类型壁板组件的自动化涂胶(填角)的需求。机身壁板自动化涂胶中心如图 12－11 所示。

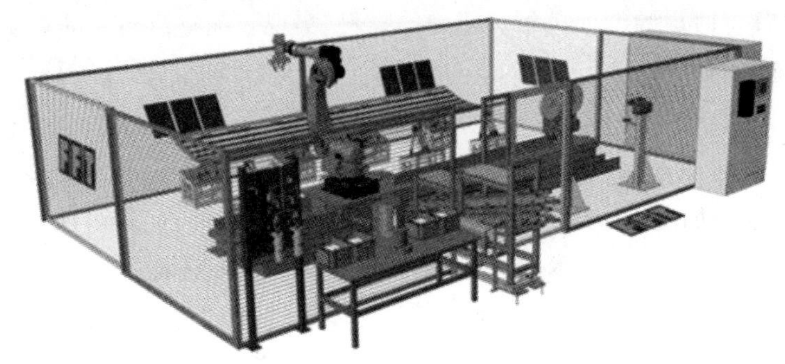

图 12－11　机身壁板自动化涂胶中心

5. 自动化制孔中心

自动化制孔中心主要针对各类材料的制孔，通过制孔中心的建立，覆盖各类尺寸舱门类、盒形类壁板类组件的复合材料、钛合金、铝合金、复合材料＋金属叠层的高精度制孔。该中心由相应制孔机床、机器人制孔设备、除尘系统及其控制软件等组成，如图 12－12 所示。

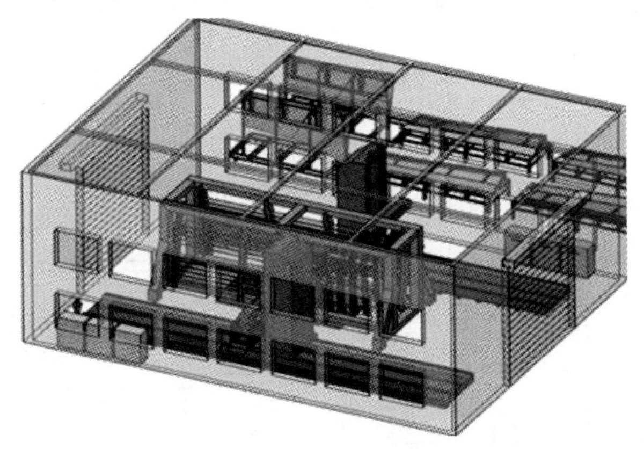

图 12－12　自动化制孔中心

(三)机器人集群制造模式

基于人工智能的机器人集群制造模式可实现自主装配。通过对装配工艺过程进行碎片化处理，采用高度柔性、智能化的工业机器人代替传统的装配工装，在测量系统的引导、控制下，多机器人开展协同工作，并实时采集现场数据，依靠大数据分析平台强大的算力和 AI 学习能力不断优化制造参数，精确驱动机器人集群，完成装配过程的定位、制孔、连接、密封等工作，打造飞机装配的自动化、柔性化、智能化生产线。

六、智能物流配送

鉴于飞机装配工艺流程特点，以及飞机物料数量多、存储管理要求严等问题，对飞机装配工艺提出多机物料管控策略，开发智能仓储系统，实现物料集中仓储与分包，建立与装配工艺和制造执行系统交互融合的物料智能协同管控技术体系，利用条形码、射频识别技术、传感器、定位系统等先进物联网技术，实现物流的运输、仓储、包装、配送、装卸等环节的自动化，在正确的时间、正确的地点，向正确的人员配送正确的物料，实现装配物流实时动态调度与配送。

(一)智能仓储管理

智能仓储系统是集物料搬运、仓储科学和智能技术为一体的系统工程，具有劳动强度低、作业迅速准确、保管效率高、物流费用低等特点，是供应链和生产制造的重要组成部分。智能仓储系统具有集成自动化的无人参与功能，还有一定的决策能力，利用计算机的运算效率优势，结合人工智能、优化算法等技术，实现系统决策。在智能仓储系统中，根据物品派送信息进行分类，利用机器人自动分拣。人工智能可实现仓储的管理，可以分析历史消费数据，并按能力相关模型对数据进行处理，动态调整库存水平，保证存货、取货的有序性；提高仓储环境下货物运输的性能，设计运输机器人运输路径，根据实际仓储环境利用智能启发式算法自动将货物入库、上架、盘库和出库等。

智能仓储管理包括物料的入库、保管和出库三个阶段，其中入库是基础，保管是中心、出库是关键，在这一过程中，实现物流与信息流的同步。构成仓储管理系统的运行基础是软件系统(WMS)，其构架参考图如图 12－13 所示。

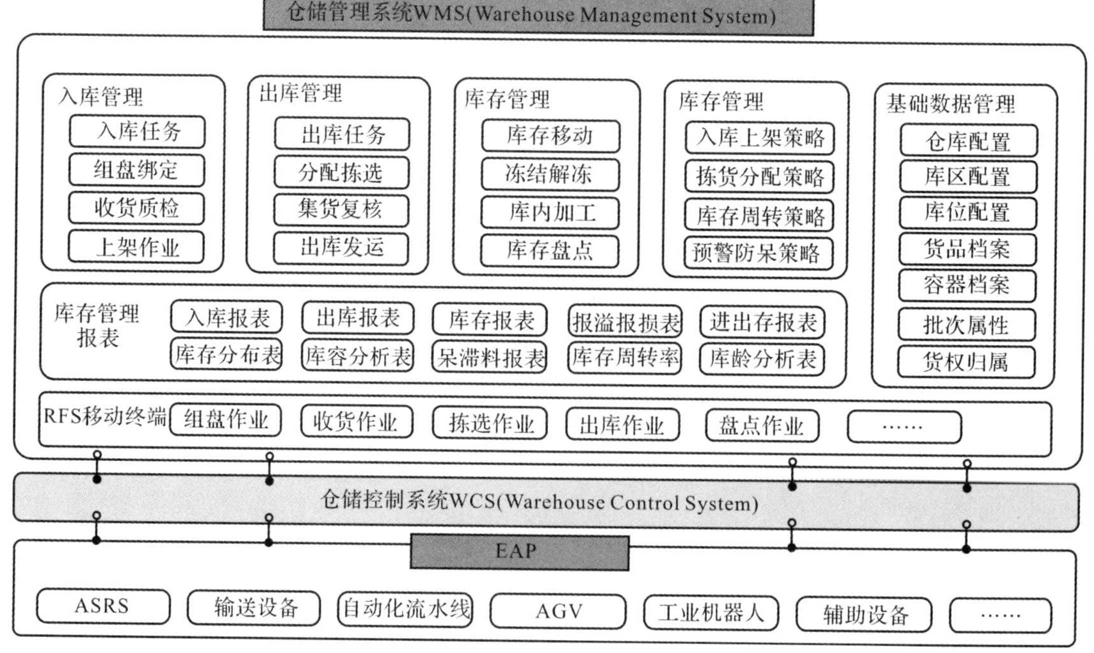

图 12－13　仓储管理系统软件(WMS)架构(参考)

仓储管理系统硬件部分包括运输机、分拣机、堆垛机、AGV、穿梭机、叉车、库架等，可以根据实际情况进行配置，如图 12－14 所示。

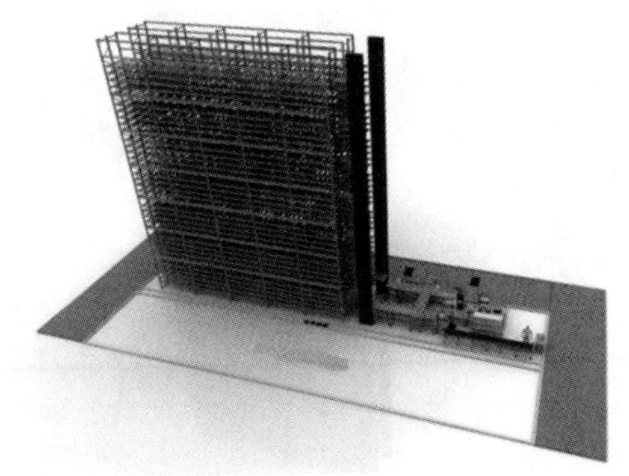

图 12－14　智能仓储管理系统

(二)智能物流配送管理

智能物流配送系统是针对生产过程中的物料配送需求，融合信息技术、装备技术与机器人技术，重点解决无人配送系统定位导航与通信技术、无人配送系统主动安全技术、数据驱动的无人配送系统动态调度技术、无人配送装备技术与系统的集成与开发等，专门构建的智能配送管理系统。

在智能配送管理中，通过工业互联等方式实现多机协同以及机器人系统与仓储系统的协同作业。通过数据驱动的无人配送系统动态调度技术，实现厂房内多区域物料运转的最优柔性配送。

按照工位的分布，在厂房内规划专门的物流路径和配送站点，配送机器人(AGV 小车)在接收到调度发来的任务后，到指定的仓储区满料架位置，确认信息，然后将此位置的料架托起，沿规划路径运动，按任务需求将物料自动运送到线边库满料架放置区，然后空车运行到空料盒放置区，将空料盒运回到仓储区空料架回收区。智能物流配送如图 12－15 所示。

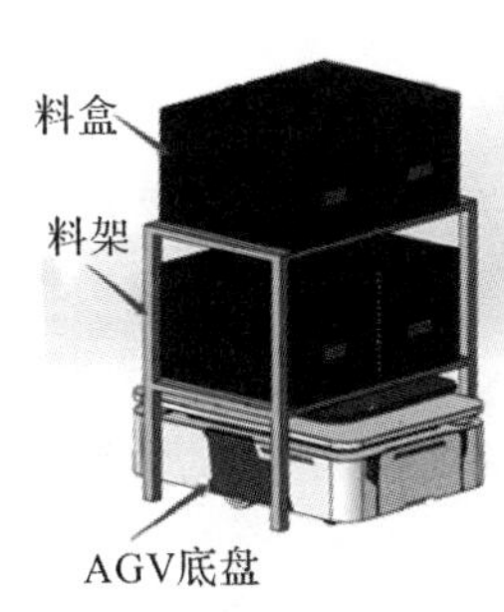

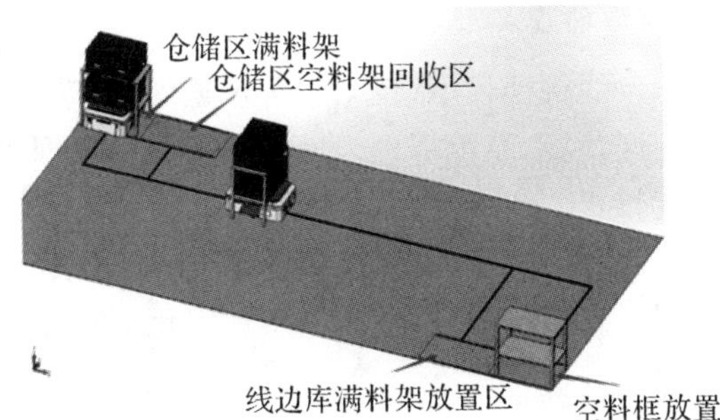

图 12－15　智能物流配送

配送机器人(AGV 小车)通过对高精度光电编码器、IMU(惯性测量单元)、VO(视觉里程计)等多元传感器在复杂场景下采集的信息进行综合处理，实现多元传感器信息的数据融合，利用最优估计实现多元信息的深度耦合，具有在复杂工作场景下的精确定位与导航能力。

移动机器人在飞机总装配生产线间进行配送时，会与环境中的行人、非调度运输工具、其他移动机器人等物体发生主动或者被动的接近。移动机器人在工作区域中移动需实时保证现场人员的安全,并需要确保工作任务的顺利进行。因此机器人自身需要采取一系列的安全保护措施,用来保护人员以及现场设备的安全,如图 12-16 所示。

图 12-16　配送机器人(AGV 小车)安全避障

七、智慧生产运营

生产运营管理是生产组织、计划、执行的所有活动的总称。当前生产运营管理在很大程度上依靠“人治”,运营管控效率不高。

(一)基于数字孪生的生产运行状态管控

生产过程管控是指针对生产目标,对生产过程的关键要素进行动态跟踪,及时发现偏差并改进,或者对这些偏差发生的可能性进行预测,制定相应的措施以保证这些可能性不发生,以保证生产计划和目标的实现。

随着生产复杂性的提升,围绕生产的人、机、料、法、环等管控要素的集成复杂度越来越高,对管控的弹性功能要求也越来越强,这就对管控的实时性、精准性、可预测性提出了更高的要求。但当前生产过程管控过于依赖人工经验,难以快速获取现场生产执行状态,生产过程数据未能充分利用,管控的实时性、精准性和可预测性较差,不适应快速发展的需求。

基于装配现场的多源实时状态数据,突破三维快速重构技术、现场数据驱动的在线仿真优化技术、基于视频的装配现场安全管控技术、生产线感知与决策技术,构建面向装配生产线的三维数字孪生透明工厂管控系统。

1. 基于产线模型的虚拟数字生产线的构建

利用已有的生产线构建模型(包括厂房模型、工艺装备模型等),以及产品三维模型,对装配产线进行三维空间环境、装配部件表面点云及图像数据采集,快速构建部总装智能装配生产线空间环境及装配过程的三维模型,作为虚拟数字空间三维载体,将室内三维数据转换至厂区统一坐标系下,实现装配生产线点云数据分类、功能模块划分及模型的精细可视化表达,构建数字孪生载体模型。高精度、多层次的三维数字化模型为可视化人机交互、数字孪生等深层次功能挖掘奠定基础。

2. 生产过程管控多源异构数据信息的采集与重构

以智能制造理念为导向,对生产现场相关管控信息进行采集。充分利用装配相关三维模型、装备传感器、运行历史等数据信息,并基于运营管控要求进行数据重构、分析,全面感知装配生产线运行状态,进行基于生产运营过程的多物理量、多尺度、多概率现场仿真优化,将生产线运行状态与仿真过程映射、镜像至虚拟空间,反映装配产线的生产运行过程。

1)利用 MES 等信息化系统,对生产计划执行状态进行全程监控,实时获取开工、进展、完工等计划执行状态,获取零件、标准件等物料消耗状态,获取人员资质匹配状态等,通过对生产状态数据的获取和分析，构建生产计划执行状态模型。

2)利用工业网与园区网的融合，获取装备系统的运行状态数据，获取厂房楼宇运行状态数据，实现人机的互联互通，重构设备运行状态模型。

3)应用激光跟踪仪、激光雷达、激光扫描仪、照相测量等数字化检测设备，获取产品质量状态数据，实时反映产品质量状况，重构质量 BOM。

4)基于人脸识别技术，通过拍照和分析，自动识别感知人员信息、实时位置、历史轨迹、轨迹偏离位置等，实现无人巡检的实时行人入侵检测报警，保障生产现场安全管控。

5)基于图形识别技术，通过设备巡检拍照和分析，对生产现场环境进行监测，实时获取环境温湿度、火灾烟雾、漏雨、消防器材异常、定置物品异常、地面异物等安全隐患数据，提供安全的预防管理。

3. 基于多源异构数据智能装配生产线三维数字化建模

基于上述获取的装配线仿真优化数据、装配设备感知数据及基于视频智能分析的现场安全管控等多源装配信息数据，结合装配现场三维数字镜像车间，完成虚拟装配产线、物理产线的信息相互传递、映射，构建部总装智能装配生产线的三维实景模型。该模型是数字孪生虚拟装配产线平台载体，高精度、多层次的装配生产线三维数字化模型为可视化人机交互、数字孪生等深层次功能挖掘奠定基础，打造现场数据驱动的部总装生产线感知与优化决策系统，为基于数字孪生的装配生产线实时感知与仿真优化奠定数字基础。生产过程管控多源异构数据的获取及重构，以及生产线三维实景模型分别如图 12－17 和图 12－18 所示。

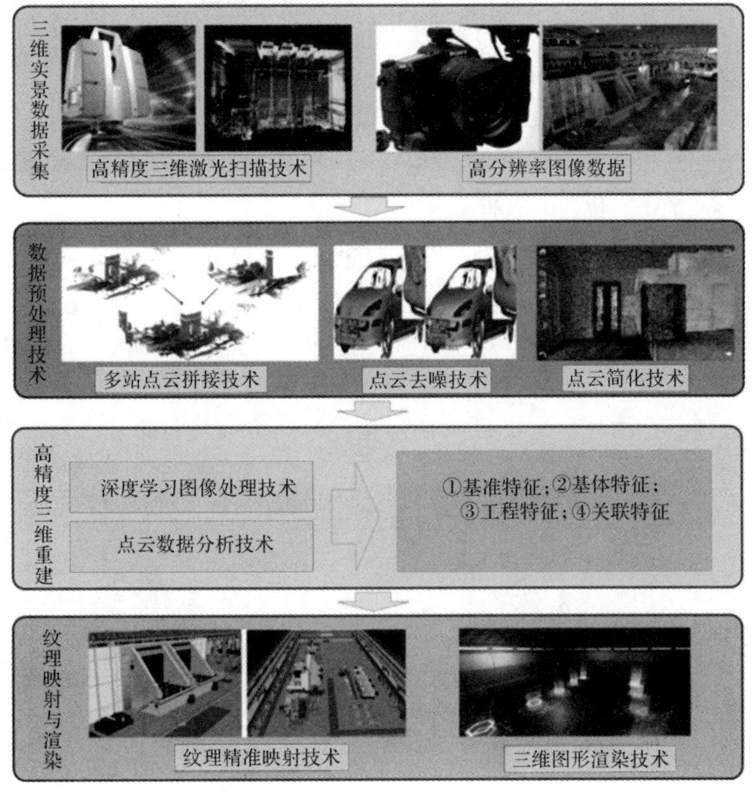

图 12－17　生产过程管控多源异构数据的获取及重构

图 12-18　生产线三维实景模型

4. 基于数字孪生的生产线运行状态仿真与优化

在构建生产线三维模型的基础上，实现装配线厂房布局、作业流程、人力资源、物流装备等装配线现场信息的高效、精准描述，形成生产线运行状态仿真的虚拟环境。结合在线仿真过程控制与数据管理技术，实现仿真模型参数化更新、模块化控制与版本的管理；基于对仿真数据的生产运行状态分析与预测，实现对装配生产线生产运行状态在生产性能、资源利用、物料配送等多维度的深度分析，同时实现对资源配置、物料配送、产能平衡度等多指标的预测；最后进行产能均衡控制和资源优化，支撑生产线的自适应平衡运行。

5. 基于数字孪生的生产线运行状态分析与预测

利用云平台和大数据等新兴信息技术，获取装配全流程工艺数据和生产数据，形成生产运行状态评价指标集，构建基于云平台和大数据基础环境的数据驱动的装配产线多维度智能管控系统；通过各应用系统在云平台上的互联互通接口服务，并借助已经开展的数据治理工程，实现数据规划和数据处理，建设面向装配供应及交付智能管控的产线级数仓以及数据模型库；将大数据分析结果运用至装配产线多维度智能管控系统中，对生产线运行状态进行多维度解析，驱动生产现场管控和组织策略动态更新，实现飞机装配进度的精确预测与协同。

(二)基于驾驶舱的生产管控中心的构建

驾驶舱管理系统是一种指标分析型系统，它能打破数据隔离，实现指标分析及决策场景落地。具体表现就是像汽车/飞机仪表盘一样，通过详尽的指标体系，实时反映管理运行状态，即将采集的数据和预警措施形象化、直观化、具体化，随时显示关键业务数据指标以及执行情况，供管理人员决策。驾驶舱管理系统融合了人脑科学、管理科学和信息科学的精华，从管理者的决策环境、企业管理综合指标的定义以及信息化的表达方面进行集成，直观监测生产运行状态，如图 12-19 所示。

(a)

图 12-19　驾驶舱管理系统

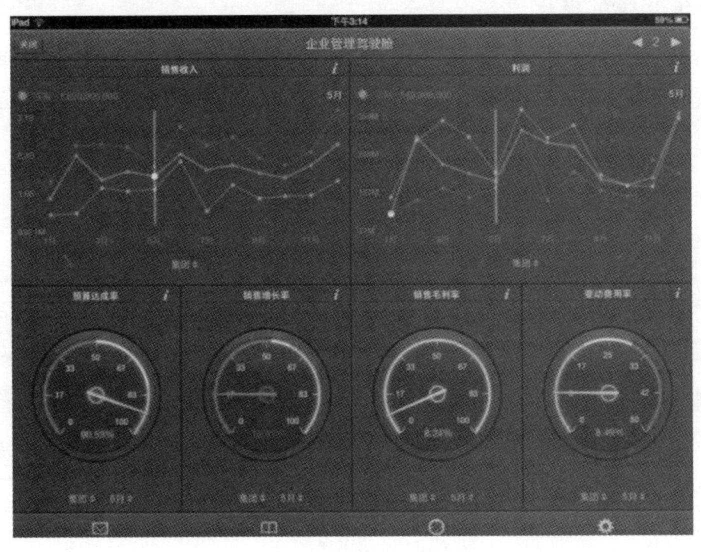

(b)

续图 12-19　驾驶舱管理系统

依托基于数字孪生的生产运行状态管控系统，建设以驾驶舱管控系统为核心的生产管控中心。该中心分为以下四个模块。

1. 生产运营状态可视化模块

该模块以生产线的三维实景模型为载体，通过实时获取的各类生产状态数据进行动态调整，实时完成虚拟装配产线、物理产线的信息相互传递映射，实时展示生产现场运行的物理状态；管理人员基于该状态的展示，能了解生产线运行的当前状态，为科学决策下一步工作提供基础。

在该模块中，展示出生产线的三维布局，并实时反映各站位生产状态，状态数据主要来源于MES系统，分站位展示生产安全(S)、产品质量(Q)、制造成本(C)、产品交付(D)、团队成员(T)等生产控制要素。如“D”要素状态，可分为生产进展状态、计划执行偏差、计划执行预警等。

2. 生产线多维度运行状态解析模块

对仿真验证结果中作业、物料、缓冲区、资源等要素统计的基础数据进行规范化解析：定义仿真基础数据的格式、结构与类型，设计各类指标的多元化展示方式以展示生产线类、作业类、资源类、物料类等多类解析与解算结果，研究基于仿真输入数据的有效性判定方法，明确仿真基础数据的备份流程等，以帮助管控人员准确、直观地掌握实际生产状况。

3. 生产线运行状态分析及预警模块

围绕飞机装配的透明化生产要求，依托在线仿真数据进行生产运行状态的在线分析与预测。仿真输出的基础数据具有数量庞大、版本众多、规律复杂等特点，严重影响管控人员对实际生产状况的掌握。因此，需要对在线仿真数据进行深度解析与预测。对仿真验证结果中的仿真基础数据进行规范化解析，为生产线在线分析提供有效输入；建立规范化仿真分析的指标体系和解算方法，并设计简单、直观的展示方式，为状态控制提供决策支持；围绕仿真迭代过程和生产线管控人员需求，基于数据挖掘技术，实现对仿真结果的有效分析与预测，为状态控制提供决策支持。

4. 生产运营绩效分析模块

基于实时统计数据，对运营绩效进行分析。基于本单位运营绩效管理要素，针对性地采集管理数据，包括人员管理、绩效考核、成本管控、质量安全状态等，实现运营绩效的可视化，以便于管理者的决策。

八、智能工厂建设

智能制造系统体现在智能工厂上。产品制造从诞生开始，经历了自动化、数字化的过程，在此基础上，借助物联网技术实现设备的互联互通，实现智能工厂架构的纵向集成，并借助跨层级的数据传输数据传输能力建立自下而上的数据通道，为绿色、节能且环保的生产型智能工厂的建立提供组建基础。基于此，智能工厂已经初步具备自律、自组织能力，可采集底层数据并对其进行详细分析，还可对特定条件下的生产情形进行判断以及逻辑推理。同时，通过三维建模等可视化技术，实现物理世界与虚拟世界无缝融合，将仿真融入产品设计与制造的全过程，并且各个子系统之间能够相互协调、动态重组，整体上具备自我诊断、自行维护能力，更好地为制造产业提供实现手段。

针对飞机部件装配的智能工厂建设，就是对上述智能制造技术的集成应用，通过虚拟装配环境有效提高装配车间现场的现代化管理水平，实现智慧生产运营。在车间现场，所提供的三维可视化装配工艺文档，可使相关人员更清晰、快速地理解装配意图，从而减少或部分替代实物的试装，提高生产效率，降低生产成本。

（一）智能工厂的总体架构

智能工厂总体架构可分为三个层级：产品层、运营层和装备层。产品层是贯穿架构始终的，运营层是智能制造的管控，装备层是智能制造技术的实现。

1. 产品层

基于 MBSE 开展产品全寿命周期管理，对产品设计到产品制造等全过程进行统一的集成管控，通过产品生命周期管理（Product Lifecycle Management，PLM）系统和 ERP、MES 系统的集成，实现全过程的数字化和数字化定义，实现基于产品的、贯穿所有层级的垂直管理。

2. 运营层

运营层主要针对运营管理过程的管控。运营管控过程中基于统一的运营计划，进行生产计划和现场信息的统一协调管控。运营层通过 MES 等信息化管理系统与装备执行层进行信息交互，实时掌控生产运营状态，同时获取装备运行状态，实现信息的交互式反馈及生产过程的透明可视。

3. 装备层

装备层是智能工厂的实现。基于 5G、CPS、大数据、云计算等智能制造技术，实现装备的互联互通，实现工业网与互联网（园区网）的信息交互，实现“两化融合”，打造智能生产线。智能生产线是具有生命力的有机体。在该系统中，有统一的中央集成控制系统，用于装配的各类定位系统、机器人系统、AGV 运输系统以及装配平台等工艺装备都是可移动的，按照生产线总体规划进行配置，不隶属于某一特定的站位和装配单元，各工艺装备具有唯一的身份识别，隶属于中央集成控制系统管控，通过工业网实现工艺装备之间的互联互通。各工艺装备控制系统按照功能分模块设计，具有配置属性。在生产任务的执行上，通过 MES 系统向中央集成控制系统下发订单和分配任务，中央集成控制系统按照工艺规划进行生产线硬件的重构和软件的配置，各工艺装备按照规划路径通过 AGV 运输配置到位（可通过二维码识别、地图识别、循迹识别等多种方式实现），构建站位装配系统完成装配任务，生产线具备模块化、柔性化、可重构、智能化的特征。装备层如图 12－20 所示。

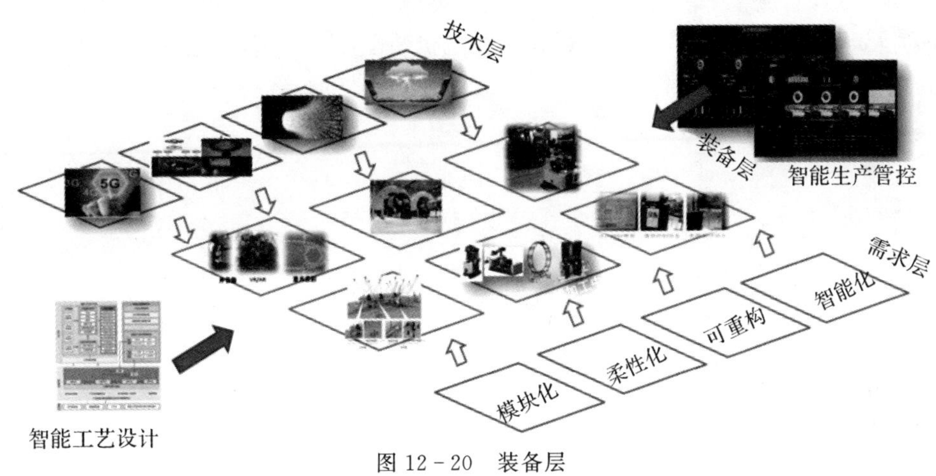

图 12－20　装备层

（二）智能工厂的表现形式

智能工厂是在智能生产架构上进行现实的应用，表现在技术、生产线构建、生产运营等方面的智能化。

1．在装配技术发展方面

首先是基于实测数据的协调技术的发展。通过对待装配单元进行实际测量，获取真实零/组/部件状态数据，基于测量数据的实物模型重构与偏差分析技术，建立其协调模型；通过对协调模型的虚拟装配，充分发现飞机零件在装配过程中可能表现的协调定位问题；根据虚拟装配的结果对真实的零/组/部件进行数字化精加工，满足装配需求。

2．在生产线构建方面

在数字化装配系统建设的基础上，基于可重构、柔性化的思想建设适度智能生产线。可认为智能生产线是具有生命力的有机体，生产线建设将是构建生态系统的过程。通过集成系统建设，构建生产线“大脑”，形成“硬件可重构、软件可配置”的产线特征。

3．在生产管控方面

基于装配现场的多源实时状态数据，突破三维快速重构技术、现场数据驱动的在线仿真优化技术、基于视频的装配现场安全管控技术、生产线感知与决策技术，构建面向装配产线的三维数字孪生透明工厂管控系统。

4．在生产保障方面

建设智能多级仓储协同与区域配送管控系统，针对飞机装配物料配送需求，开展对调度技术、定位与导航技术和主动安全技术的研发，开发无人配送装备与调度系统，实现飞机装配过程物料的无人配送。

本章小结

本章基于5G、CPS、大数据、云计算等智能制造技术，从工艺设计、生产制造和管理运营等方面描绘了未来飞机装配的场景，对飞机装配技术的发展进行了展望。飞机装配是集成的、综合性的技术应用，制造技术的发展必将促进飞机装配技术的发展，飞机装配技术的发展也必将引领制造技术的发展。研究先进的制造技术在飞机装配中的应用，构建飞机数字化、智能化装配生产线，实现生产过程的智能管控，是飞机装配技术发展的趋势。

参考文献

[1] 程铁信,付聪.项目管理[M].2 版.北京:中国铁道出版社,2016.

[2] 张旭,王爱民,刘检华.产品设计可装配性技术[M].北京:航空工业出版社,2009.

[3] 薛红前.飞机装配工艺学[M].西安:西北工业大学出版社,2015.

[4] 张开富.飞机部件装配容差误差累计的分析与容差优化方法研究[D].西安:西北工业大学,2006.

[5] 张朋真.基于模型定义的装配工艺设计[D].南京:南京航空航天大学.2015.

[6] 范文,靳凤宇.测量技术在机械生产制造中的应用[J].机械设计,2021(7):245-247.

[7] 金涨军.飞机装配中大尺寸测量场的建立与优化技术[D].杭州:浙江大学,2016.

[8] 周秋忠,范玉青.MBD 数字化设计制造技术[M].北京:化学工业出版社,2019.

[9] 裴旭明,陈五一,张东初,等.制孔工艺对紧固孔加工精度的影响[J].机械科学与技术,2011(4):613-617.

[10] 景武,赵所,刘春晓.基于 DELMIA 的飞机三维装配工艺设计与仿真[J].航空制造技术,2012(12):80-86.

[11] 田民波.图解航空技术[M].北京:化学工业出版社,2019.

[12] 丁宁.质量管理[M].北京:北京交通大学出版社,2013.

[13] 刘英,敬翠华.精益企业之质量管理实战:图解版 [M].北京:人民邮电出版社,2017.

[14] 刘吉松,张卫东.精益企业之现场管理实战:图解版 [M].北京:人民邮电出版社,2017.

[15] 马如宏.人因工程[M].北京:北京大学出版社,2011.

[16] 张新.高处作业:基础篇[M].北京:人民邮电出版社,2012.

[17] 徐晓明.企业标准化培训教程[M].北京:石油工业出版社,2014.

[18] 梁林海.知识管理[M].北京:北京大学出版社,2011.

[19] 陈文亮,安鲁陵,冯廷廷,等.基于定制模板的飞机装配工艺设计[J].航空制造技术,2011(7):26-29.

[20] 郭具涛,梅中义.基于 MBD 的飞机数字化装配工艺设计及应用[J].航空制造技术,2011(22):74-77.

[21] 巴晓甫,赵安安,郝巨,等.模块化柔性飞机装配生产线设计[J].航空制造技术,2018(9):72-77.

[22] 王巍,俞鸿均,安宏喜,等.飞机数字化装配生产线布局仿真技术研究[J].制造业自动化,2015(5):64-66.

[23] 陈绍文,王舸,孙珞珈.精益制造和飞机移动式装配线[J].制造业自动化,2011(16):34-37.

[24] 陈磊,唐水龙,习俊通.民用飞机自动化装配生产线规划技术研究[J].航空制造技术,2013(13):26-29.

[25] 帅朝林,陈雪梅,刘顺涛.基于工艺流程及产能节拍的数字化工艺布局设计方法研究[J].航空制造技术,2015(13):26-29.

[26] 邓华.生产计划与控制[M].北京:中国纺织出版社,2017.
[27] 张友林.生产过程控制:计划排期·流程控制·安全管理[M].北京:化学工业出版社,2012.
[28] WOMACK J P,JONES D T.改变世界的机器:精益生产之道[M].北京:机械工业出版社,2015.
[29] 冯巧根.成本管理与控制[M].北京:中国人民大学出版社,2014.
[30] 梁青霄.面向飞机制造的测量管理 M-BOM 构建[J].航空制造技术,2020(23/24):72-79.
[31] 何胜强.大型飞机数字化装配技术与装备[M].北京:航空工业出版社,2013.
[32] 郭洪杰.大型飞机柔性装配技术[J].航空制造技术,2010(18):52-54.
[33] 宋利康,朱永国,刘春锋,等.大飞机数字化装配关键技术及其应用[J].航空制造技术,2016(5):32-35;51.
[34] 牛春匀,程小全,张纪奎.实用飞机复合材料结构设计与制造[M].北京:航空工业出版社,2010.
[35] 张开富.飞机装配过程数字化测量技术[J].航空制造技术,2016(10):34-40.
[36] 胡虎,赵敏,宁振波,等.三体智能革命[M].北京:机械工业出版社,2017.
[37] 陈明,梁乃明,方志刚,等.智能制造之路:数字化工厂[M].北京:机械工业出版社,2016.
[38] 阿里巴巴集团.马云:未来已来[M].北京:红旗出版社,2017.
[39] 陈根.数字孪生[M].北京:电子工业出版社,2020.
[40] 康仁科,杨国林,董志刚,等.飞机装配中的先进制孔技术与装备[J].航空制造技术,2016(10):16-24.
[41] 王宏锋,万蕾.基于虚拟现实(VR)的飞机部件装配工艺技术研究与应用[J].航空制造技术,2017(21):33-43.
[42] 党争奇.智能仓储管理实战手册[M].北京:化学工业出版社,2020.
[43] 国务院发展研究中心国际技术经济研究所.世界前沿技术发展报告:2020[M].北京:电子工业出版社,2020.